“十三五”职业教育规划教材

Jisuanji Yingyong Jichu Xiangmu Shixun Anli

计算机应用基础项目实训案例

(Windows 10 + Office 2010)

朱亚进 主 编
梅怀明 副主编
王勇静 主 审

人民交通出版社股份有限公司
China Communications Press Co.,Ltd.

内 容 提 要

本书为职业院校计算机应用基础教材，主要以项目案例为主，注重实操与练习。全书共分四个模块，每个模块下又包含若干项目、任务，从教学实践的角度出发，对 Windows 10 和 Office 2010 以项目实训案例的形式进行分解，让学生以完成任务的形式来展开学习，改变学生的学习状态，使学生主动学习，最后以任务的完成结果来检验和总结学习过程。

本书可供职业院校计算机应用基础课程教学使用，也可作为成人专科计算机应用基础学习使用，也可作为相关行业岗位培训或初学者自学用书。

* 本书配有教学课件，读者可于人民交通出版社股份有限公司网站免费下载。

图书在版编目(CIP)数据

计算机应用基础项目实训案例：Windows 10 + Office 2010/朱亚进主编. —北京：人民交通出版社股份有限公司，2017.8

"十三五"职业教育规划教材

ISBN 978-7-114-13962-8

Ⅰ. ①计… Ⅱ. ①朱… Ⅲ. ①Windows 操作系统—高等职业教育—教材 ②办公自动化—应用软件—高等职业教育—教材 Ⅳ. ①TP316.7 ②TP317.1

中国版本图书馆 CIP 数据核字(2017)第 150517 号

"十三五"职业教育规划教材

书　　名：**计算机应用基础项目实训案例**(Windows 10 + Office 2010)

著 作 者：朱亚进

责任编辑：刘　倩

出版发行：人民交通出版社股份有限公司

地　　址：(100011)北京市朝阳区安定门外外馆斜街 3 号

网　　址：http://www.ccpress.com.cn

销售电话：(010)59757969，59757973

总 经 销：人民交通出版社股份有限公司发行部

经　　销：各地新华书店

印　　刷：北京鑫正大印刷有限公司

开　　本：787 × 1092　1/16

印　　张：13.5

字　　数：323 千

版　　次：2017 年 8 月　第 1 版

印　　次：2017 年 8 月　第 1 次印刷

书　　号：ISBN 978-7-114-13962-8

定　　价：35.00 元

(有印刷、装订质量问题的图书由本公司负责调换)

前　　言

为了使职业院校学生及众多成人专科学生能熟练掌握 Office 2010,并且能够灵活应用,我们特意编写了这本主要以项目案例为主,注重实操与练习,从成人教育大学计算机统考需求和教学实践要求角度出发,以初学者为主,浅显易懂的教材。

全书共有四个模块,分别是模块一 Windows 10 基础知识、模块二 Word 2010、模块三 Excel 2010、模块四 PowerPoint 2010,每个模块包含不同的项目,每个项目里又包含了具体的任务。

本书由教学一线的有经验的专业教师进行编写,通过结合实际学习及考试的需求,遵循职业教育规律,在认真总结近几年计算机应用基础教育教学改革成果的基础上编写而成,以满足职业院校计算机应用基础初学者的学习需要。本书由常州交通技师学院朱亚进担任主编并统稿,梅怀明担任副主编,王勇静担任主审。具体编写分工如下:模块一 Windows 10 基础知识由梅怀明编写;模块二 Word 2010 由王勇编写;模块三 Excel 2010 由高洋编写;模块四 Powerpoint 2010 由陈翔编写。

编者参阅了大量文献,引用了同类书中的部分内容,在书末列出了主要参考文献。此外,本书中案例题型参考了江苏省高校计算机等级考试中的原题型。在此,对上述著作者表示衷心的感谢。

由于编者水平、经验有限,书中疏漏和不当之处在所难免,恳请读者予以指正,以便修订时完善。

编　者

2017 年 5 月

目　录

模块一　Windows 10 基础知识

项目一　计算机基础知识介绍

项目描述

在当下，计算机成为一个不可或缺的工具，无论是学习、工作，还是生活中，都离不开它。为了让广大的学生了解计算机、用好计算机，进一步普及计算机基础知识，本项目重点介绍计算机的基本构成、一般硬件和软件的应用。

学习目标

1. 了解计算机的基本组成。
2. 熟知计算机硬件和软件并熟悉它们的功能。

任务　初识计算机硬件及软件

任务描述

展示一台正在运行的计算机，运行应用程序。通过观察教师拆卸计算机的过程，记录并了解计算机各组成部分的名称及其功能。

任务分析

任务的重点在于让学生熟悉计算机的组成部分和计算机内部的结构；计算机软件的应用方法。

技能要点：计算机的内部结构。

任务实施

一、基本硬件组成简介

完整的计算机系统包括：硬件系统和软件系统。硬件系统和软件系统互相依赖，不可分割，两个部分又由若干个部件组成（图 1-1-1）。

硬件系统是计算机的“躯干”，是物质基础。而软件系统则是建立在这个“躯干”上的“灵魂”。

1. 计算机硬件系统

计算机硬件系统由五大部分组成：运算器、控制器、存储器、输入设备、输出设备。如图

1-1-2 所示。

(1)运算器

运算器是计算机中进行算术运算和逻辑运算的部件,通常由算术逻辑运算部件(ALU)、累加器及通用寄存器组成。

(2)控制器

控制器用以控制和协调计算机各部件自动、连续地执行各条指令,通常由指令部件、时序部件及操作控制部件组成。

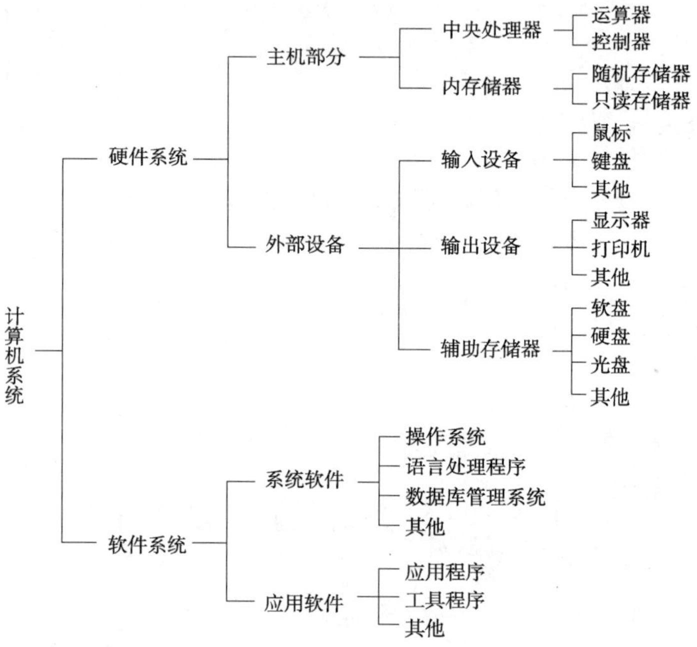

图 1-1-1　计算机系统组成

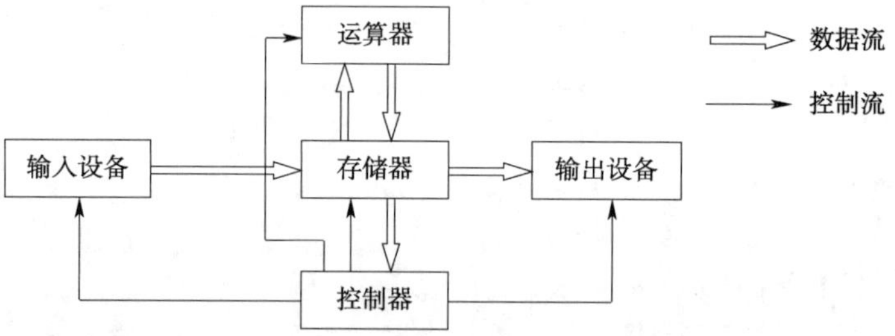

图 1-1-2　计算机硬件系统组成

运算器和控制器是计算机的核心部件,这两部分合称中央处理单元(Centre Process Unit,简称 CPU),如果将 CPU 集成在一块芯片上作为一个独立的部件,该部件称为微处理器(Microprocessor,简称 MP)。运算器进行各种算术运算和逻辑运算;控制器是计算机的指挥系统;CPU 的主要性能指标是时钟频率和字长。

字长表示 CPU 每次计算数据的能力。如 80486 及 Pentium 系列的 CPU 一次可以处理 32 位二进制数据。

时钟频率主要以 MHz 为单位来度量,通常时钟频率越高,其处理速度也越快。目前的主流 CPU 的时钟频率已发展到 500MHz 以上,甚至高达 2GHz 以上。

(3)存储器

存储器的主要功能是用来保存各类程序的数据信息。存储器与 CPU 的关系(图 1-1-3)。存储器可分为主存储器和辅助存储器两类。

(4)输入设备

输入设备有:键盘(Keyboard)、鼠标(Mouse)、手写笔、触摸屏、麦克风、扫描仪(Scanner)、视频输入设备、条形码扫描等。

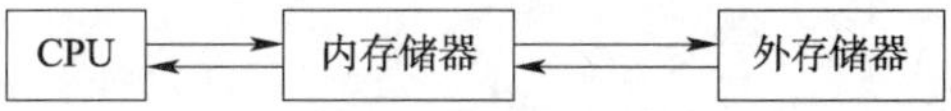

图 1-1-3　CUP 与存储器的关系

(5)输出设备

输出设备有:显示器(Monitor),目前主要有 CRT (阴极射线管)显示器和 LCD 液晶显示器;打印机(Printer),主要有针式打印机、喷墨打印机、激光打印机;绘图仪;音箱等。

知识拓展

总　　线

计算机总线是一组连接各个部件的公共通信线。计算机中的各个部件是通过总线相连的,因此各个部件间的通信关系变成面向总线的单一关系(图 1-1-4)。但是任一瞬间总线上只能出现一个部件发往另一个部件的信息,这意味着总线只能分时使用,而这是需要加以控制的。总线使用权的控制是设计计算机系统时要认真考虑的重要问题。

总线是一组物理导线,并非一根。根据总线上传送的信息不同,分为地址总线、数据总线和控制总线。

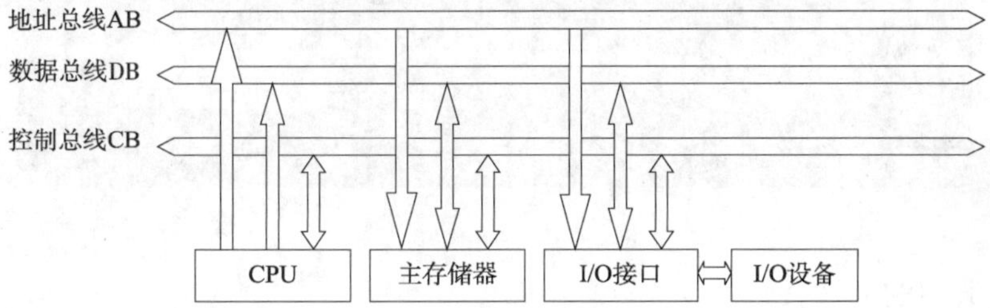

图 1-1-4　计算机总线

2. 计算机的主机

计算机的主机一般由主板、内存、CPU、硬盘、光驱、数据线和电源组成,主机上的主要按钮及接口有(图 1-1-5):

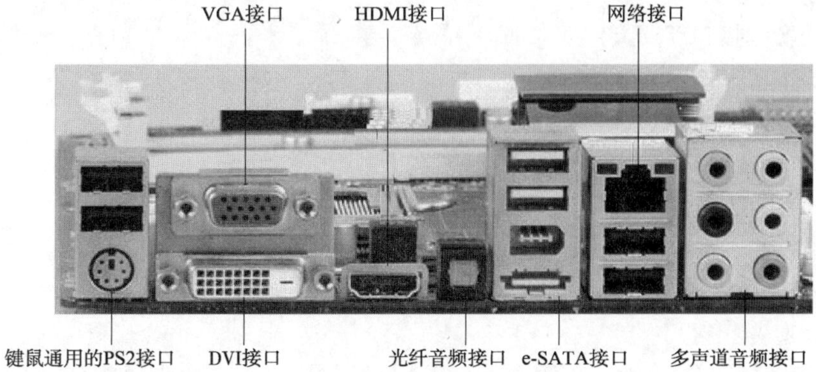

图 1-1-5　主板各接口

(1)主机面板按钮

主机面板按钮有开机按钮(Power)、复位键(Rest)(死机时按一下该键,系统将重新启动)。

(2)USB 接口

计算机主机前面板上及主机后一般有 USB 接口,USB 接口又称为即插即用接口(不用关闭计算机系统,在开机状态可以即插即用),USB 设备均可以使用此接口和计算机相连接。常见的 USB 设备有 USB 键盘、USB 鼠标、USB 口打印机、U 盘、移动硬盘等,此外还可以用来和数码相机、手机相连接。Windows 10 右下角一般能显示即插即用设备的简易图标。

注意:我们称 USB 设备为即插即用设备,但是移动类存储磁盘传输数据完毕后最好不要直接拔出,因为这样容易损坏磁盘导致数据丢失。

正确的方法是:鼠标左键单击桌面右下角的图标,然后鼠标右键单击弹出的小窗口上 U 盘的图标,最后鼠标左键单击"弹出"再拔下 USB 设备,如图 1-1-6 所示。

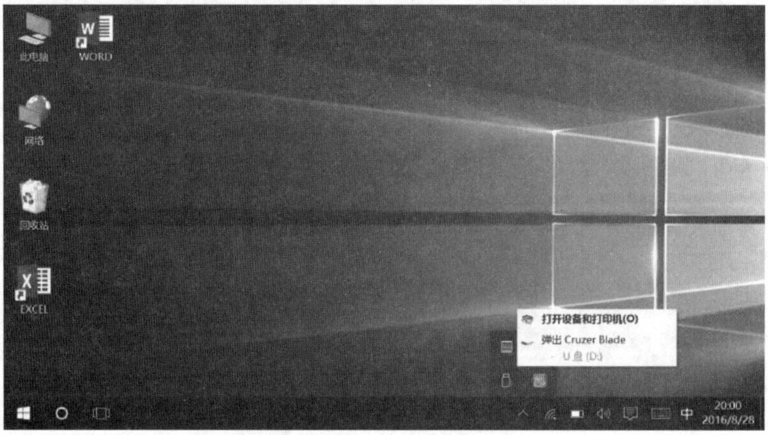

图 1-1-6　弹出 USB 设备

(3)键鼠通用的 PS2 接口

可接 COM 口的鼠标或键盘。

(4)VGA 接口、DVI 接口、HDMI 接口

这三个接口都是视频接口。VGA 接口:显卡上输出模拟信号的接口;DVI 接口:数位视讯接口,是输出数字信号的接口;HDMI 接口:一种数字化视频/音频接口技术,是适合影像传输的专用型数字化接口。

(5)光纤音频接口 TosLink

日本东芝(TOSHIBA)公司较早开发并设定的技术标准,在视听器材的背板上有 Optical 作标识。现在几乎所有的数字影音设备都具备这种格式的接头。

(6)e-SATA 接口

e-SATA 接口是一种数据接口,是外置存储设备(如移动硬盘)的接口。

(7)网络接口

网络接口为以太网接口 RJ-45。

(8)多声道音频接口

多声道音频接口包括:蓝(音频输入),绿(音频输出),粉(麦克风端口),橙(中置/重低音喇叭),黑(后置环绕喇叭),灰(侧边环绕喇叭)。

二、计算机软件简介

计算机软件(Software,也称软件)是指计算机系统中的程序及其文档,程序是计算任务的处理对象和处理规则的描述,文档是为了便于了解程序所需的阐明性资料。程序必须装入机器内部才能工作,文档一般是给人看的,不一定装入计算机。

软件是一系列按照特定顺序组织的电脑数据和指令的集合。一般来说软件被划分为编程语言、系统软件、应用软件和介于这两者之间的中间件。其中系统软件为计算机使用提供最基本的功能,但是并不针对某一特定应用领域。而应用软件则恰好相反,不同的应用软件根据用户和所服务的领域提供不同的功能。

软件并不只是包括可以在计算机上运行的电脑程序,与这些电脑程序相关的文档一般也被认为是软件的一部分。简单地说,软件就是程序加文档的集合体。软件被应用于各个领域,对人们的生活和工作都产生了深远的影响。

计算机软件总体分为系统软件和应用软件两大类。

(1)系统软件

负责管理计算机系统中各种独立的硬件,使得它们可以协调工作。系统软件使得计算机使用者和其他软件将计算机当作一个整体而不需要顾及到底层每个硬件是如何工作的。一般来讲,系统软件包括操作系统和一系列基本的工具(比如编译器、数据库管理、存储器格式化、文件系统管理、用户身份验证、驱动管理、网络连接等方面的工具)。较常见的有各类操作系统,如 windows、Linux、UNIX 等,还包括操作系统的补丁程序及硬件驱动程序。

(2)应用软件

应用软件是为了某种特定的用途而被开发的软件。它可以是一个特定的程序,比如一个图像浏览器。也可以是一组功能联系紧密,可以互相协作的程序的集合,比如微软的 Office 软件。也可以是一个由众多独立程序组成的庞大的软件系统,比如数据库管理系统。较常见的有:文字处理软件(WPS、Word 等)、信息管理软件、辅助设计软件、实时控制软件、教育与娱乐软件。

拓展练习

一、选择题

1. 微机中的系统总线可分为________。

A. 输入总线和输出总线两种　　B. 数据总线和控制总线两种

C. 控制总线和地址总线两种　　D. 数据总线、地址总线和控制总线三种

2. 微机中使用的鼠标器通常通过________接口与主机相连接。

A. 并行　　B. 串行或 USB 接口　　C. IDE　　D. SCSI

3. 下列软件中,________是应用软件。

A. Linux　　B. Windows XP　　C. Unix　　D. Winzip

4. ________用来存放计算机中正在执行的程序和数据,可以随机读写。

A. CPU　　B. RAM　　C. ROM　　D. 硬盘

5. 计算机中访问速度最快的存储器是________。

A. RAM　　B. ROM　　C. Cache　　D. 硬盘

6. 下列设备中,________都是输入设备。

A. 键盘、触摸屏、绘图仪　　B. 扫描仪、触摸屏、光笔

C. 投影仪、数码相机、触摸屏　　D. 绘图仪、打印机、数码相机

7. 目前，一般情况下微机配置的必不可少的输入设备是________。

A. 键盘和显示器　　B. 显示器和鼠标

C. 鼠标和键盘　　D. 键盘和打印机

8. 操作系统是一种________软件。

A. 操作　　B. 应用　　C. 编辑　　D. 系统

9. 在微机系统中，硬件与软件的关系是________。

A. 整体与部分的关系　　B. 固定不变的关系

C. 逻辑功能等价的关系　　D. 相辅相成、缺一不可的关系

10. 移动硬盘属于________。

A. 辅助存储器　　B. 只读存储器

C. 易失存储器　　D. 高速缓冲存储器

二、填空题

1. 计算机从外观上来看主要有主机和显示器组成，计算机系统由________、________、________、________和________五大部分组成。

2. 计算机主机前面板上一般有 USB 接口，USB 接口又称为即________。

3. 软件是一系列按照特定顺序组织的电脑________和________的集合。

项目二　认识 Windows 10 全新的开始菜单

项目描述

Windows 10 开始菜单是其最重要的一项变化，它融合了 Windows 7 开始菜单以及 Windows 8/Windows 8.1 开始菜单的特点。Windows 10 开始菜单左侧为常用项目和最近添加项目显示区域，另外还用于显示所有应用列表；右侧是用来固定应用磁贴或图标的区域，方便快速打开应用。与 Windows 8/Windows 8.1 相同，Windows 10 中同样引入了新类型 Modern 应用。对于此类应用，如果应用本身支持，还能够在动态磁贴中显示一些信息，用户不必打开应用即可查看一些简单信息。

学习目标

1. 了解 Windows 10 全新的开始菜单及其功能。
2. 熟练使用 Windows 10 全新的开始菜单。

任务　Windows 10 开始菜单操作

任务描述

向学生展示 Windows 10 全新的开始菜单，讲解 Windows 10 全新的开始菜单的具体功能，在讲解中让学生全面了解并熟悉全新的开始菜单。

任务分析

任务的重点在于让学生熟悉 Windows 10 全新的开始菜单；掌握 Windows 10 全新的开始菜单与其他 Windows 菜单的区别。

技能要点：掌握 Windows 10 全新的开始菜单与其他 Windows 菜单的区别。

任务实施

一、Windows 10 系统简介

Windows 10 是微软公司最新推出的新一代跨平台及设备应用的操作系统，该系统旨在让人们的日常电脑操作更加简单快捷，为人们提供高效易行的工作环境。Windows 10 大幅改变了以往的操作逻辑，提供更佳的屏幕触控支持。“开始”菜单再度闪耀登场，它的旁边新增了一个 Modern 风格的区域，各种应用程序、快捷方式等均能以动态方块的样式呈现，可以说是改进了传统风格并与新的现代风格有机地结合在了一起。

除此之外，新的 Edge 浏览器和多个内置应用程序也精彩亮相。Windows 10 是微软第一款以 Windows as a service 定义的操作系统，这意味着操作系统的定期更新将更加频繁。因此毫不夸张地说，Windows 10 是具有革命性变化的操作系统。

二、Windows 10 全新的开始菜单

Windows 10 开始菜单是其最重要的一项变化，它融合了 Windows 7 开始菜单以及 Windows 8/Windows 8.1 开始菜单的特点。Windows 10 开始菜单左侧为常用项目和最近添加项目显示区域，另外还用于显示所有应用列表；右侧是用来固定应用磁贴或图标的区域，方便快速打开应用。与 Windows8/Windows 8.1 相同，Windows 10 中同样引入了新类型 Modern 应用，对于此类应用，如果应用本身支持的话还能够在动态磁贴中显示一些信息，用户不必打开应用即可查看一些简单信息，如图 1-2-1 所示。

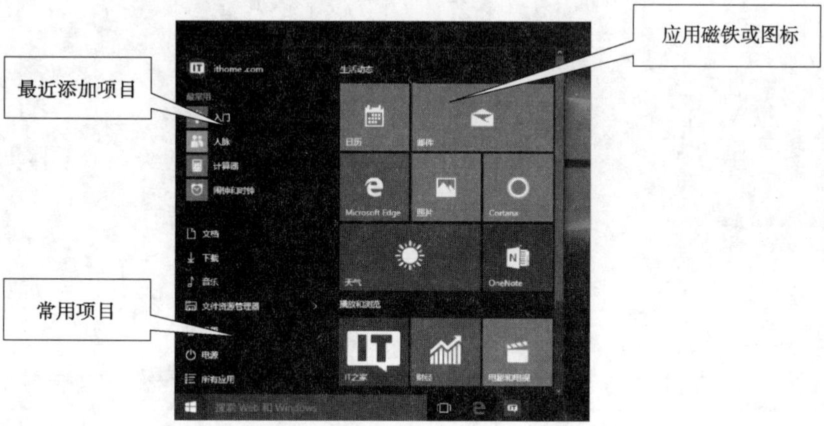

图 1-2-1　Windows 10 开始菜单

1. 将应用固定到开始菜单/开始屏幕

操作方法：在左侧右键单击应用项目—＞选择“固定到开始屏幕”，之后应用图标或磁贴就会出现在右侧区域中，如图 1-2-2 所示。

2. 将应用固定到任务栏

操作方法:在开始菜单中右键单击某个应用项目—＞选择“固定到任务栏”,如图 1-2-3 所示。

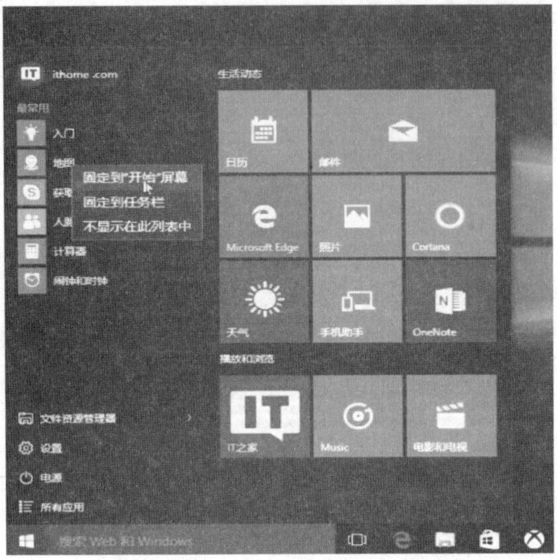

图 1-2-2　应用程序固定到开始菜单

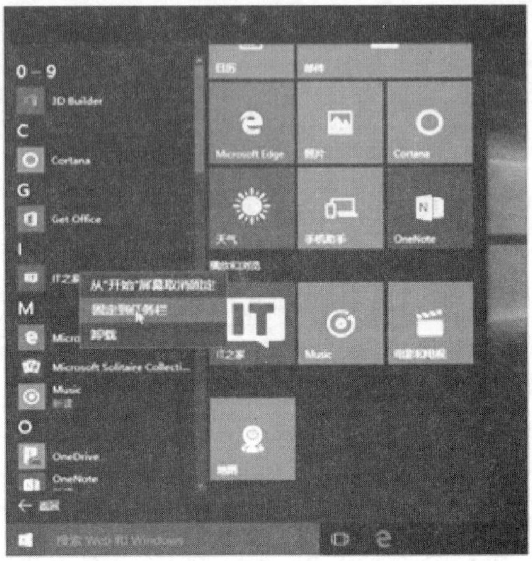

图 1-2-3　应用程序固定到任务栏

3. 调整动态磁贴大小

操作方法:右键单击动态磁贴—＞调整大小—＞选择合适的大小即可,如图 1-2-4 所示。

4. 关闭动态磁贴

操作方法:右键单击磁贴—＞选择“关闭动态磁贴”,如图 1-2-5 所示。

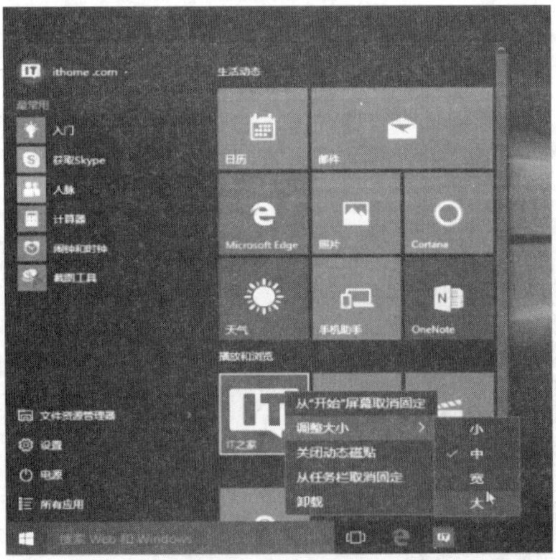

图 1-2-4　调整动态磁贴大小

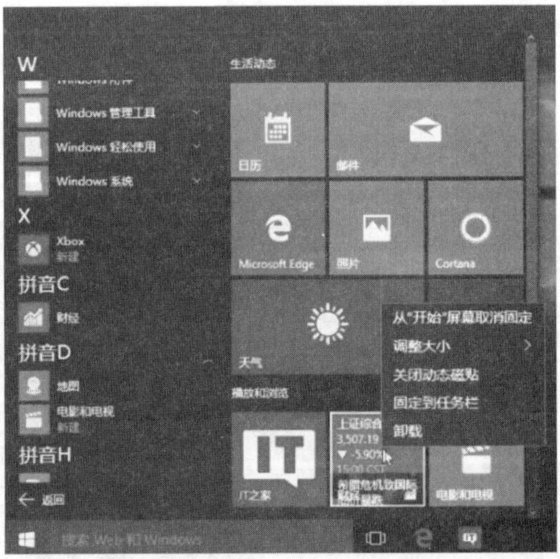

图 1-2-5　关闭动态磁贴

5. 在开始菜单左下角显示更多内容

在开始菜单的左下角可以显示更多文件夹,包括下载、音乐、图片等,这些文件夹在 Windows 7 开始菜单中是默认显示的。Windows 10 中需要在设置中打开,如图 1-2-6 所示。

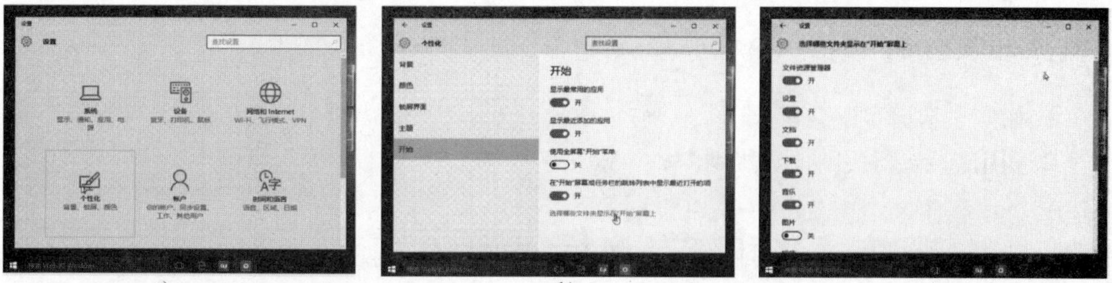

a)　　　　b)　　　　c)

图 1-2-6　开始菜单显示更多内容

6. 在所有应用列表中快速查找应用

Windows 10 所有应用列表提供了首字母索引功能,方便快速查找应用,当然,这需要你事先对应用的名称和所属文件夹有所了解。比如,在 Windows 10 中 IE 浏览器位于 Windows 附件之下,你可以通过图中所示操作找到 IE11 浏览器。除此之外,你还可以通过 Cortana 小娜搜索来快速查找应用,如图 1-2-7 所示。

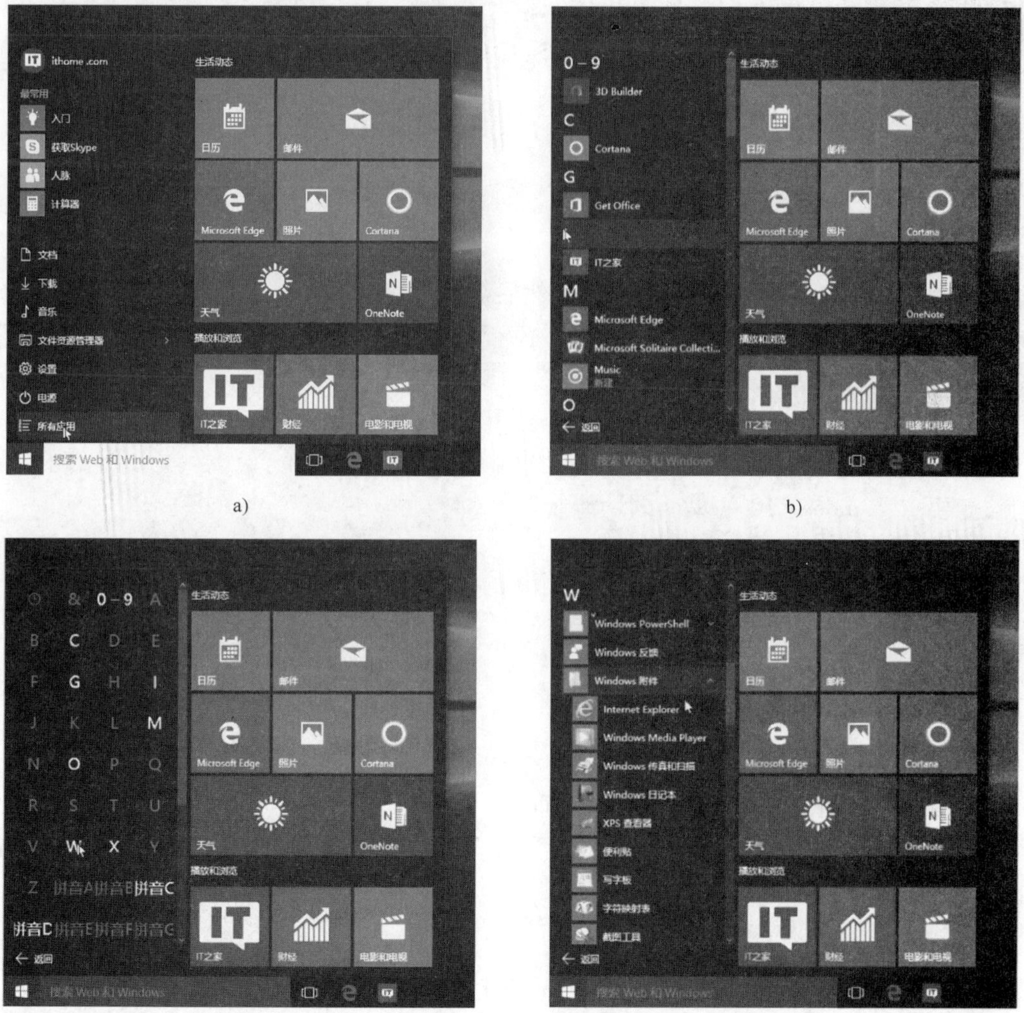

a)　　　　b)

c)　　　　d)

图 1-2-7　快速查找应用

拓展练习

1. 如何显示更多磁贴?
2. 利用首字母索引功能,找到"写字板"。

项目三　Windows 10 桌面

项目描述

透着光的窗户,这就是 Windows 10 的默认桌面。Windows 10 保留了 Windows 8 的开始桌面模式和 Windows 7 的开始菜单模式,自己可以设置为其中一种模式。

学习目标

1. 了解 Windows 10 的默认桌面基本组成。
2. 熟练掌握 Windows 10 的默认桌面的设置。

任务　Windows 10 桌面设置

任务描述

给学生展示 Windows 10 的默认桌面。然后分别介绍 Windows 10 的默认桌面设置项的名称及其功能。

任务分析

任务的重点在于让学生熟悉 Windows 10 的桌面组成以及功能。

技能要点:Windows 10 的桌面的功能。

任务实施

Windows 10 的桌面环境主要是由桌面背景、桌面图标和任务栏组成的,下面对这三大元素进行具体介绍。

一、桌面背景

桌面背景指在电脑系统中所显示的画面,图 1-3-1 为 Windows 10 默认的桌面背景,好的背景可以使用户在使用系统过程中赏心悦目,用户也可以自身的喜好和需要,设计个性化的电脑屏幕背景。

下面将介绍设置 Windows 10 桌面背景的操作方法:

(1)在桌面任意位置单击鼠标右键,在快捷菜单中选择"个性化"选项,如图 1-3-2 所示。

(2)在"个性化"界面中,鼠标左键单击喜欢的背景图案,即可将所选图案设置为桌面背景,如图 1-3-3 所示。

图 1-3-1　Windows 10 桌面背景

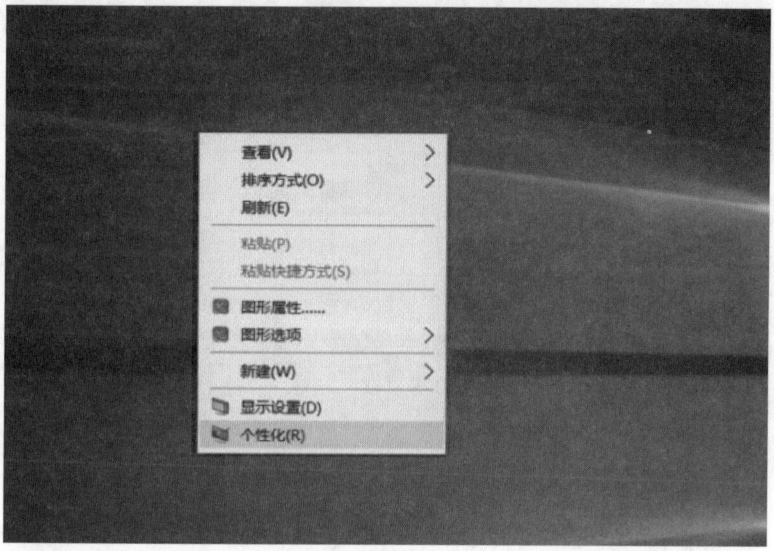

图 1-3-2　个性化选项

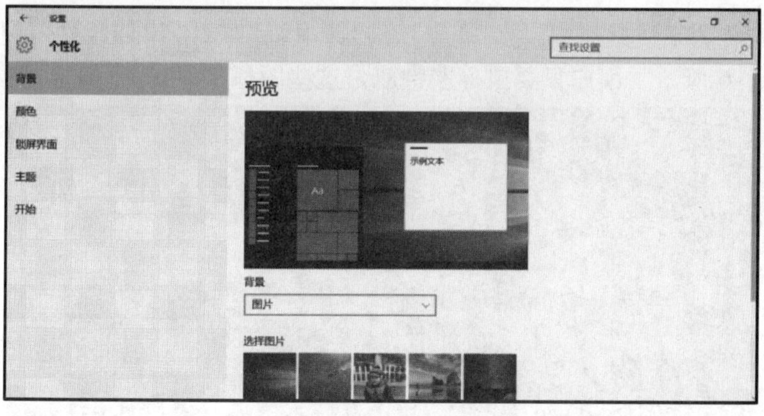

图 1-3-3　图案设置

(3)用户还可以为桌面设置纯色背景,鼠标左键单击“背景”下拉按钮,在下拉列表中选择“纯色”选项,然后在下方的“背景色”区域选取喜欢的颜色,如图 1-3-4 所示。

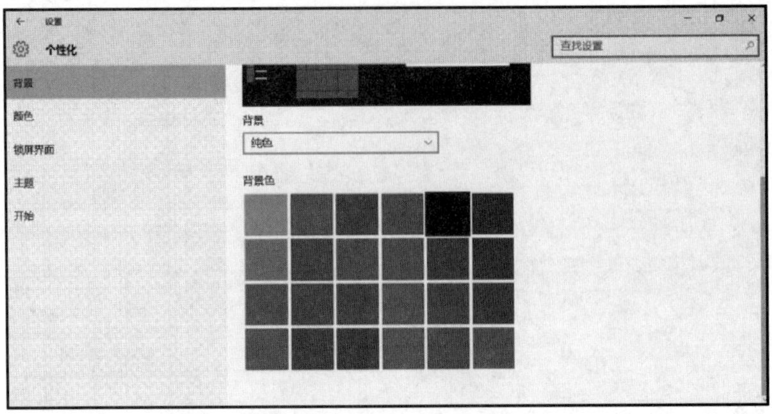

图 1-3-4　设置纯色背景

（4）如果用户需要用其他喜欢的图片作为桌面背景，可以从网上下载，或者是将照片储存到本地磁盘中，在该界面鼠标左键单击“图片保存位置”下拉按钮，或者是鼠标左键单击“浏览”按钮，找到图片所在文件夹进行设置，如图 1-3-5 所示。

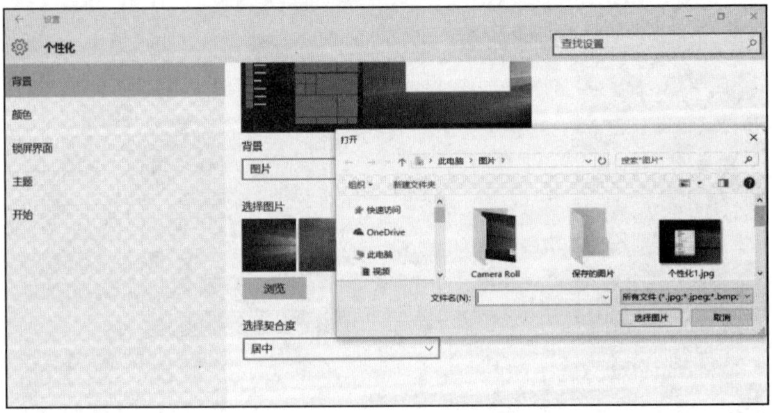

图 1-3-5　设置桌面背景

二、桌面图标

一般在新安装的系统桌面中，左侧所显示的“此电脑”“网络”“回收站”等图标就称为桌面图标，如图 1-3-6 所示。用户只要鼠标左键双击这些图标，即可打开对应的窗口。

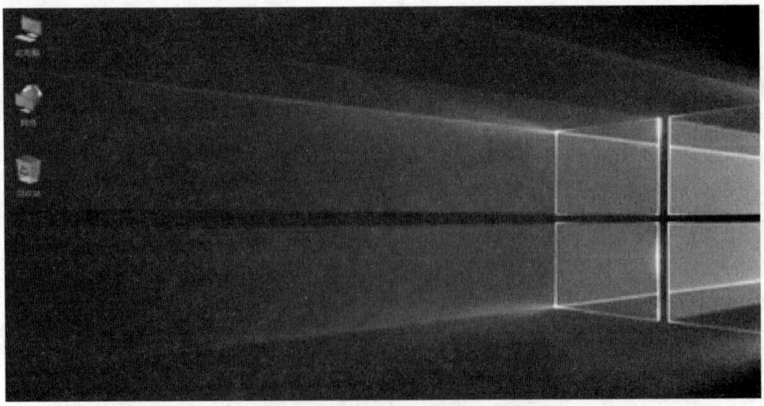

图 1-3-6　Windows 10 桌面图标

三、任务栏

在默认情况下任务栏位于桌面的最底端，如图 1-3-7 所示。其中，左侧的图标为 Win 键和快捷工具，中间是快速启动区，鼠标左键单击相应的图标可以快速切换到对应的程序窗口，用户还可以使用鼠标拖曳的方法来改变它们的前后顺序。右侧是系统图标显示区，其中包括网络状态、系统音量、时间日期等图标。

图 1-3-7　Windows 10 任务栏

拓展练习

1. 将桌面颜色设置为纯蓝色。
2. 将自己的照片设置为桌面背景。

项目四　Windows 10 管理文件与文件夹介绍

项目描述

从管理计算机资源的角度来说，文件与文件夹是管理数据的两大要素。在计算机中所有数据都是以文件的形式进行存储的，而文件夹是对文件进行分类和整理的工具。

学习目标

1. 了解 Windows 10 管理文件与文件夹。
2. 熟练掌握 Windows 10 管理文件与文件夹的基本操作。

任务　Windows 10 文件与文件夹管理

任务描述

利用教学软件给学生展示 Windows 10 管理文件与文件夹操作设置。让学生利用自己的学生机进行分步操作设置，充分熟悉并掌握 Windows 10 文件与文件夹管理。

任务分析

任务的重点在于让学生熟练掌握 Windows 10 管理文件与文件夹的基本操作。

技能要点：Windows 10 管理文件与文件夹的基本操作。

任务实施

一、"此电脑"浏览文件与文件夹

通过"此电脑"界面的导航窗口和主界面，可以直接访问硬盘上的文件与文件夹，下面介绍具体浏览方法：

（1）在桌面上鼠标左键双击“此电脑”图标，如图 1-4-1 所示。

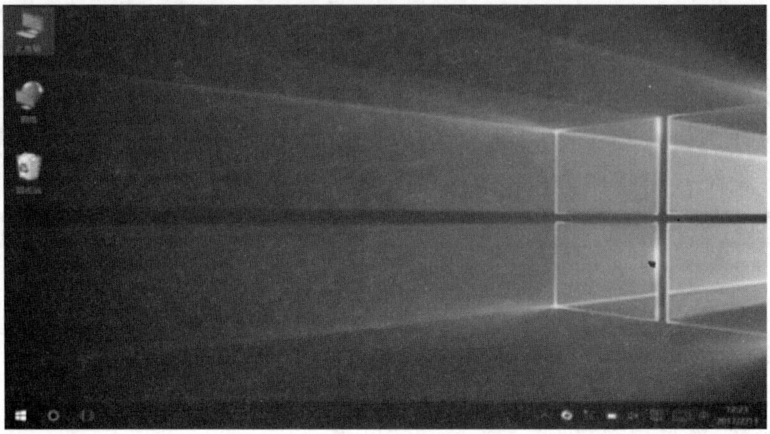

图 1-4-1　“此电脑”图标

（2）在“此电脑”界面，鼠标左键双击“音乐”图标，如图 1-4-2 所示。

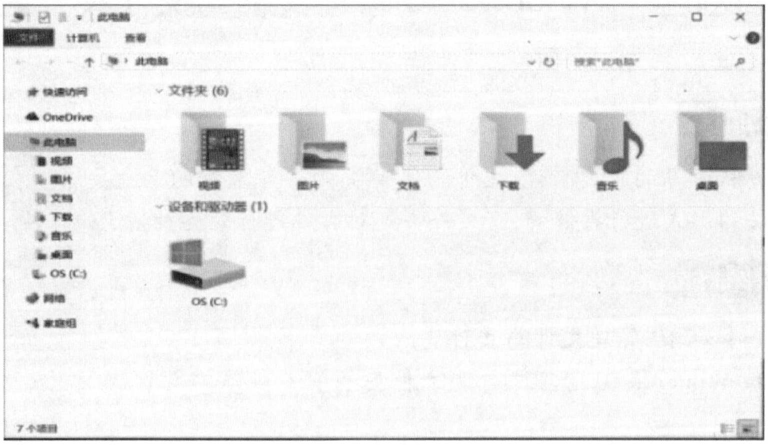

图 1-4-2　“音乐”图标

（3）在弹出的“音乐”界面中，可以浏览磁盘上的文件，如图 1-4-3 所示。

图 1-4-3　浏览磁盘文件

（4）在左侧导航窗格中，可以看到大部分系统默认目录，如图 1-4-4 所示。

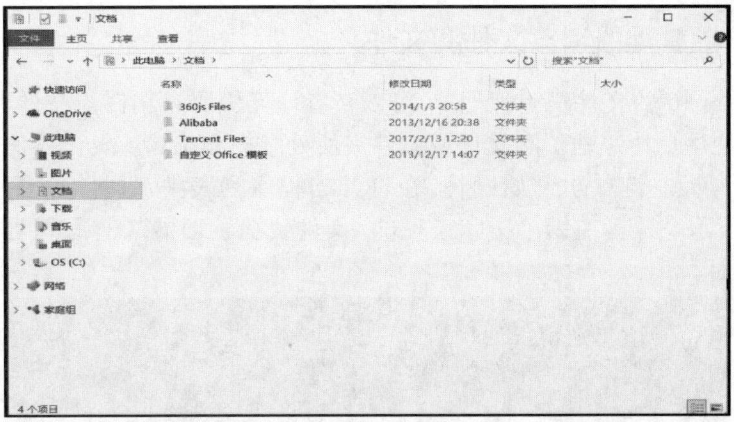

图 1-4-4　左侧导航格

(5)在"此电脑"的地址栏中,鼠标左键单击任意目录右侧的黑色下拉箭头,可以直接跳转到对应的文件夹,如图 1-4-5 所示。

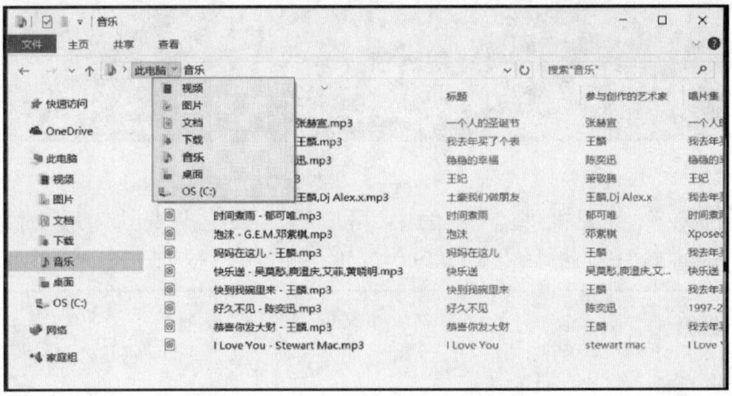

图 1-4-5　鼠标左键单击黑色下拉箭头

知识拓展

导航窗格的显示设置

如果查看界面没有导航窗格,用户可以在"查看"选项卡下,勾选"导航窗格"下拉列表中的"导航窗格"选项即可显示,如图 1-4-6 所示。

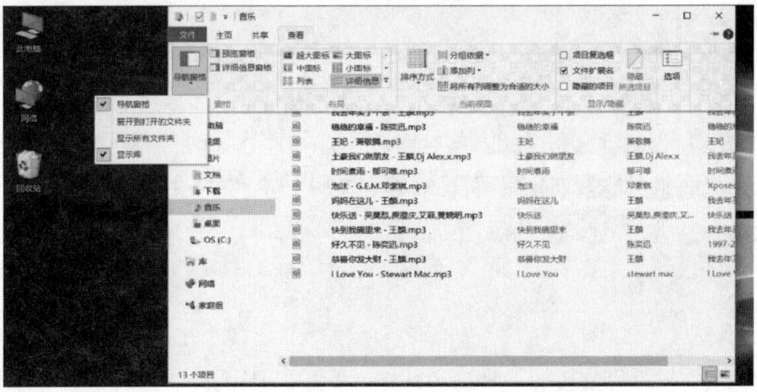

图 1-4-6　导航窗格显示设置

二、文件资源管理器浏览文件和文件夹

使用 Windows 10 的文件资源管理器,可以查看计算机所有文件与文件夹组成的树形文件系统结构,方便用户清楚地了解文件或文件夹所处结构和位置。具体操作方法如下:

(1)在桌面鼠标左键单击开始图标,在打开的程序列表中,选择“文件资源管理器”选项,如图 1-4-7 所示。鼠标左键单击状态栏的“文件资源管理器”图标,即可打开“文件资源管理器”窗口界面。

图 1-4-7 状态栏

(2)在打开的“文件资源管理器”界面中,可以看到系统提供的树形文件系统结构,可以使用户非常方便地查看计算机中的文件和文件夹,如图 1-4-8 所示。

图 1-4-8 文件资源管理器

Windows 10 管理文件与文件夹的基本操作包括新建、选择、删除、重命名、恢复删除、移动、隐藏、复制、设置属性、搜索、压缩解压缩等,这些对文件与文件夹的设置与 Windows 前期版本大多一样。

拓展练习

1. 利用左侧导航找到“此电脑”中的“图片”文件夹中的图片文件。
2. 从“文件资源管理器”中打开“导航窗格”。

项目五　Windows 10 账户管理的高级用户设置

项目描述

除了使用控制面板中的“用户账户”界面进行多种账户设置外，对于 Windows 有一定知识基础的用户，可以使用系统中“计算机管理”界面中的“本地用户和组”功能，进行用户账户的管理和高级设置操作。

学习目标

1. 了解 Windows 10 账户管理的高级用户设置。
2. 熟练掌握 Windows 10 账户管理的高级用户设置。

任务　Windows 10 账户操作

任务描述

通过教学软件演示如何进行 Windows 10 账户管理的高级用户设置。然后让学生自己在学生机上进行 Windows 10 账户管理的高级用户设置。

任务分析

任务的重点在于让学生熟练掌握 Windows 10 账户管理的高级用户创建和设置。

技能要点：Windows 10 账户管理的高级用户设置。

任务实施

一、查看计算机中的所有账户

在使用“本地用户和组”管理用户之前，首先将介绍如何进入“本地用户和组”的操作。

(1)在桌面上鼠标右键单击“此电脑”图标，在弹出的快捷菜单中选取“管理”命令，如图 1-5-1 所示。

图 1-5-1　快捷菜单栏

(2)在弹出的“计算机管理”界面中选择右侧的“本地用户和组”选项，可以看到计算机上的所有账户，如图 1-5-2 所示。

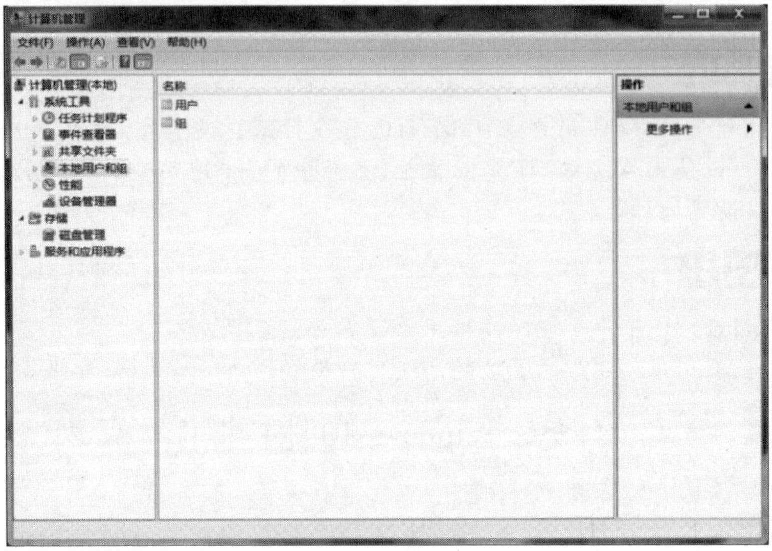

图 1-5-2　计算机管理

二、账户的常用操作

下面将介绍如何通过“本地用户和组”来执行创建用户、更改密码、更改账户名称等操作。

1. 创建用户

(1)在“用户”选项面板的空白处，单击鼠标右键，选择“新用户”命令，如图 1-5-3 所示。

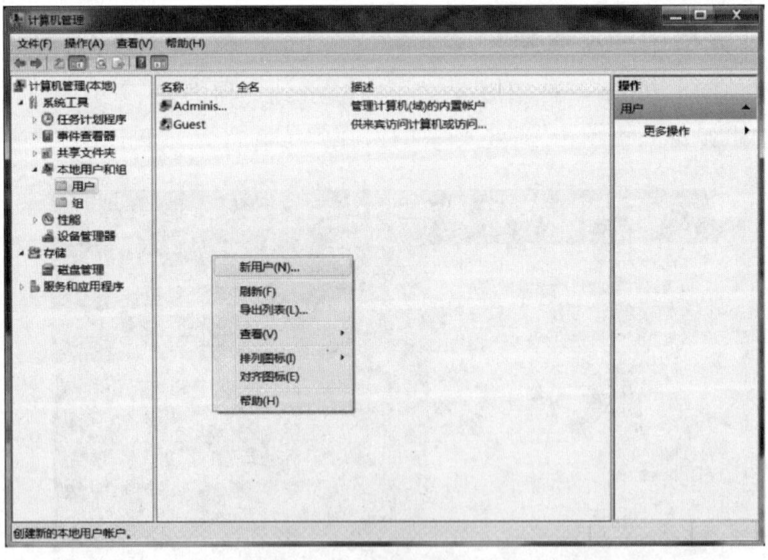

图 1-5-3　选择“新用户”

(2)在“新用户”对话框中输入需要进行创建的“用户名”和“密码”，并勾选“密码永不过期”复选框，单击“创建”按钮，如图 1-5-4 所示。

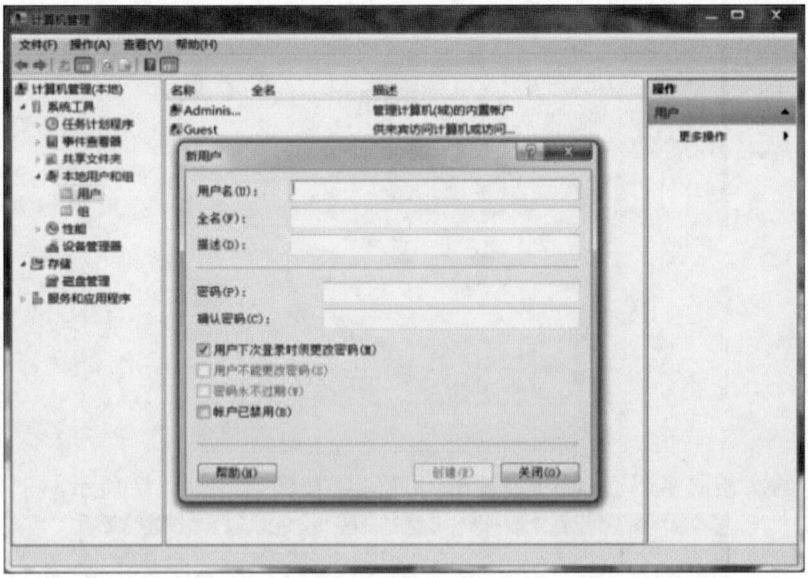

图 1-5-4　创建新用户

2. 更改密码

(1)在需要进行密码更改的账户上单击鼠标右键,选择“设置密码”命令,如图 1-5-5 所示。

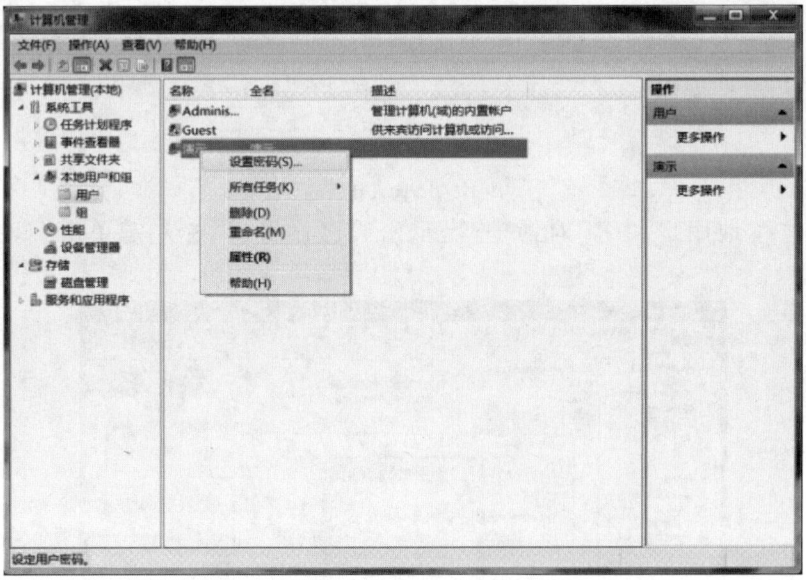

图 1-5-5　“设置密码”选项

(2)在打开的提示对话框中,鼠标左键单击“继续”按钮,如图 1-5-6 所示。此种方法对于忘记密码但可以进入管理员账户的用户来说,是最直接的修改密码方式,十分方便。

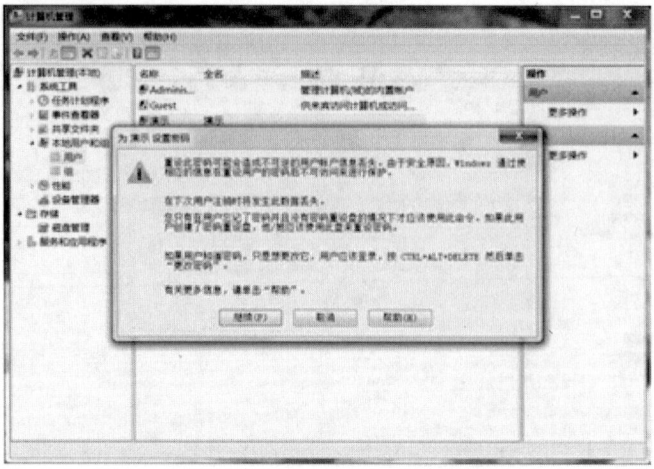

图 1-5-6　单击“继续”按钮

（3）输入两次相同密码后，鼠标左键单击“确定”按钮，如图 1-5-7 所示。

图 1-5-7　输入新密码

（4）弹出“本地用户和组”对话框，提示密码已设置，鼠标左键单击“确定”按钮，如图 1-5-8 所示。

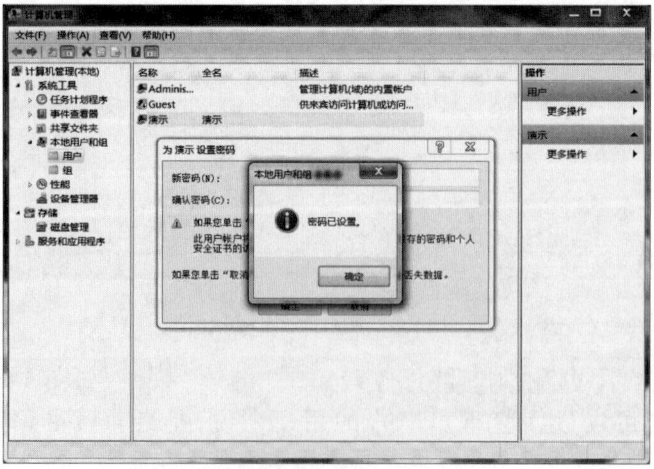

图 1-5-8　密码设置完成

3. 更改账户名称

(1)在需要更改的用户名称上单击鼠标右键,选择“重命名”命令,如图 1-5-9 所示。

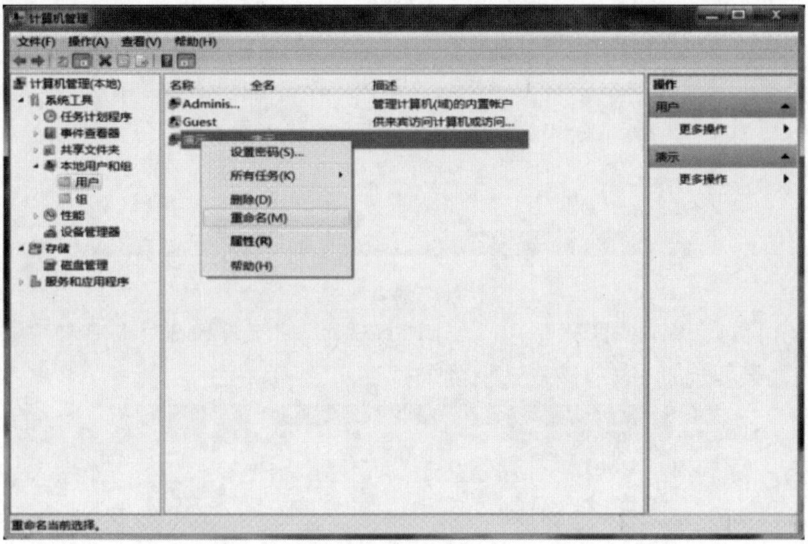

图 1-5-9 选择“重命名”

(2)用户名称变为可编辑状态,直接输入新名称,然后鼠标左键单击空白处即可,如图 1-5-10 所示。

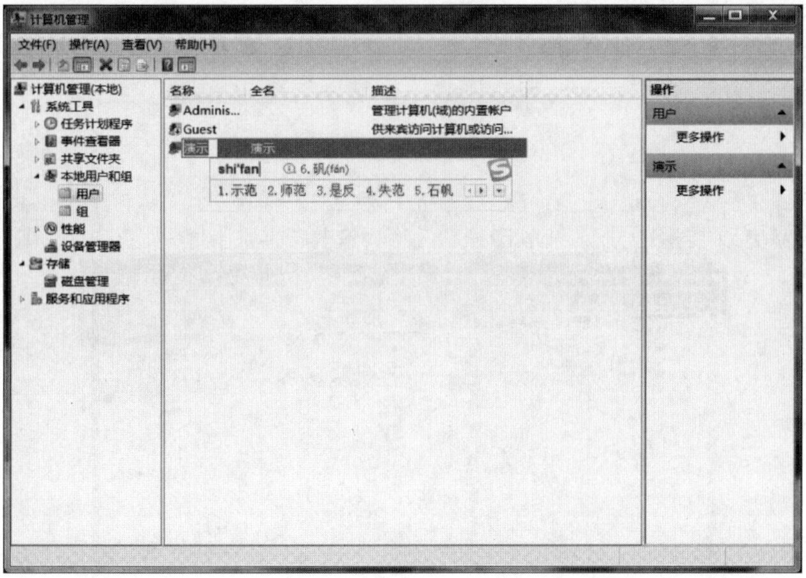

图 1-5-10 重命名用户名

4. 禁用启用账户

(1)在需要禁用的账户上,单击鼠标右键,选择“属性”命令,如图 1-5-11 所示。

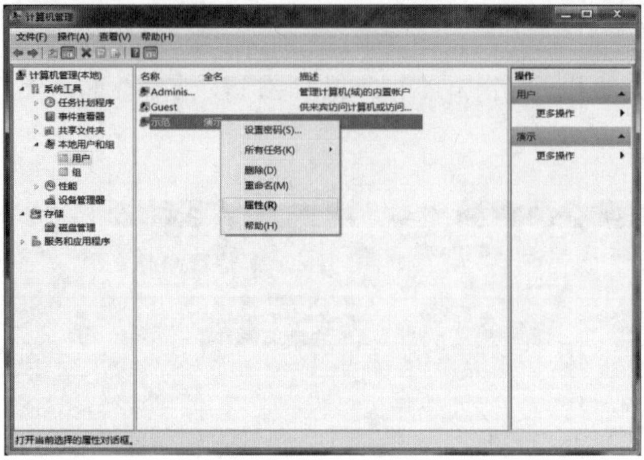

图 1-5-11　选择“属性”

(2)在弹出的对话框中勾选“账户已禁用”复选框,鼠标左键单击“确定”按钮即可,如图 1-5-12 所示。如果要启动,取消该复选框的勾选即可。

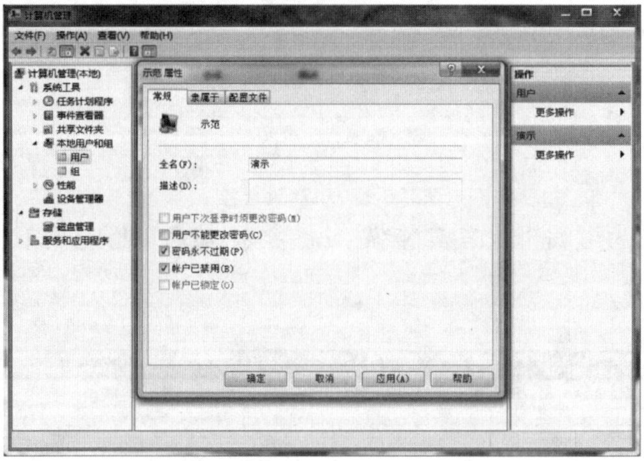

图 1-5-12　选择“账户已禁用”

5. 更改账户类型

(1)在需要更改类型的账户上单击鼠标右键,选择“属性”命令,如图 1-5-13 所示。

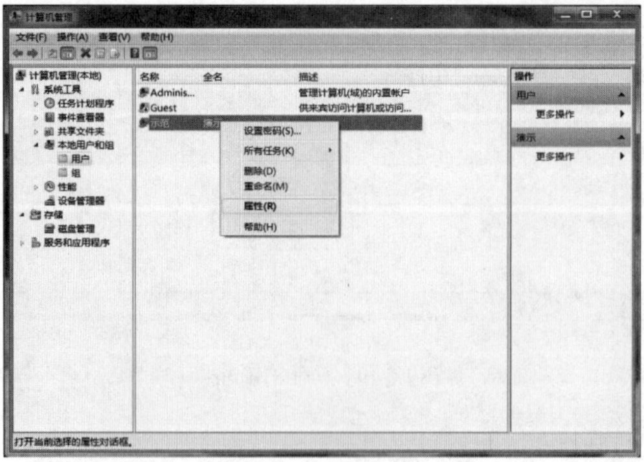

图 1-5-13　选择“属性”命令

(2)在打开的对话框中,切换至“隶属于”选项卡,鼠标左键单击“添加”按钮,如图 1-5-14 所示。

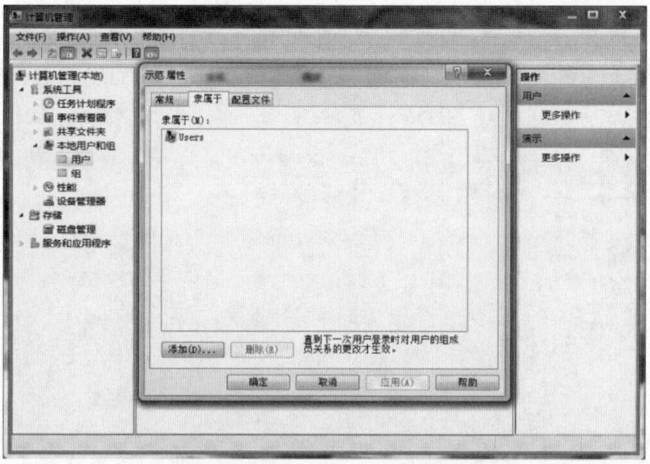

图 1-5-14　选择“添加”按钮

(3)在文本框中输入 administrator 后,单击“检查名称”按钮,如图 1-5-15 所示。

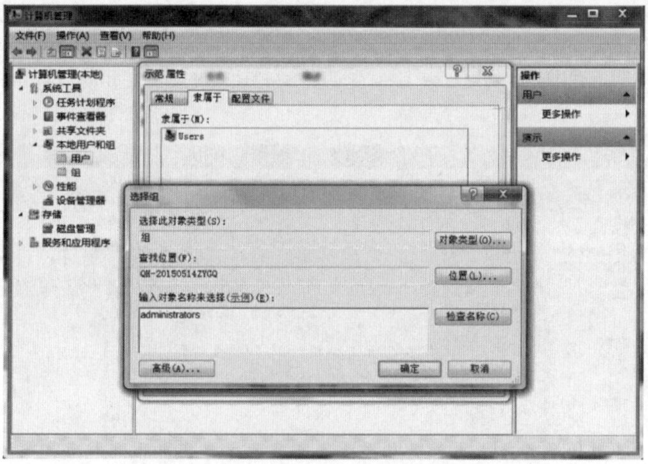

图 1-5-15　选择“检查名称”

(4)若检查通过,鼠标左键单击“确定”按钮即可,如图 1-5-16 所示。

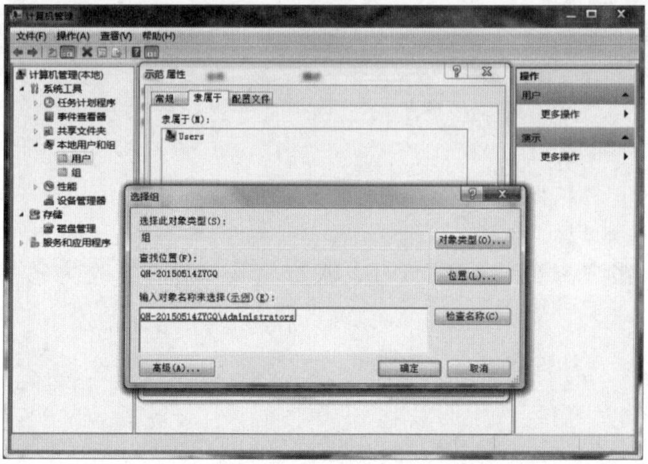

图 1-5-16　检查通过

6. 删除用户账户

(1)在用户名称上单击鼠标右键,选择“删除”命令,如图 1-5-17 所示。

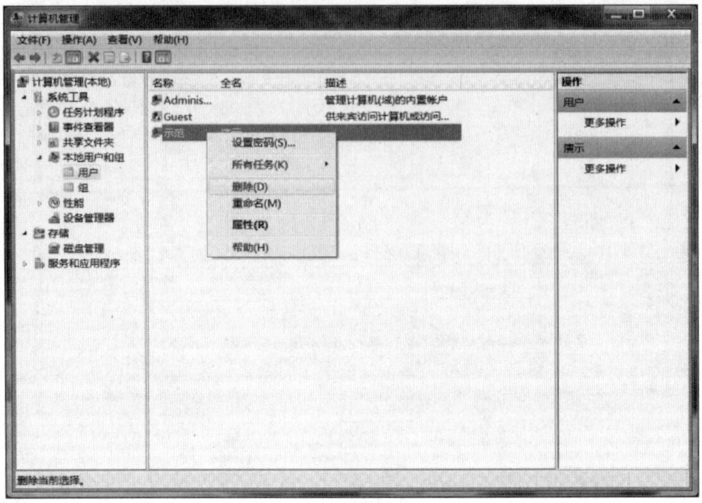

图 1-5-17 选择“删除”命令

(2)系统将弹出对话框,鼠标左键单击“是”按钮,确认删除该用户的操作,如图 1-5-18 所示。

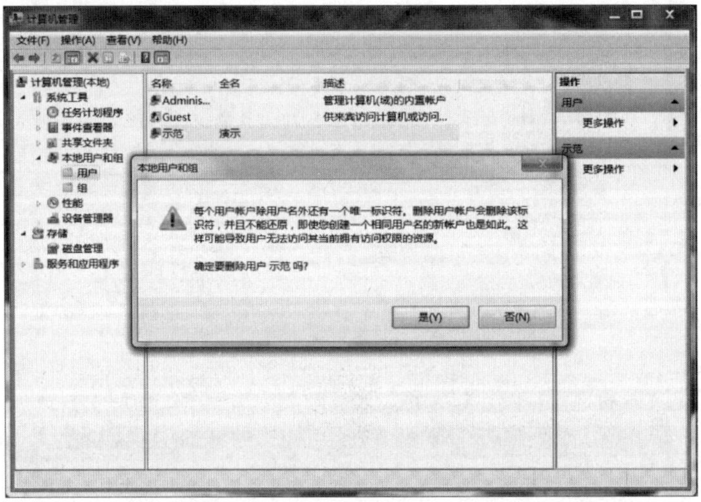

图 1-5-18 删除用户操作

拓展练习

1. 禁用“GUEST”账户。

2. 新建“学生”账户,然后修改“学生”账户密码,并且更改为隶属于“Administrator”账户。

模块二 Word 2010

项目一 Word 2010 的基本操作

项目描述

掌握 Word 2010 中基础的文档格式设置工具,利用它可以更轻松、高效地组织和编写文档。

学习目标

1. 掌握文档的创建和保存。
2. 熟悉 Word 文档操作界面的各项功能。
3. 掌握文档的页面设置。
4. 掌握文档每页行数和每行字符数的设置。

任务一 熟悉 Word 2010 的工作界面

任务描述

在一台安装有 Word 2010 的计算机上执行 Word 2010 的启动和退出,通过学习,使用户了解 Word 2010 的工作界面。

任务分析

认识 Word 2010 的工作界面,为以后正确使用 Word 2010 打下基础。

技能要点:启动与关闭、菜单栏、常用工具栏、任务窗格、文本编辑区。

任务实施

一、Word 2010 的启动与关闭

1. 启动 Word 2010

启动 Word 2010 应用程序主要有以下两种方法:

方法一:单击"开始"按钮→"所有程序"→"Microsoft office"→"Microsoft Word 2010"启动程序,启动后界面如图 2-1-1 所示;

方法二:鼠标双击桌面快捷方式,即可启动程序。

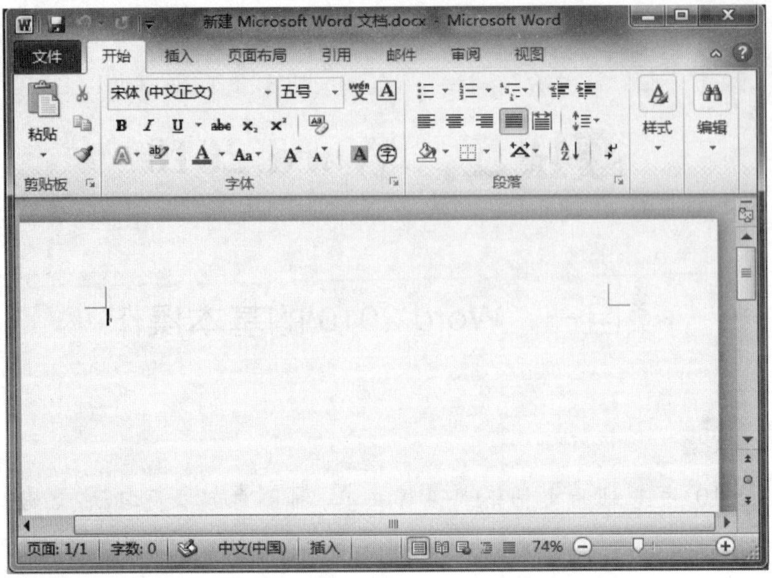

图 2-1-1　Word 2010 文档界面

2. 关闭 Word 2010

关闭 Word 2010 应用程序主要有以下几种方法:

方法一:单击“文件”按钮→ “退出”按钮,可关闭并退出,如图 2-1-2 所示。

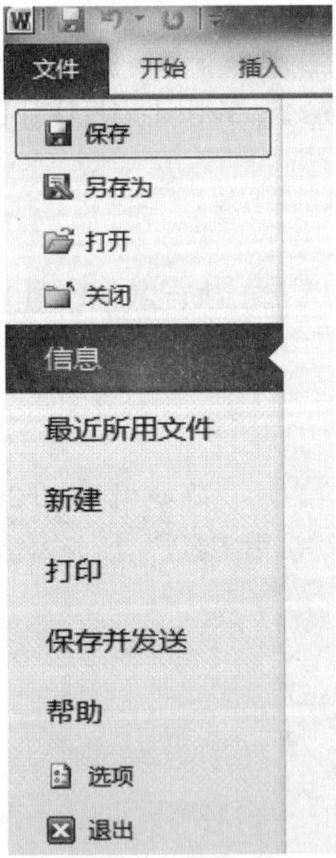

图 2-1-2　文件菜单栏

方法二:单击窗口右上角的关闭按钮,关闭文档,退出程序。

方法三:单击窗口左上角的 Word 图标,在弹出的菜单中单击“关闭”,退出程序,如图 2-1-3所示。

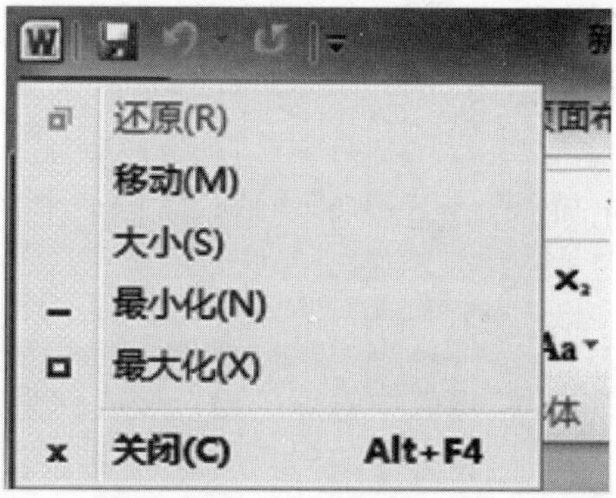

图 2-1-3 Word 图标中的菜单栏

方法四：使用快捷键组合“Alt + F4”。

温馨提示：在操作过程中，关闭退出之前一定要做好保存。

二、Word 2010 的操作界面

Word 2010 操作界面主要由标题栏、“文件”菜单、功能选项卡、快速访问工具栏、功能区、文档编辑区、标尺、视图栏和状态栏等元素组成，如图 2-1-4 所示。

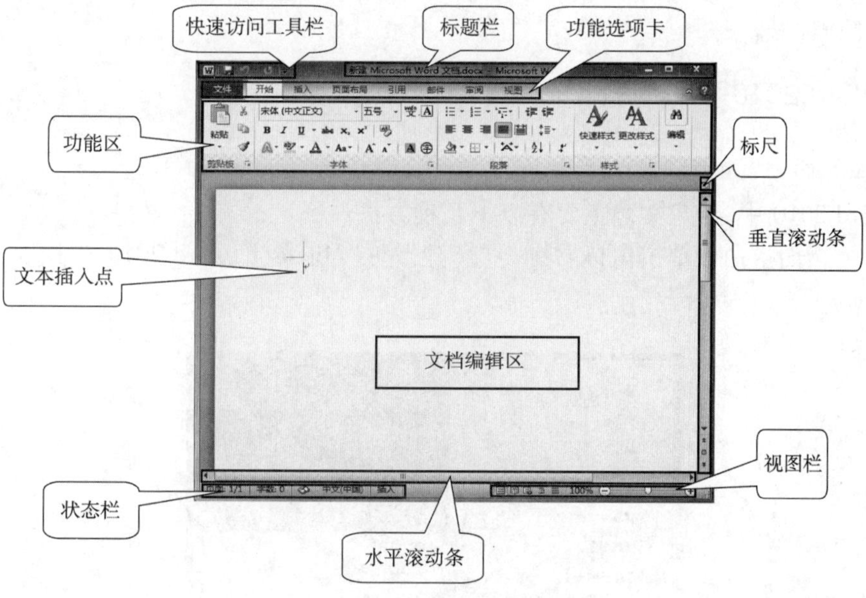

图 2-1-4 Word 2010 界面区域功能图

1. 标题栏

位于 Word 2010 操作界面上方，主要作用是显示文档的名称和程序名称，在其最右侧的 3 个按钮是最常见的“最小化、最大化和关闭”按钮。

2. 快速访问工具栏

该工具栏上提供了最常用的“保存”“撤销”“恢复”按钮。单击 按钮，可在快速访问工具列中添加所需的其他按钮。

3. 功能选项卡

相当于菜单命令，Word 2010 的所有命令均集成在几个功能选项卡中，选择某个功能选

项卡可切换到相应的功能区进行相应的操作。其中,“文件”菜单:用于执行 Word 2010 文档的新建、打开、保存和退出等操作。

4. 功能区

在功能区中有许多自动适应窗口大小的工具栏,不同的工具栏中又放置了与此相关的命令按钮或列表框。

5. 文档编辑区

用于输入、编辑文档的区域,编辑区中闪烁的黑色竖线称为光标,用于显示当前正在编辑的位置。

6. 标尺与滚动条

标尺用于指示文字在页面中的位置。当文档内容过长,不能完全显示在窗口时,在文档编辑区的右侧和下方会显示垂直滚动条和水平滚动条,通过拖动滚动条的滚动滑块,可查看隐藏的内容。

7. 状态栏和视图栏

位于窗口最底端,状态栏显示了文档当前页数、总页数、字数和输入法状态等内容;视图栏主要用来切换视图模式,调整文档显示比例,方便用户查看文档内容,其中包括视图按钮组合显示比例控制杆。

三、Word 2010 文档管理

1. 新建文档

在 Word 2010 中,新建文档主要有以下几种方法。

方法一:桌面空白处单击鼠标右键→“新建”→ “Microsoft Word 2010 文档”,如图 2-1-5 所示。

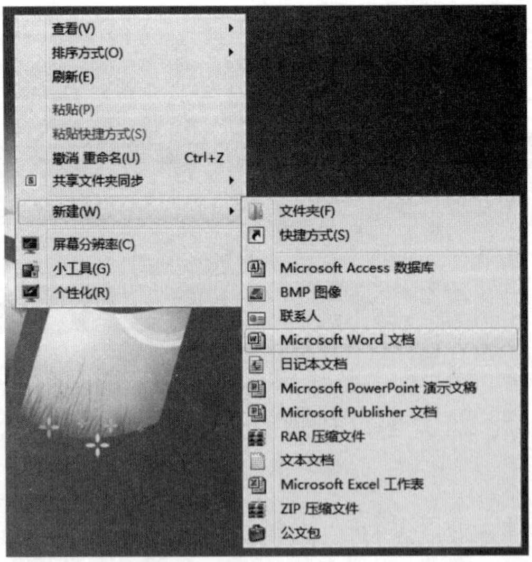

图 2-1-5　桌面创建文档

方法二:单击“文件”→ “新建”→ “空白文档”→“创建”,如图 2-1-6 所示。

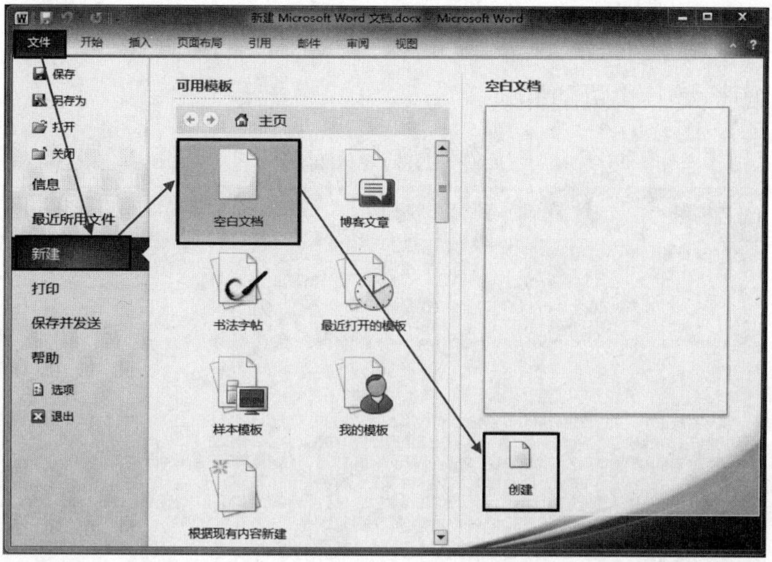

图 2-1-6　文件菜单创建文档

2. 保存文档

在编辑文档的过程中，为避免发生遗失、误操作或死机、断电等突发情况，使辛苦完成的文档毁于一旦，需要及时对文档进行保存。在 Word 2010 中，保存文档主要有以下几种方法。

方法一：单击“文件”→“保存”。

方法二：单击快速访问工具栏中的“保存”按钮。

方法三：单击“文件”→“另存为”→输入要保存的文件名→“保存”。

3. 打开并修复文档

为最大程度的减少因断电、死机或误操作而未对文档进行及时保存导致的文档丢失、损坏等情况，Word 2010 的“打开并修复”功能可以一定程度的恢复异常产生前的文档状态。

方法是：“文件”→“打开”→选择要打开的文档→单击“打开”按钮→选择“打开并修复”。

任务二　Word 2010 基本操作

任务描述

打开练习 1 中的 ED1. RTF 文件，将页面设置为 A4 纸，上、下、左、右页边距均为 3cm；打开练习 2 中的 ED3. RTF 文件，设置每页 40 行，每行 42 个字符。

任务分析

页面设置包括设置纸张大小、页边距、一页的行数、字或行间的距离等。

技能要点：页面纸张设置，页边距设置，每页行数、每行字符数设置。

任务实施

一、设置纸张大小和页边距

(1)打开练习 1 中的 ED1. RTF 文件,出现界面如图 2-1-7 所示。

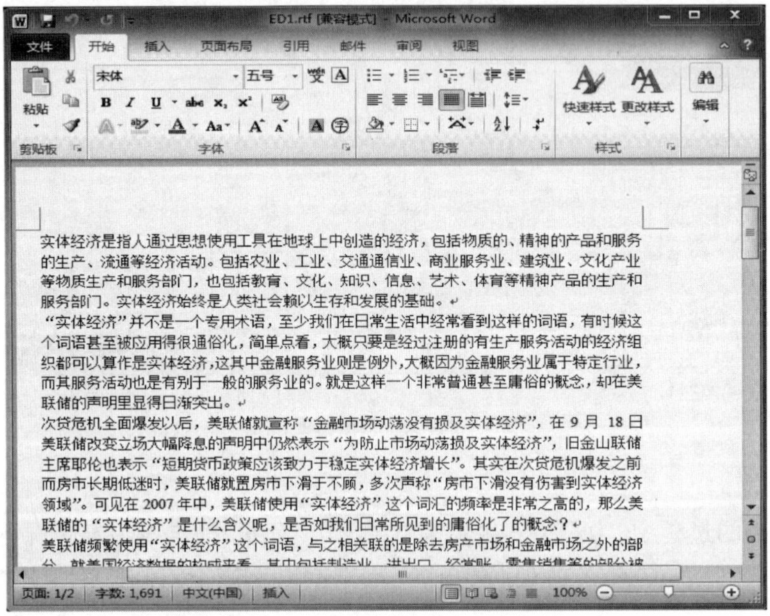

图 2-1-7　ED1. RTF 文件界面

(2)纸张大小设置,具体操作如下:

单击功能选项卡中的“页面布局”,选择“纸张大小”里的“A4”纸张,见图 2-1-8。

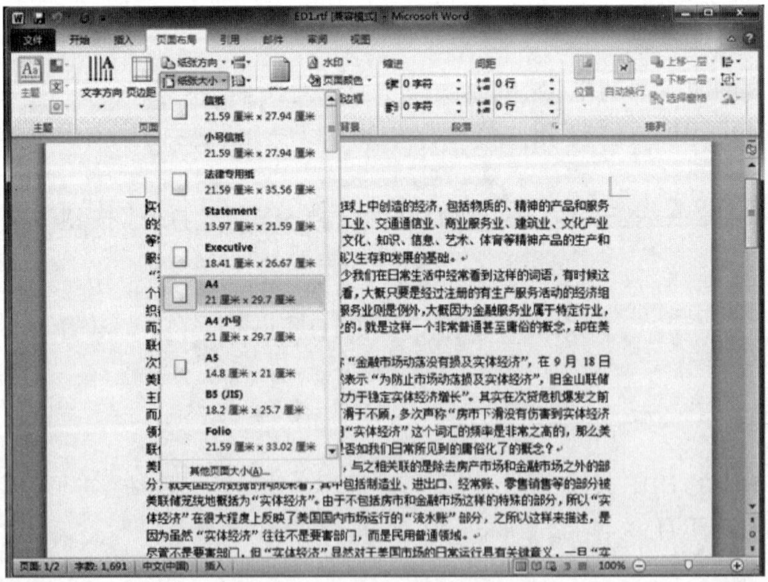

图 2-1-8　设置页面大小

(3)页边距设置,具体操作步骤如下:

①单击功能选项卡中的“页面布局”,选择“页边距”,见图 2-1-9。

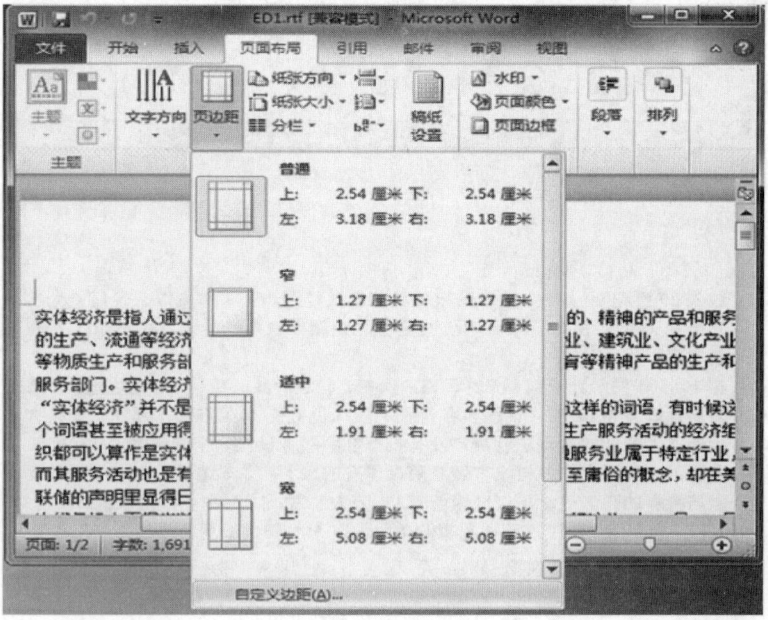

图 2-1-9　设置“页边距”

②单击“自定义页边距”,在弹出窗口的“页边距”选项中输入上、下、左、右的距离,见图 2-1-10。

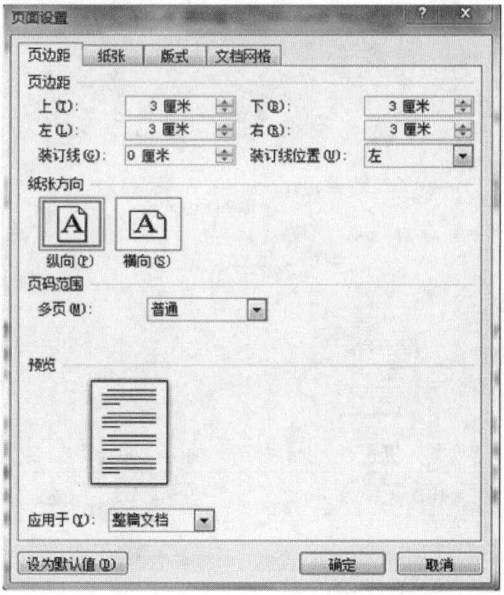

图 2-1-10　设置页边距参数

二、每页行数、每行字符数设置

(1)打开练习 2 中的 ED3. RTF 文件,出现界面见图 2-1-11。

(2)每页行数、每行字符数设置。

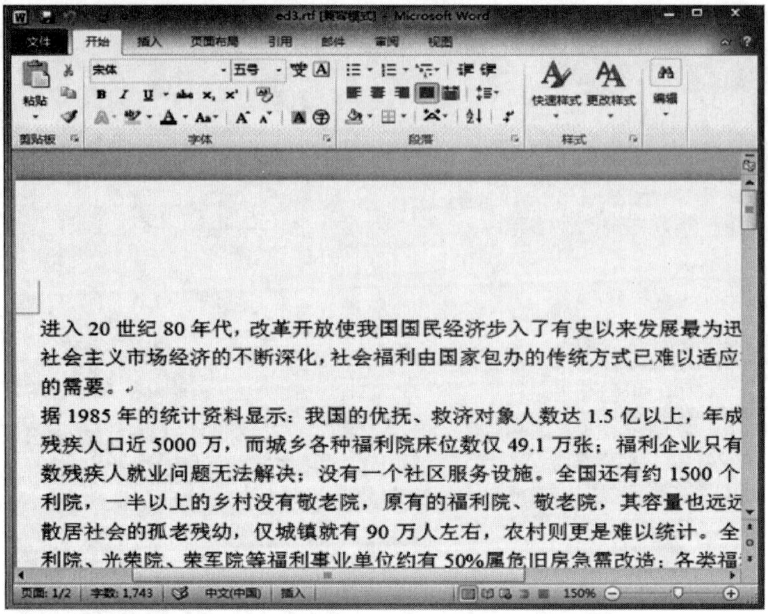

图 2-1-11　ED3. RTF 文件界面

单击功能选项卡中的“页面布局”，选择“页边距”，在“自定义页边距”窗口的“文档网格”中选择“指定行和字符网格”，输入每页行数和每行字符数，见图 2-1-12。

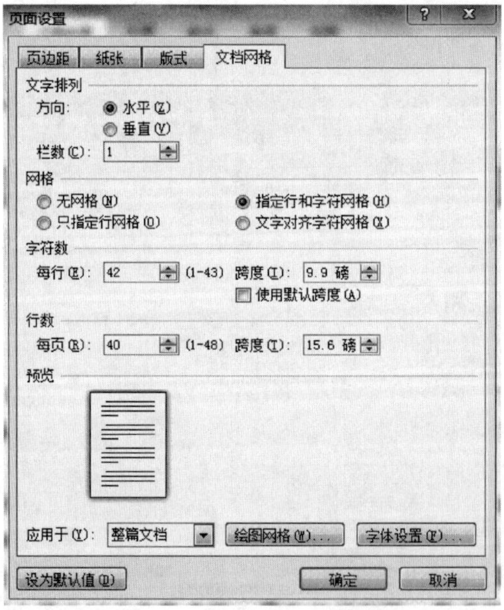

图 2-1-12　设置行和字符数参数

拓展练习

1. 打开练习 2 中的 ED3. RTF 文件，将页面设置为 A4 纸，上、下页边距为 2.5cm，左、右页边距均为 3cm。

2. 打开练习 3 中的 ED11. RTF 文件，设置每页 42 行，每行 40 个字符。

项目二　Word 2010 文本编辑

项目描述

Word 2010 文本编辑包括插入艺术字和文本框、字体格式设置、查找与替换等具体操作。

学习目标

1. 掌握在 Word 文档中插入艺术字和文本框的基本操作。
2. 掌握字体格式的设置。
3. 掌握在 Word 文档中进行查找与替换操作。

任务一　Word 2010 插入艺术字和文本框

任务描述

打开练习 1 中的 ED1. RTF 文件,参考样张,在正文适当位置插入艺术字“次贷危机”,采用第四行第三列样式;打开练习 3 中的 ED11. RTF 文件,参考样张,在正文适当位置插入竖排文本框“农村居民消费水平”。

任务分析

通过学习,熟练掌握 Word 2010 文本编辑中插入艺术字和文本框的基本操作。

技能要点:插入艺术字、插入文本框。

任务实施

一、插入艺术字

(1)打开练习 1 中的 ED1. RTF 文件,出现界面如图 2-2-1 所示。

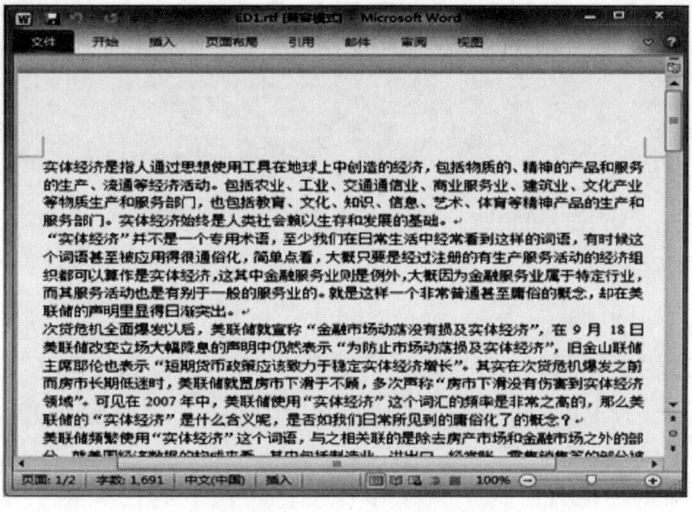

Microsoft Word
文件
开始
插入
页面布局
引用
邮件
审阅
视图
实体经济是指人通过思想使用工具在地球上中创造的经济,包括物质的、精神的产品和服务的生产、流通等经济活动。包括农业、工业、交通通信业、商业服务业、建筑业、文化产业等物质生产和服务部门,也包括教育、文化、知识、信息、艺术、体育等精神产品的生产和服务部门。实体经济始终是人类社会赖以生存和发展的基础。
“实体经济”并不是一个专用术语,至少我们在日常生活中经常看到这样的词语,有时候这个词语甚至被应用得很通俗化,简单点看,大概只要是经过注册的有生产服务活动的经济组织都可以算作是实体经济,这其中金融服务业则是例外,大概因为金融服务业属于特定行业,而其服务活动也是有别于一般的服务业的。就是这样一个非常普通甚至庸俗的概念,却在美联储的声明里显得日渐突出。
次贷危机全面爆发以后,美联储就宣称“金融市场动荡没有损及实体经济”,在 9 月 18 日美联储改变立场大幅降息的声明中仍然表示“为防止市场动荡损及实体经济”,旧金山联储主席耶伦也表示“短期货币政策应该致力于稳定实体经济增长”。其实在次贷危机爆发之前而房市长期低迷时,美联储就置房市下滑于不顾,多次声称“房市下滑没有伤害到实体经济领域”。可见在 2007 年中,美联储使用“实体经济”这个词汇的频率是非常之高的,那么美联储的“实体经济”是什么含义呢,是否如我们日常所见到的庸俗化了的概念?
美联储频繁使用“实体经济”这个词语,与之相关联的是除去房产市场和金融市场之外的部
页面: 1/2
字数: 1,691
中文(中国)
插入
100%

图 2-2-1　ED1. RTF 文件界面

(2)参考样张,在正文适当位置插入艺术字“次贷危机”,采用第四行第三列样式,具体方法如下:

①单击功能选项卡中的“插入”,选择“艺术字”中的第四行第三列样式,如图 2-2-2 所示。

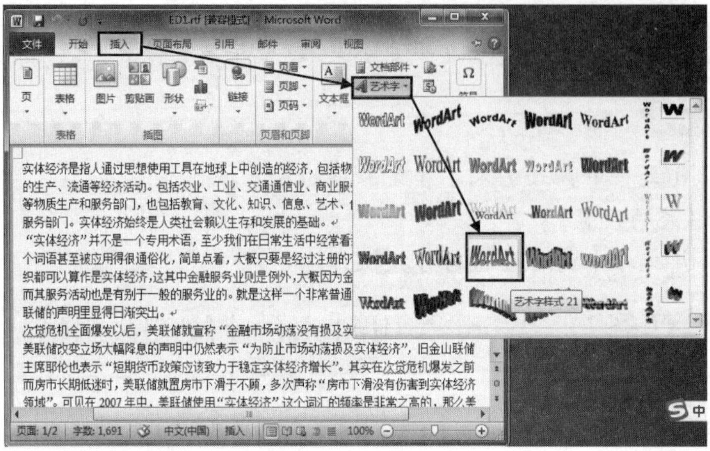

图 2-2-2 插入“艺术字”样式

②在弹出的“编辑艺术字文字”对话框中输入“次贷危机”,如图 2-2-3 所示。

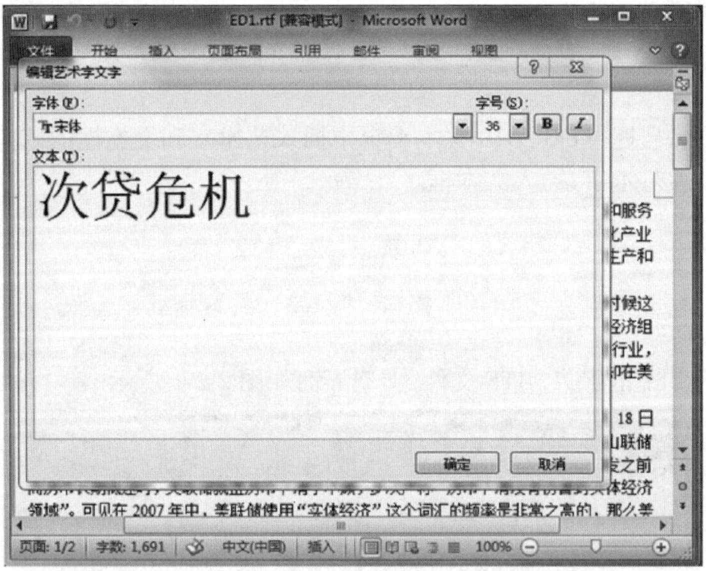

图 2-2-3 编辑艺术字内容

二、插入文本框

(1)打开练习 3 中的 ED11. RTF 文件,出现界面如图 2-2-4 所示。

(2)参考样张,在正文适当位置插入竖排文本框“农村居民消费水平”,具体方法如下:

①单击功能选项卡中的“插入”,选择“文本框”中的“绘制竖排文本框”,如图 2-2-5 所示。

②参照样张,在适当位置绘制竖排文本框,并输入“农村居民消费水平”,如图 2-2-6 所示。

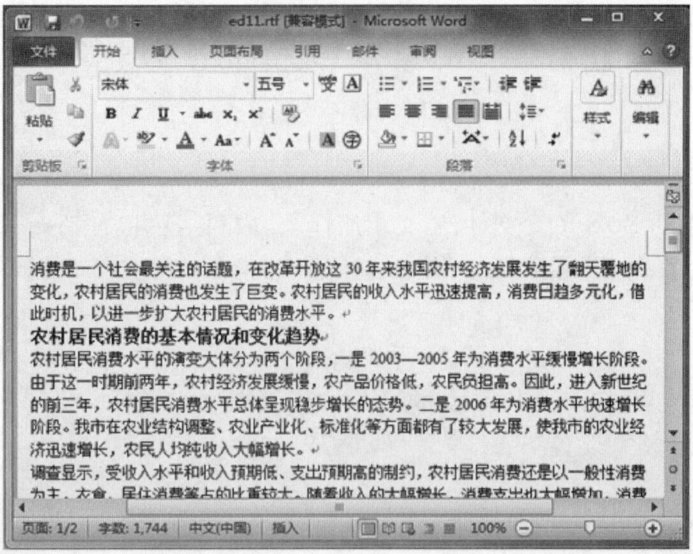
ed11.rtf [兼容模式] - Microsoft Word
文件 开始 插入 页面布局 引用 邮件 审阅 视图
宋体 五号
粘贴 剪贴板 字体 段落 样式 编辑
消费是一个社会最关注的话题，在改革开放这 30 年来我国农村经济发展发生了翻天覆地的变化，农村居民的消费也发生了巨变。农村居民的收入水平迅速提高，消费日趋多元化，借此时机，以进一步扩大农村居民的消费水平。
农村居民消费的基本情况和变化趋势
农村居民消费水平的演变大体分为两个阶段，一是 2003—2005 年为消费水平缓慢增长阶段。由于这一时期前两年，农村经济发展缓慢，农产品价格低，农民负担高。因此，进入新世纪的前三年，农村居民消费水平总体呈现稳步增长的态势。二是 2006 年为消费水平快速增长阶段。我市在农业结构调整、农业产业化、标准化等方面都有了较大发展，使我市的农业经济迅速增长，农民人均纯收入大幅增长。
调查显示，受收入水平和收入预期低、支出预期高的制约，农村居民消费还是以一般性消费
页面: 1/2 字数: 1,744 中文(中国) 插入 100%

图 2-2-4　ED11. RTF 文件界面

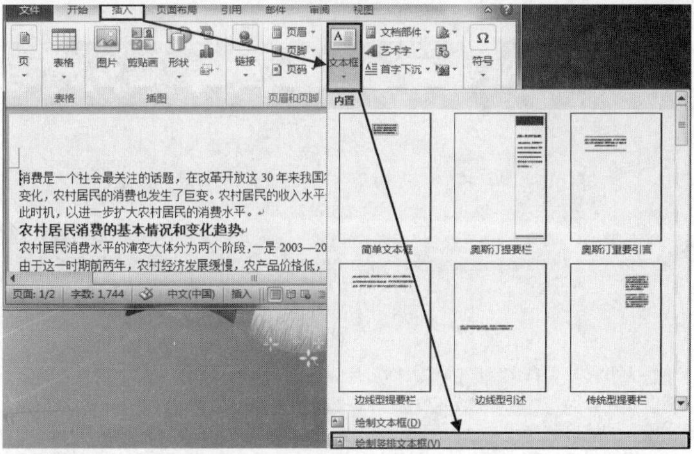
文件 开始 插入 页面布局 引用 邮件 审阅 视图
页 表格 图片 剪贴画 形状 链接 页眉 页脚 页码 文本框 文档部件 艺术字 首字下沉 符号
表格 插图 页眉和页脚
内置
简单文本框 奥斯汀提要栏 奥斯汀重要引言
边线型提要栏 边线型引述 传统型提要栏
绘制文本框(D)
绘制竖排文本框(V)

图 2-2-5　选择“绘制竖排文本框”按钮

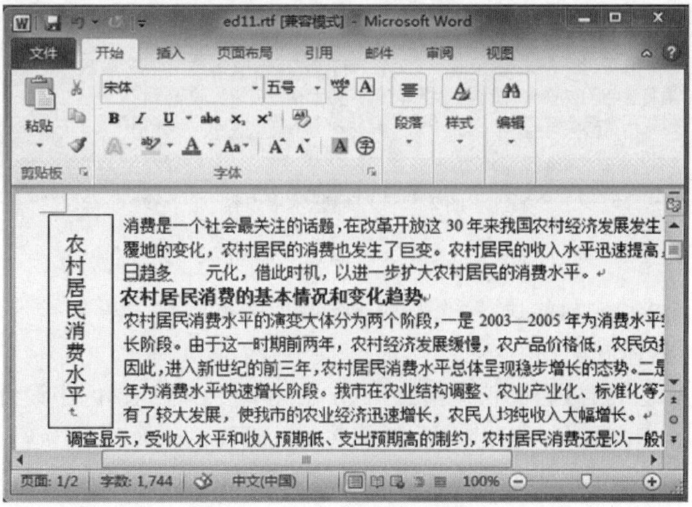
ed11.rtf [兼容模式] - Microsoft Word
文件 开始 插入 页面布局 引用 邮件 审阅 视图
宋体 五号
粘贴 剪贴板 字体 段落 样式 编辑
农村居民消费水平
农村居民消费的基本情况和变化趋势
页面: 1/2 字数: 1,744 中文(中国) 100%

图 2-2-6　竖排文本框文字

任务二　Word 2010 字体格式设置

任务描述

打开练习 9 中的 ED2. RTF 文件，给文章加标题“农村居民粮食消费”，设置其字体格式为华文彩云、二号字、加粗、标准红色、居中对齐。

任务分析

通过学习，熟练掌握 Word 2010 文本编辑中字体格式的设置。

技能要点：字体格式设置。

任务实施

（1）打开练习 9 中的 ED2. RTF 文件，出现界面如图 2-2-7 所示。

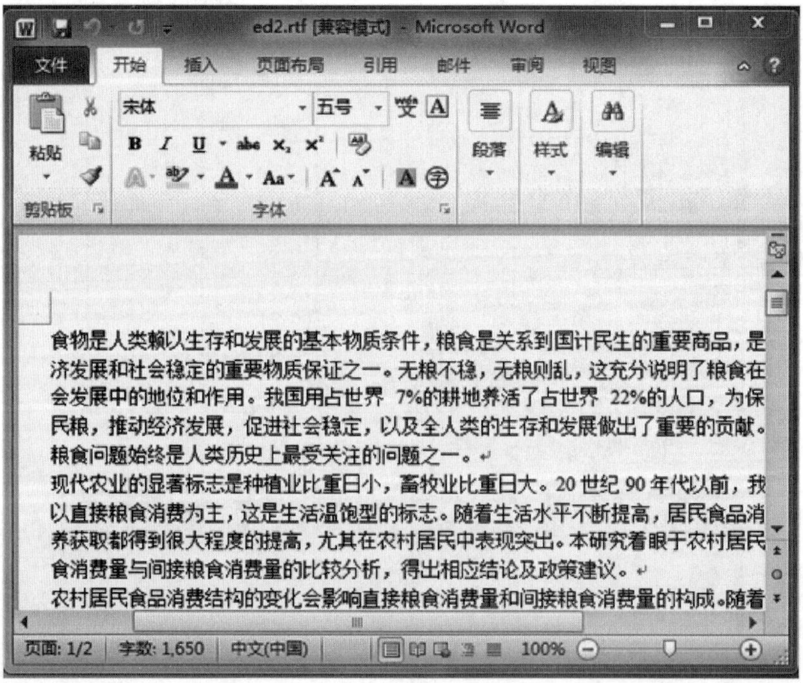

ed2.rtf [兼容模式] - Microsoft Word
文件
开始
插入
页面布局
引用
邮件
审阅
视图
宋体
五号
粘贴
段落
样式
编辑
剪贴板
字体
食物是人类赖以生存和发展的基本物质条件，粮食是关系到国计民生的重要商品，是
济发展和社会稳定的重要物质保证之一。无粮不稳，无粮则乱，这充分说明了粮食在
会发展中的地位和作用。我国用占世界 7%的耕地养活了占世界 22%的人口，为保
民粮，推动经济发展，促进社会稳定，以及全人类的生存和发展做出了重要的贡献。
粮食问题始终是人类历史上最受关注的问题之一。
现代农业的显著标志是种植业比重日小，畜牧业比重日大。20 世纪 90 年代以前，我
以直接粮食消费为主，这是生活温饱型的标志。随着生活水平不断提高，居民食品消
养获取都得到很大程度的提高，尤其在农村居民中表现突出。本研究着眼于农村居民
食消费量与间接粮食消费量的比较分析，得出相应结论及政策建议。
农村居民食品消费结构的变化会影响直接粮食消费量和间接粮食消费量的构成。随着
页面: 1/2
字数: 1,650
中文(中国)
100%

图 2-2-7　ED2. RTF 文件界面

（2）给文章加标题“农村居民粮食消费”，设置其字体格式为华文彩云、二号字、加粗、标准红色、居中对齐，具体方法如下：

方法一：输入标题“农村居民粮食消费”，在功能区的字体编辑区中设置字体格式为华文彩云、二号字、加粗、标准红色、居中对齐，如图 2-2-8 所示。

方法二：选中文字，单击鼠标右键，选择“字体”，在弹出的字体编辑对话框中对字体进行设置，如图 2-2-9 所示。

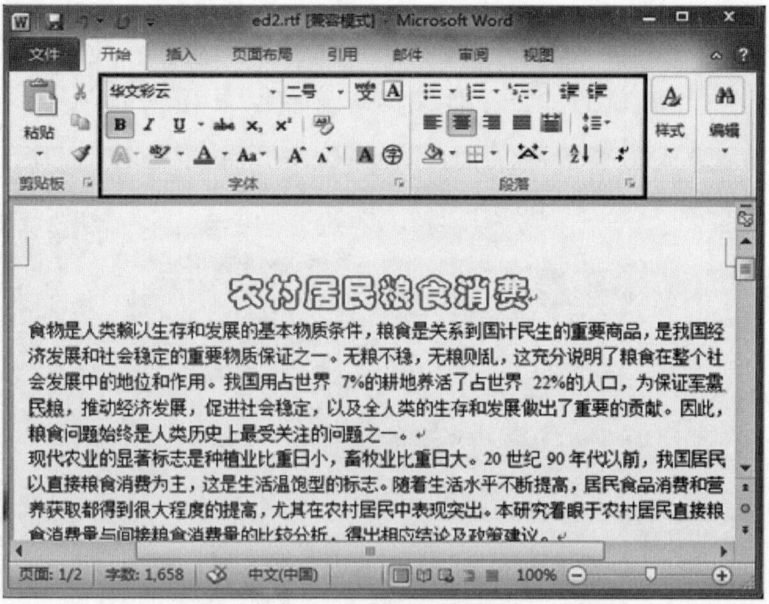

图 2-2-8　字体设置功能区

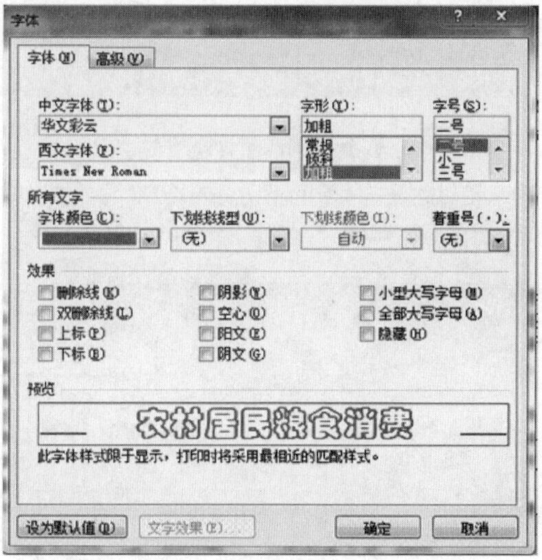

图 2-2-9　字体编辑对话框

任务三　Word 2010 查找与替换

任务描述

打开练习 3 中的 ED11. RTF 文件，将正文中所有的“收入”设置为标准绿色，加双波浪下划线。

任务分析

通过学习查找与替换功能，可以节约大量的时间和精力，提高工作效率。

技能要点：查找功能，查找并替换功能。

任务实施

(1)打开练习 3 中的 ED11. RTF 文件,出现界面如图 2-2-10 所示。

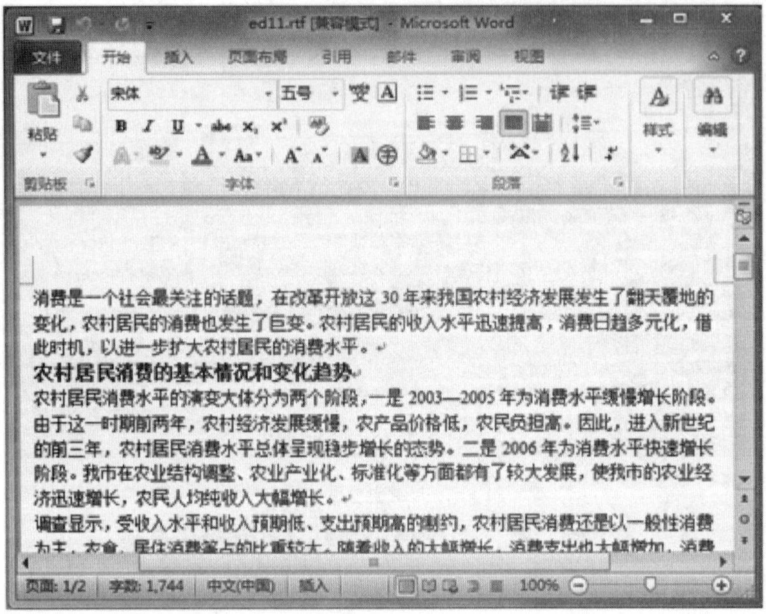

图 2-2-10　ED11. RTF 文件界面

(2)将正文中所有的“收入”设置为标准绿色、加双波浪下划线,具体方法如下:

①单击功能选项卡中的“开始”,选择“编辑”中的“替换”功能,如图 2-2-11 所示。

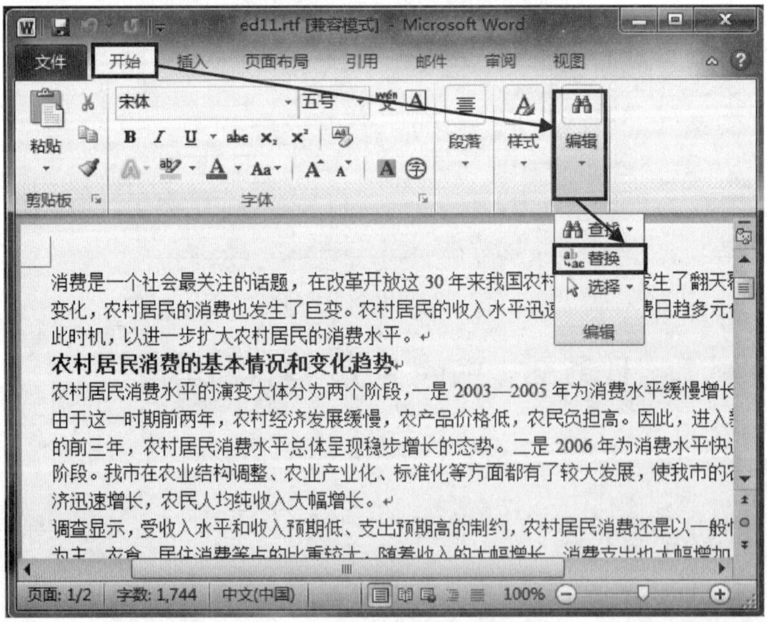

图 2-2-11　编辑中的“替换”按钮

②在弹出的“查找和替换”对话框中选择“替换”,并输入查找和替换的内容,如图 2-2-12 所示。

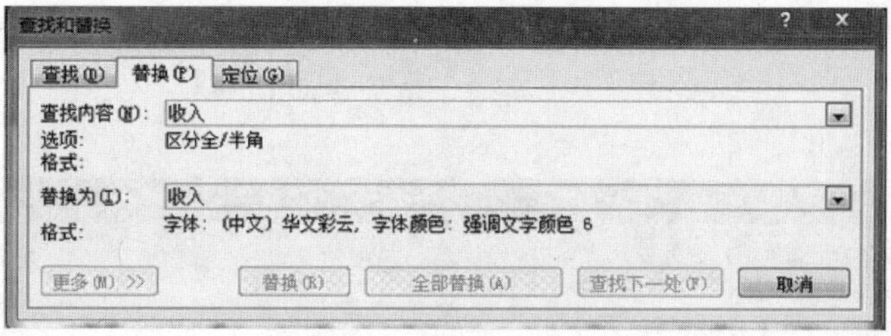

图 2-2-12　查找和替换对话框

③单击“更多”,在展开的对话框中选择“格式”功能,如图 2-2-13 所示。

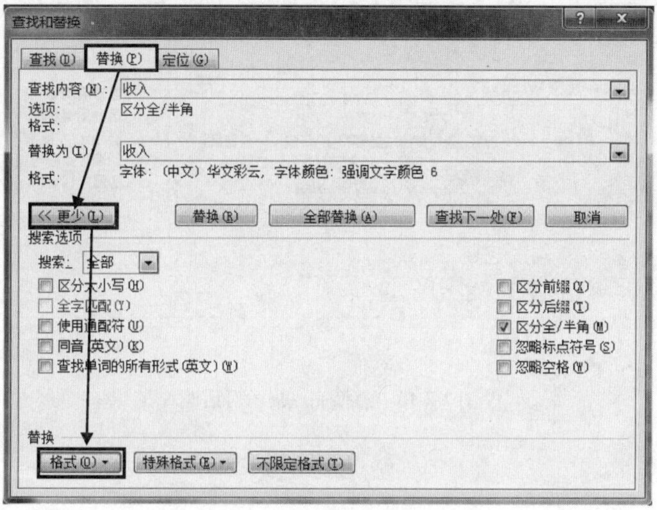

图 2-2-13　查找和替换对话框中选择“格式”按钮

④单击“格式”中的“字体”,在弹出的“查找字体”对话框中设置“收入”为标准绿色,加双波浪下划线,如图 2-2-14 所示。

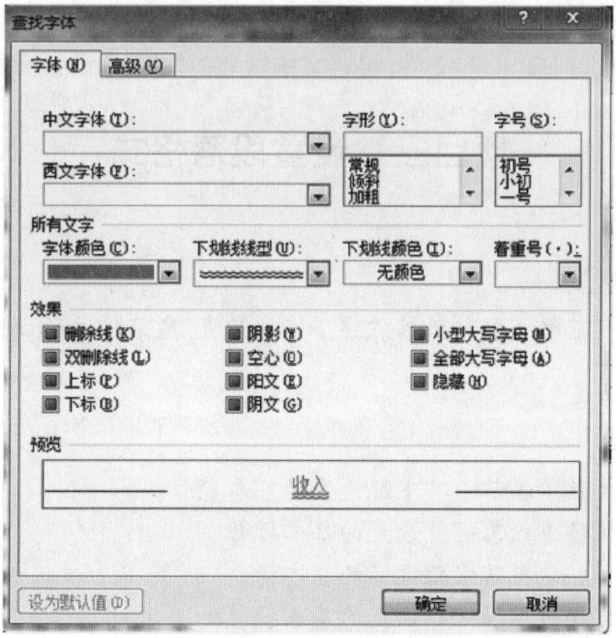

图 2-2-14　查找字体对话框

⑤设置好字体格式以后，单击“全部替换”，弹出的对话框会显示一共替换了多少处，如图 2-2-15 所示。

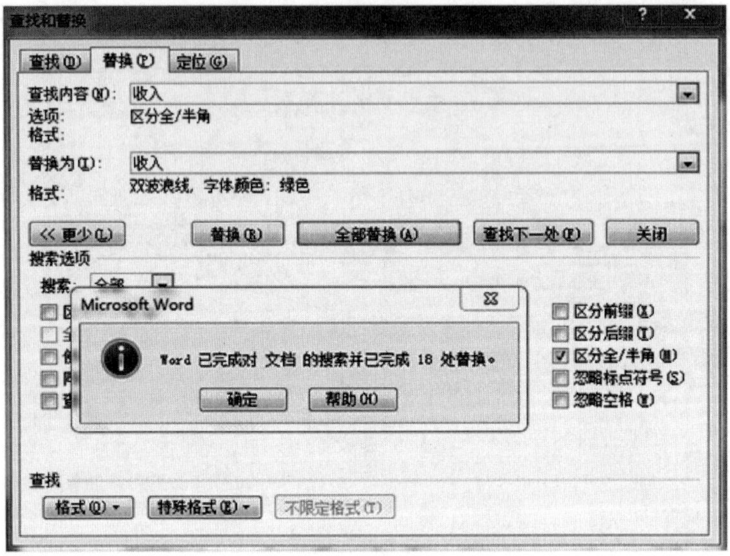

图 2-2-15　替换完成提示对话框

拓展练习

1. 打开练习 2 中的 ED3. RTF 文件，参考样张，在正文适当位置插入艺术字“福利彩票”，采用第三行第三列样式，形状为“粗上弯弧”，设置艺术字字体为宋体、60 号。

2. 打开练习 4 中的 ED2. RTF 文件，参考样张，在正文适当位置插入竖排文本框“民间掌控村镇银行”，设置其字体格式为隶书、二号字、标准红色。

3. 打开练习 4 中的 ED2. RTF 文件，将正文中所有的“银行”设置为标准红色、加着重号。

项目三　设置段落格式

项目描述

Word 2010 设置段落格式包括段落首字下沉的设置、段落缩进的设置、段落间距的设置、段落分栏设置。

学习目标

1. 掌握在 Word 文档中段落首字下沉设置的基本操作。
2. 掌握在 Word 文档中段落缩进设置的基本操作。
3. 掌握在 Word 文档中段落间距设置的基本操作。
4. 掌握在 Word 文档中段落分栏设置的基本操作。

任务一　段落首字下沉的设置

任务描述

打开练习2中的ED3. RTF文件,参考样张,设置正文第一段首字下沉2行,首字字体为隶书、标准红色。

任务分析

通过学习,熟练掌握Word 2010段落首字下沉设置的基本操作。

技能要点:段落首字下沉的设置。

任务实施

(1)打开练习2中的ED3. RTF文件,出现界面如图2-3-1所示。

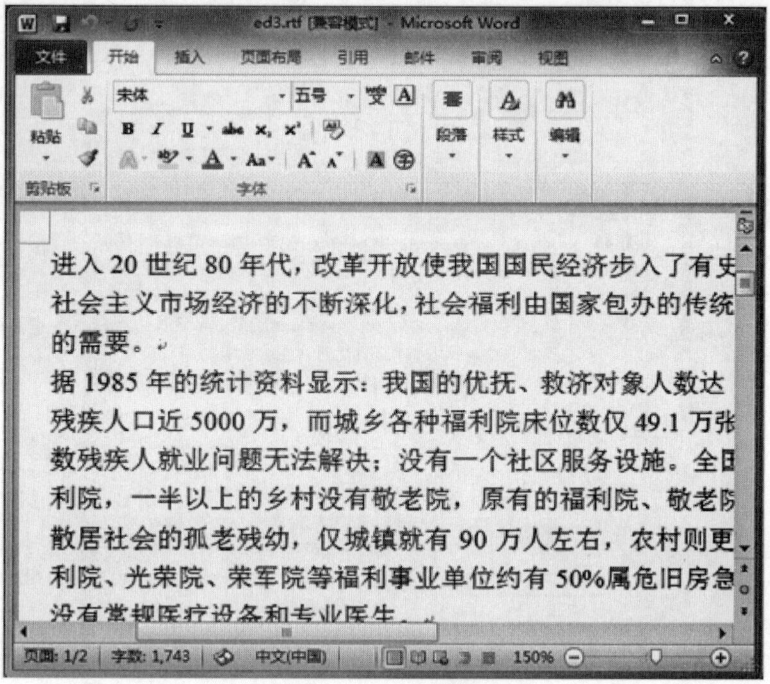

ed3.rtf [兼容模式] - Microsoft Word
文件
开始
插入
页面布局
引用
邮件
审阅
视图
宋体
五号
粘贴
段落
样式
编辑
剪贴板
字体
进入20世纪80年代，改革开放使我国国民经济步入了有史
社会主义市场经济的不断深化，社会福利由国家包办的传统
的需要。
据1985年的统计资料显示：我国的优抚、救济对象人数达
残疾人口近5000万，而城乡各种福利院床位数仅49.1万张
数残疾人就业问题无法解决；没有一个社区服务设施。全国
利院，一半以上的乡村没有敬老院，原有的福利院、敬老院
散居社会的孤老残幼，仅城镇就有90万人左右，农村则更
利院、光荣院、荣军院等福利事业单位约有50%属危旧房急
页面: 1/2
字数: 1,743
中文(中国)
150%

图2-3-1　ED3. RTF文件界面

(2)参考样张,设置正文第一段首字下沉2行,具体方法如下:

①选中段落首字“进”,单击功能选项卡中的“插入”,选择“首字下沉”中的“首字下沉选项”,如图2-3-2所示。

②在弹出的“首字下沉选项”对话框中选择“下沉”,在“下沉行数”中输入“2”,单击“确定”即可,如图2-3-3所示。

(3)设置首字字体为隶书、标准红色,具体方法如下:

选中首字“进”,在“开始”功能选项卡中对字体进行设置,如图2-3-4所示。

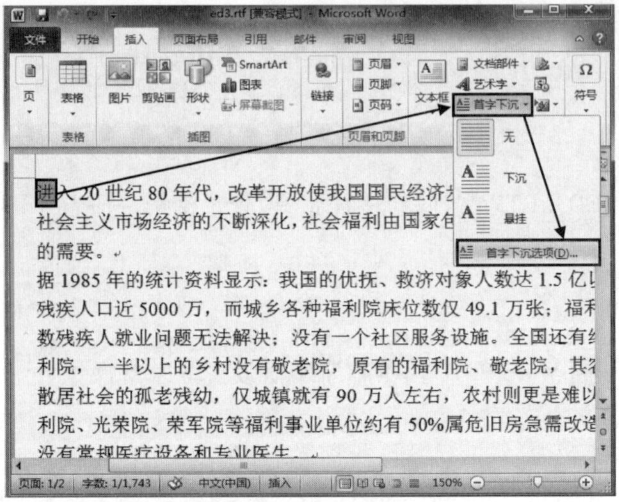
ed3.rtf [兼容模式] - Microsoft Word
文件
开始
插入
页面布局
引用
邮件
审阅
视图
SmartArt
图表
屏幕截图
页
表格
图片
剪贴画
形状
链接
页眉
页脚
页码
文本框
文档部件
艺术字
首字下沉
符号
页眉和页脚
无
下沉
悬挂
首字下沉选项(D)...
进入 20 世纪 80 年代，改革开放使我国国民经济步
社会主义市场经济的不断深化，社会福利由国家包
的需要。
据 1985 年的统计资料显示：我国的优抚、救济对象人数达 1.5 亿
残疾人口近 5000 万，而城乡各种福利院床位数仅 49.1 万张；福
数残疾人就业问题无法解决；没有一个社区服务设施。全国还有
利院，一半以上的乡村没有敬老院，原有的福利院、敬老院，其
散居社会的孤老残幼，仅城镇就有 90 万人左右，农村则更是难以
利院、光荣院、荣军院等福利事业单位约有 50%属危旧房急需改造
页面: 1/2
字数: 1/1,743
中文(中国)
插入
150%

图 2-3-2 “首字下沉”下拉按钮

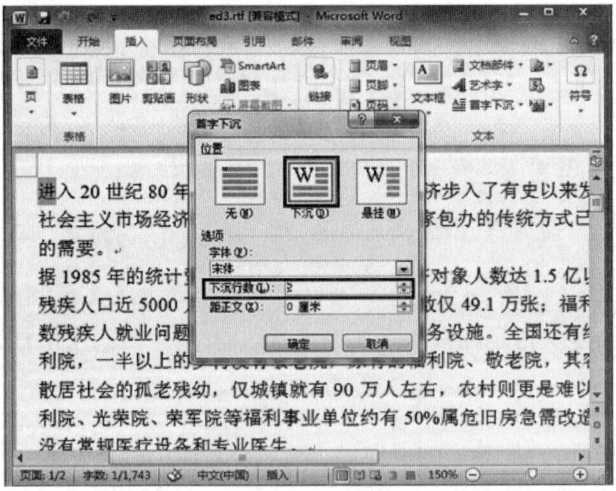
ed3.rtf [兼容模式] - Microsoft Word
首字下沉
位置
无(N)
下沉(D)
悬挂(M)
选项
字体(F):
宋体
下沉行数(L):
2
距正文(X):
0 厘米
确定
取消
进入 20 世纪 80 年
济步入了有史以来
社会主义市场经济
家包办的传统方式已
的需要。
据 1985 年的统计
对象人数达 1.5 亿
残疾人口近 5000
数仅 49.1 万张；福
数残疾人就业问题
务设施。全国还有
散居社会的孤老残幼，仅城镇就有 90 万人左右，农村则更是难以
利院、光荣院、荣军院等福利事业单位约有 50%属危旧房急需改造
页面: 1/2
字数: 1/1,743
中文(中国)
插入
150%

图 2-3-3 设置首字下沉行数参数

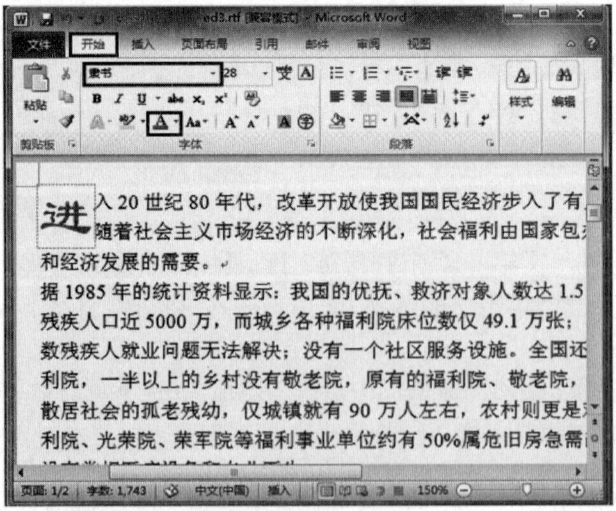
ed3.rtf [兼容模式] - Microsoft Word
文件
开始
插入
页面布局
引用
邮件
审阅
视图
隶书
28
粘贴
剪贴板
字体
段落
样式
编辑
进
入 20 世纪 80 年代，改革开放使我国国民经济步入了有
随着社会主义市场经济的不断深化，社会福利由国家包
和经济发展的需要。
据 1985 年的统计资料显示：我国的优抚、救济对象人数达 1.5
残疾人口近 5000 万，而城乡各种福利院床位数仅 49.1 万张；
数残疾人就业问题无法解决；没有一个社区服务设施。全国还
利院，一半以上的乡村没有敬老院，原有的福利院、敬老院，
散居社会的孤老残幼，仅城镇就有 90 万人左右，农村则更是
利院、光荣院、荣军院等福利事业单位约有 50%属危旧房急需
页面: 1/2
字数: 1,743
中文(中国)
插入
150%

图 2-3-4 首字字体设置

任务二　段落缩进的设置

任务描述

打开练习 6 中的 ED2. RTF 文件，参考样张，将正文所有段落设置为首行缩进 2 字符。

任务分析

通过学习，熟练掌握 Word 2010 中段落缩进的设置。

技能要点：段落缩进的设置。

任务实施

(1)打开练习 6 中的 ED2. RTF 文件，出现界面如图 2-3-5 所示。

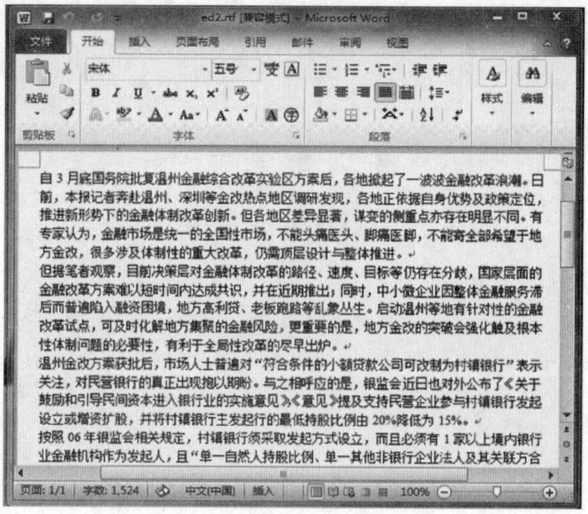

ed2.rtf [兼容模式] - Microsoft Word
文件 开始 插入 页面布局 引用 邮件 审阅 视图
粘贴 剪贴板 字体 段落 样式 编辑
自3月底国务院批复温州金融综合改革实验区方案后，各地掀起了一波波金融改革浪潮。日前，本报记者奔赴温州、深圳等金改热点地区调研发现，各地正依据自身优势及政策定位，推进新形势下的金融体制改革创新。但各地区差异显著，谋变的侧重点亦存在明显不同。有专家认为，金融市场是统一的全国性市场，不能头痛医头、脚痛医脚，不能寄全部希望于地方金改，很多涉及体制性的重大改革，仍需顶层设计与整体推进。
但据笔者观察，目前决策层对金融体制改革的路径、速度、目标等仍存在分歧，国家层面的金融改革方案难以短时间内达成共识，并在近期推出；同时，中小微企业因整体金融服务滞后而普遍陷入融资困境，地方高利贷、老板跑路等乱象丛生。启动温州等地有针对性的金融改革试点，可及时化解地方集聚的金融风险，更重要的是，地方金改的突破会强化触及根本性体制问题的必要性，有利于全局性改革的尽早出炉。
温州金改方案获批后，市场人士普遍对“符合条件的小额贷款公司可改制为村镇银行”表示关注，对民营银行的真正出现抱以期盼。与之相呼应的是，银监会近日也对外公布了《关于鼓励和引导民间资本进入银行业的实施意见》《意见》提及支持民营企业参与村镇银行发起设立或增资扩股，并将村镇银行主发起行的最低持股比例由 20%降低为 15%。
按照 06 年银监会相关规定，村镇银行须采取发起方式设立，而且必须有 1 家以上境内银行业金融机构作为发起人，且“单一自然人持股比例、单一其他非银行企业法人及其关联方合
页面: 1/1 字数: 1,524 中文(中国) 插入 100%

图 2-3-5　ED2. RTF 文件界面

(2)参考样张，将正文所有段落设置为首行缩进 2 字符，具体操作步骤如下：

①选中全文，单击鼠标右键，在弹出菜单中选择“段落”，如图 2-3-6 所示。

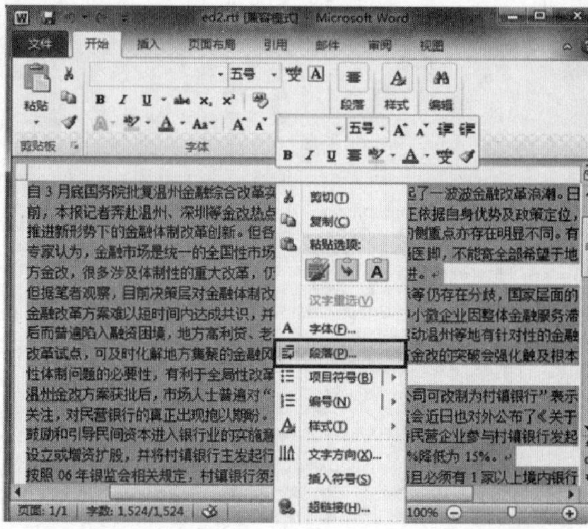

ed2.rtf [兼容模式] - Microsoft Word
文件 开始 插入 页面布局 引用 邮件 审阅 视图
剪切(T)
复制(C)
粘贴选项:
汉字重选(V)
字体(F)...
段落(P)...
项目符号(B)
编号(N)
样式(T)
文字方向(X)...
插入符号(S)
超链接(H)...
页面: 1/1 字数: 1,524/1,524 100%

图 2-3-6　右键法选择“段落”

②在弹出的“段落”编辑对话框中设置“特殊格式”为“首行缩进”，“磅值”为“2 字符”，

单击确定即可,如图 2-3-7 所示。

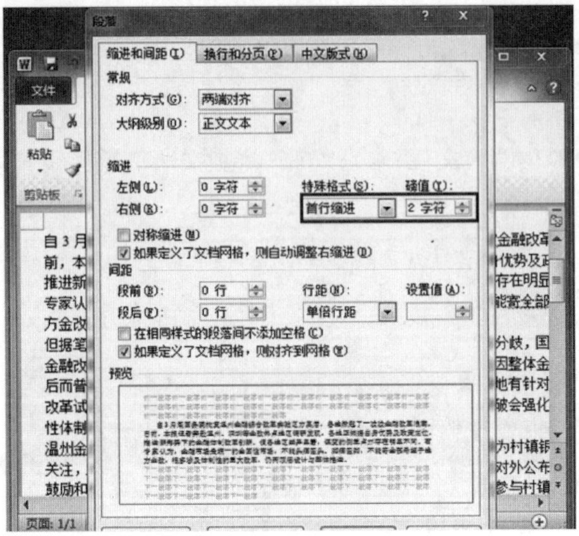
段落
缩进和间距(I)
换行和分页(P)
中文版式(H)
常规
对齐方式(G):
两端对齐
大纲级别(O):
正文文本
缩进
左侧(L):
0 字符
右侧(R):
0 字符
特殊格式(S):
首行缩进
磅值(Y):
2 字符
对称缩进(M)
如果定义了文档网格，则自动调整右缩进(D)
间距
段前(B):
0 行
段后(F):
0 行
行距(N):
单倍行距
设置值(A):
在相同样式的段落间不添加空格(C)
如果定义了文档网格，则对齐到网格(W)
预览
文件
粘贴
剪贴板
页面: 1/1

图 2-3-7　设置段落缩进参数

任务三　段落间距的设置

任务描述

打开练习 4 中的 ED2. RTF 文件，参考样张，将所有正文设置段后间距为 0.5 行。

任务分析

通过学习,熟练掌握 Word 2010 中段落间距的设置。

技能要点:段落间距的设置。

任务实施

(1)打开练习 4 中的 ED2. RTF 文件,出现界面如图 2-3-8 所示。

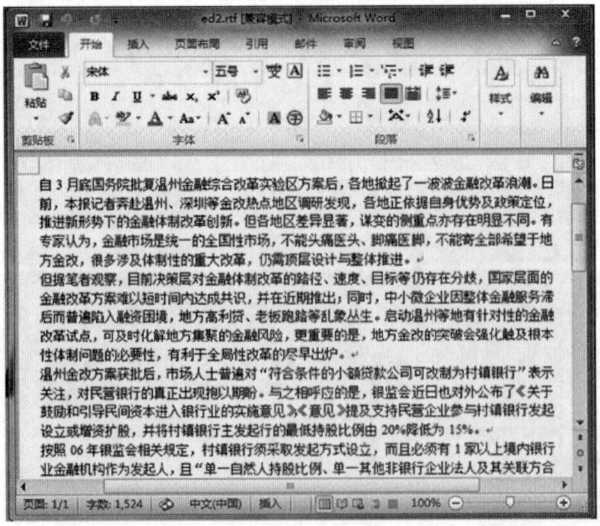
ed2.rtf [兼容模式] - Microsoft Word
文件
开始
插入
页面布局
引用
邮件
审阅
视图
宋体
五号
粘贴
剪贴板
字体
段落
样式
编辑
自 3 月底国务院批复温州金融综合改革实验区方案后，各地掀起了一波波金融改革浪潮。日前，本报记者奔赴温州、深圳等金改热点地区调研发现，各地正依据自身优势及政策定位，推进新形势下的金融体制改革创新。但各地区差异显著，谋变的侧重点亦存在明显不同。有专家认为，金融市场是统一的全国性市场，不能头痛医头、脚痛医脚，不能寄全部希望于地方金改，很多涉及体制性的重大改革，仍需顶层设计与整体推进。
但据笔者观察，目前决策层对金融体制改革的路径、速度、目标等仍存在分歧，国家层面的金融改革方案难以短时间内达成共识，并在近期推出；同时，中小微企业因整体金融服务滞后而普遍陷入融资困境，地方高利贷、老板跑路等乱象丛生。启动温州等地有针对性的金融改革试点，可及时化解地方集聚的金融风险，更重要的是，地方金改的突破会强化触及根本性体制问题的必要性，有利于全局性改革的尽早出炉。
温州金改方案获批后，市场人士普遍对“符合条件的小额贷款公司可改制为村镇银行”表示关注，对民营银行的真正出现抱以期盼。与之相呼应的是，银监会近日也对外公布了《关于鼓励和引导民间资本进入银行业的实施意见》《意见》提及支持民营企业参与村镇银行发起设立或增资扩股，并将村镇银行主发起行的最低持股比例由 20%降低为 15%。
按照 06 年银监会相关规定，村镇银行须采取发起方式设立，而且必须有 1 家以上境内银行业金融机构作为发起人，且“单一自然人持股比例、单一其他非银行企业法人及其关联方合
页面: 1/1
字数: 1,524
中文(中国)
插入
100%

图 2-3-8　ED2. RTF 文件界面

(2)参考样张，将所有正文设置段后间距为0.5行,具体操作步骤如下:

①选中全文,单击鼠标右键,在弹出菜单中选择“段落”,如图2-3-9所示。

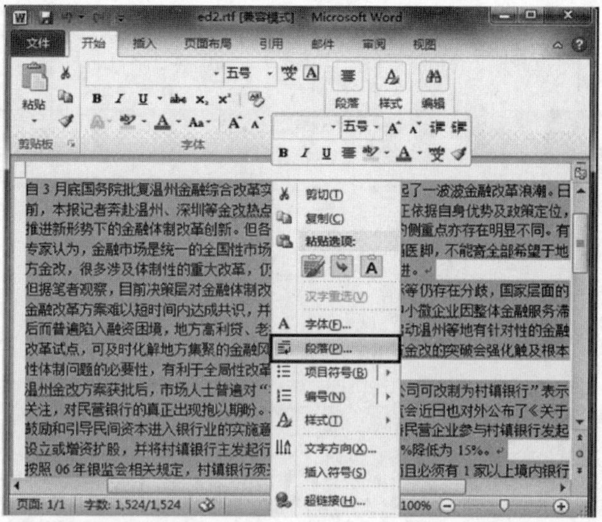

图2-3-9　右键法选择“段落”

②在弹出的“段落”编辑对话框中设置“段后间距”为“0.5行”,单击确定即可,如图2-3-10所示。

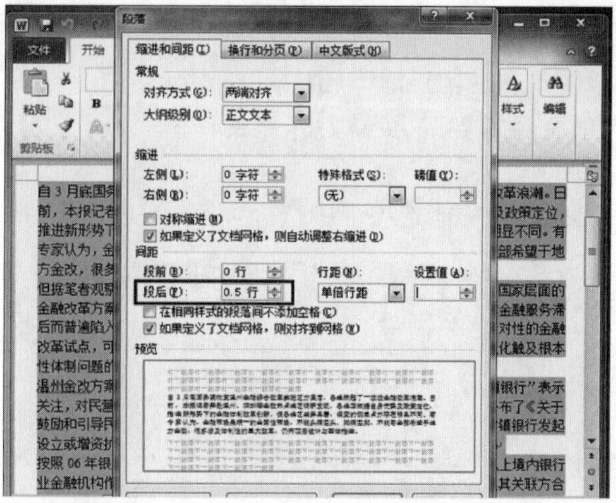

图2-3-10　设置段后间距参数

任务四　段落分栏的设置

任务描述

打开练习3中的ED11.RTF文件，参考样张，将正文倒数第一段分为等宽的两栏,栏间加分隔线。

任务分析

通过学习,熟练掌握Word 2010中段落分栏的设置。

技能要点:段落分栏的设置。

任务实施

(1)打开练习 3 中的 ED11. RTF 文件,出现界面如图 2-3-11 所示。

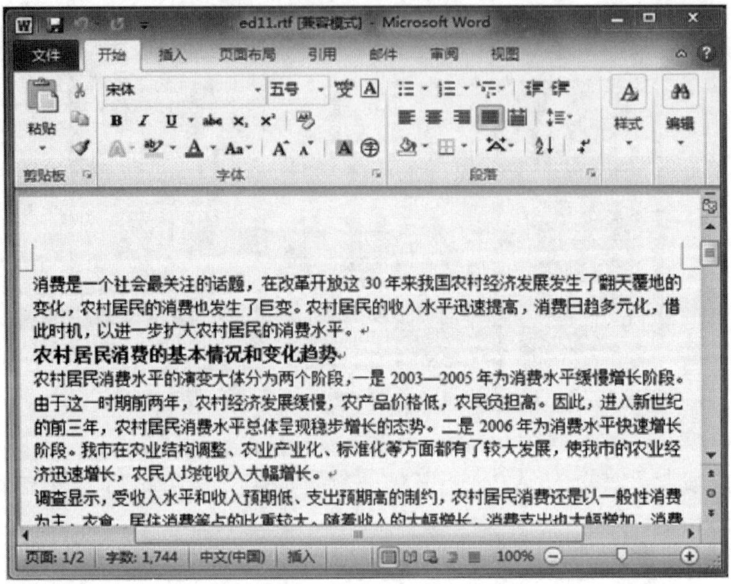
ed11.rtf [兼容模式] - Microsoft Word
文件
开始
插入
页面布局
引用
邮件
审阅
视图
宋体
五号
粘贴
剪贴板
字体
段落
样式
编辑
消费是一个社会最关注的话题，在改革开放这 30 年来我国农村经济发展发生了翻天覆地的变化，农村居民的消费也发生了巨变。农村居民的收入水平迅速提高，消费日趋多元化，借此时机，以进一步扩大农村居民的消费水平。
农村居民消费的基本情况和变化趋势
农村居民消费水平的演变大体分为两个阶段，一是 2003—2005 年为消费水平缓慢增长阶段。由于这一时期前两年，农村经济发展缓慢，农产品价格低，农民负担高。因此，进入新世纪的前三年，农村居民消费水平总体呈现稳步增长的态势。二是 2006 年为消费水平快速增长阶段。我市在农业结构调整、农业产业化、标准化等方面都有了较大发展，使我市的农业经济迅速增长，农民人均纯收入大幅增长。
调查显示，受收入水平和收入预期低、支出预期高的制约，农村居民消费还是以一般性消费
页面: 1/2
字数: 1,744
中文(中国)
插入
100%

图 2-3-11　ED11. RTF 文件界面

(2)参考样张，将正文倒数第一段分为等宽的两栏,栏间加分隔线。具体操作步骤如下:

①选中段落,在“页面布局”功能选项卡中选择“分栏”,如图 2-3-12 所示。

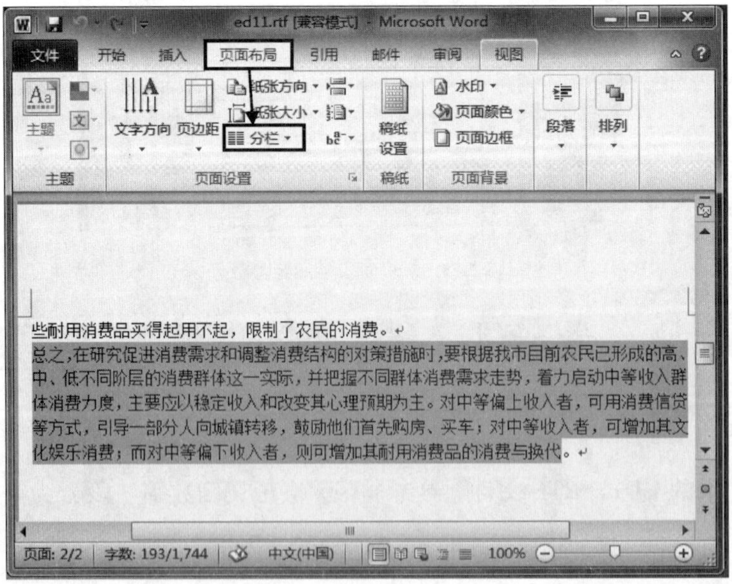
ed11.rtf [兼容模式] - Microsoft Word
文件
开始
插入
页面布局
引用
邮件
审阅
视图
主题
文字方向
页边距
纸张方向
纸张大小
分栏
稿纸设置
水印
页面颜色
页面边框
段落
排列
页面设置
稿纸
页面背景
些耐用消费品买得起用不起，限制了农民的消费。
总之，在研究促进消费需求和调整消费结构的对策措施时，要根据我市目前农民已形成的高、中、低不同阶层的消费群体这一实际，并把握不同群体消费需求走势，着力启动中等收入群体消费力度，主要应以稳定收入和改变其心理预期为主。对中等偏上收入者，可用消费信贷等方式，引导一部分人向城镇转移，鼓励他们首先购房、买车；对中等收入者，可增加其文化娱乐消费；而对中等偏下收入者，则可增加其耐用消费品的消费与换代。
页面: 2/2
字数: 193/1,744
中文(中国)
100%

图 2-3-12　选择“分栏”按钮

②在“更多分栏”中选择“两栏”并勾选“分隔线”,单击“确定”即可,如图 2-3-13 所示。

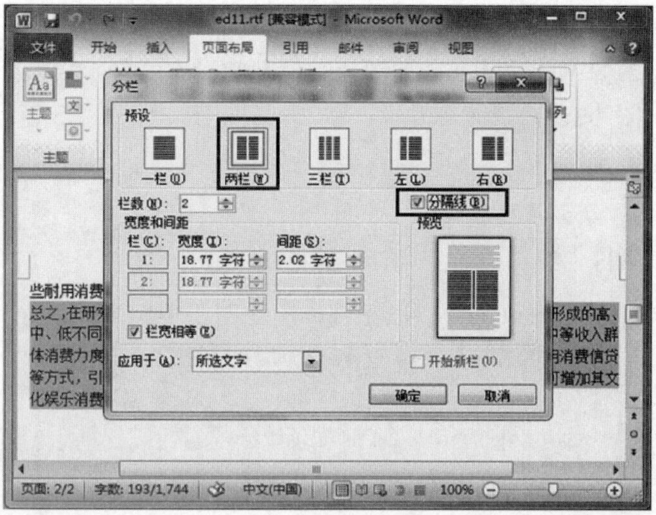

图 2-3-13　分栏对话框

拓展练习

1. 打开练习 1 中的 ED1. RTF 文件,参考样张,设置正文第三段首字下沉 3 行,首字字体为隶书、标准红色,其余各段首行缩进 2 字符。

2. 打开练习 6 中的 ED2. RTF 文件,参考样张,将正文所有段落设置为首行缩进 2 字符,段后间距为 0.5 行。

3. 打开练习 4 中的 ED2. RTF 文件,参考样张,将正文倒数第二段分为等宽两栏,栏间加分隔线。

项目四　图 文 混 排

项目描述

Word 2010 图文混排包括插入图片文件及其设置、插入自选图形及其设置。

学习目标

1. 掌握在 Word 文档插入图片文件及其设置的基本操作。
2. 掌握在 Word 文档中插入自选图形及其设置的基本操作。

任务一　插入图片文件及其设置

任务描述

打开练习 1 中的 ED1. RTF 文件,参考样张,在正文适当位置插入图 pic1. jpg,设置图片高度、宽度缩放比例均为 110% ,环绕方式为四周型。

任务分析

通过学习，熟练掌握 Word 2010 插入图片文件及其设置的基本操作。

技能要点：插入图片文件，设置图片。

任务实施

一、插入图片文件

(1)打开练习 1 中的 ED1. RTF 文件，出现界面如图 2-4-1 所示。

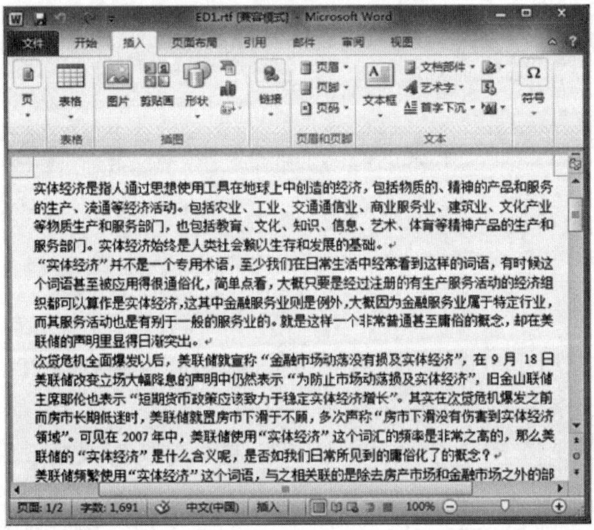

图 2-4-1　ED1. RTF 文件界面

(2)参考样张，在正文适当位置插入图 pic1. jpg，具体操作步骤如下：

①参照样张，光标落在全文的第六段中，单击“插入”功能选项卡中的“图片”，如图 2-4-2 所示。

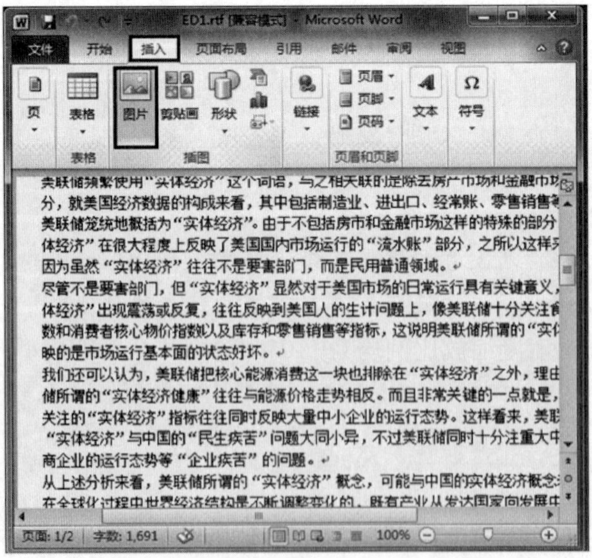

图 2-4-2　插入功能选项卡中的“图片”按钮

②在弹出的"插入图片"对话框中找到图片所在的路径并选中图片"pic1. jpg",单击"插入"即可,如图 2-4-3 所示。

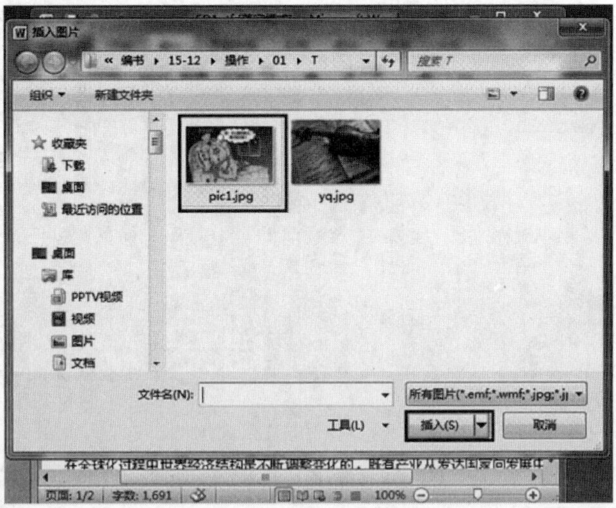

插入图片
« 编书 ▸ 15-12 ▸ 操作 ▸ 01 ▸ T
搜索 T
组织 ▾
新建文件夹
收藏夹
下载
桌面
最近访问的位置
桌面
库
PPTV视频
视频
图片
文档
pic1.jpg
yq.jpg
文件名(N):
所有图片(*.emf;*.wmf;*.jpg;*.j
工具(L)
插入(S)
取消
页面: 1/2
字数: 1,691
100%

图 2-4-3　图片插入选择界面

二、图片的设置

(1)打开插入图片 pic1. jpg 后的 ED1. RTF 文件,如图 2-4-4 所示。

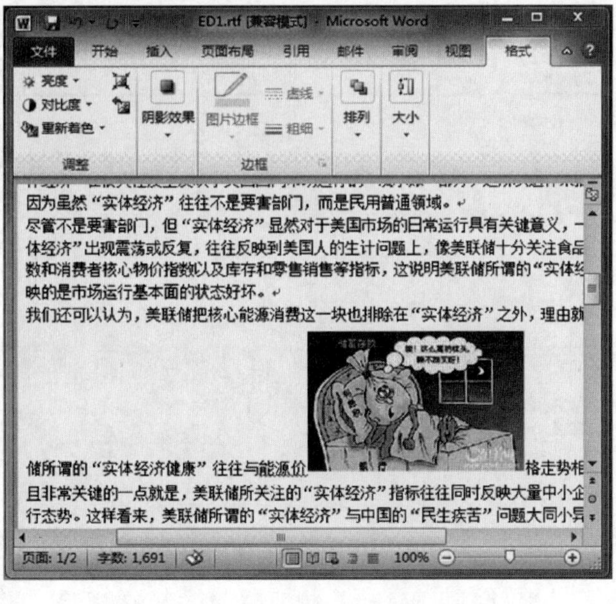

ED1.rtf [兼容模式] - Microsoft Word
文件
开始
插入
页面布局
引用
邮件
审阅
视图
格式
亮度
对比度
重新着色
阴影效果
图片边框
虚线
粗细
排列
大小
调整
边框
因为虽然"实体经济"往往不是要害部门,而是民用普通领域。
尽管不是要害部门,但"实体经济"显然对于美国市场的日常运行具有关键意义,一
体经济"出现震荡或反复,往往反映到美国人的生计问题上,像美联储十分关注食品
数和消费者核心物价指数以及库存和零售销售等指标,这说明美联储所谓的"实体经
映的是市场运行基本面的状态好坏。
我们还可以认为,美联储把核心能源消费这一块也排除在"实体经济"之外,理由就
储所谓的"实体经济健康"往往与能源价
格走势相
且非常关键的一点就是,美联储所关注的"实体经济"指标往往同时反映大量中小企
行态势。这样看来,美联储所谓的"实体经济"与中国的"民生疾苦"问题大同小异
页面: 1/2
字数: 1,691
100%

图 2-4-4　插入图片后的文件界面

(2)设置图片高度、宽度缩放比例均为 110%,环绕方式为四周型,具体操作步骤如下:

①选中图片,单击鼠标右键,在弹出菜单中选择"设置图片格式",如图 2-4-5 所示。

②在弹出的"设置图片格式"对话框中选择"大小",在"缩放"中输入高度和宽度比例为"110%",如图 2-4-6 所示。

③在弹出的"设置图片格式"对话框中选择"版式",在"环绕方式"中选择"四周型",单击"确定"即可,如图 2-4-7 所示。

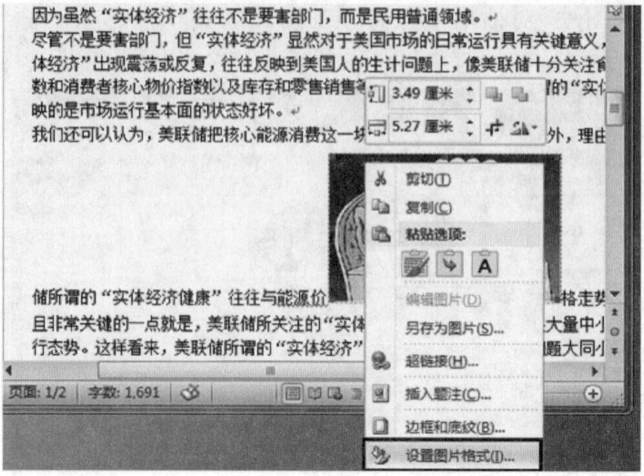

图 2-4-5　设置图片格式命令

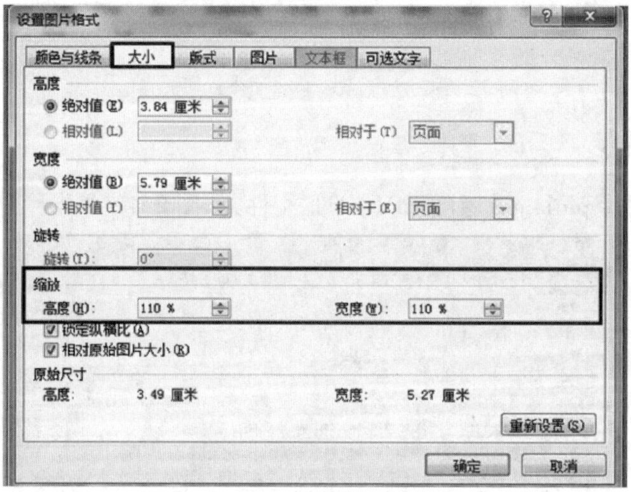

图 2-4-6　设置图片大小

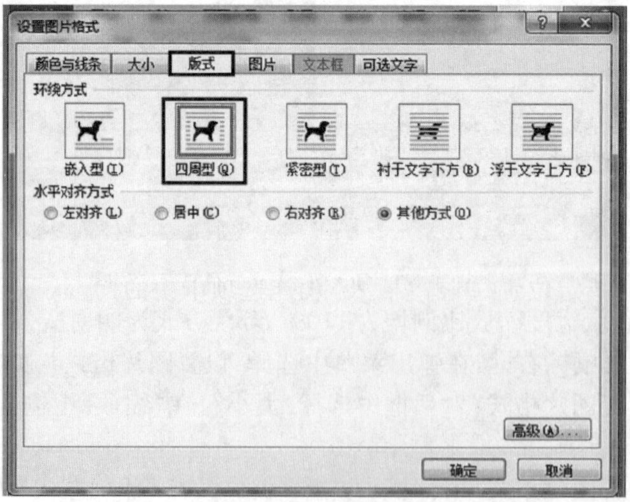

图 2-4-7　设置图片版式

任务二　插入自选图形及其设置

任务描述

打开练习 2 中的 ED3. RTF 文件，参考样张，在正文适当位置插入自选图形“云形标注”，添加文字“扶老助残、济困救孤”，设置文字格式为：华文楷体、标准红色、四号字，设置自选图形格式为：标准浅蓝色填充色、四周型环绕。

任务分析

通过学习，熟练掌握 Word 2010 中插入自选图形的基本操作。

技能要点：插入自选图形，设置自选图形。

任务实施

一、插入自选图形

(1)打开练习 2 中的 ED3. RTF 文件，出现界面如图 2-4-8 所示。

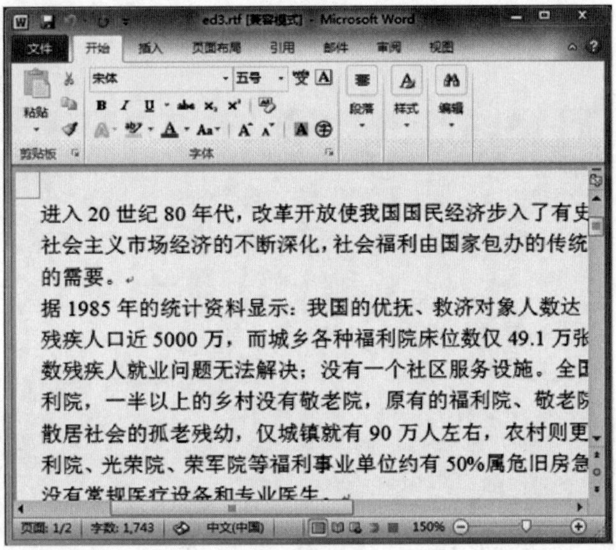

ed3.rtf [兼容模式] - Microsoft Word
文件
开始
插入
页面布局
引用
邮件
审阅
视图
宋体
五号
粘贴
段落
样式
编辑
剪贴板
字体
进入 20 世纪 80 年代，改革开放使我国国民经济步入了有史
社会主义市场经济的不断深化，社会福利由国家包办的传统
的需要。
据 1985 年的统计资料显示：我国的优抚、救济对象人数达
残疾人口近 5000 万，而城乡各种福利院床位数仅 49.1 万张
数残疾人就业问题无法解决；没有一个社区服务设施。全国
利院，一半以上的乡村没有敬老院，原有的福利院、敬老院
散居社会的孤老残幼，仅城镇就有 90 万人左右，农村则更
利院、光荣院、荣军院等福利事业单位约有 50%属危旧房急
页面: 1/2
字数: 1,743
中文(中国)
150%

图 2-4-8　ED3. RTF 文件界面

(2)参考样张，在正文适当位置插入自选图形“云形标注”，添加文字“扶老助残、济困救孤”，具体操作步骤如下：

①光标落在文中指定位置，单击“插入”功能选项卡中的“形状”，在其中选择“云形标注”，如图 2-4-9 所示。

②在“云形标注”图中添加文字“扶老助残、济困救孤”，如图 2-4-10 所示。

二、设置自选图形

设置文字格式为：华文楷体、标准红色、四号字，设置自选图形格式为：标准浅蓝色填充色、四周型环绕，具体操作步骤如下：

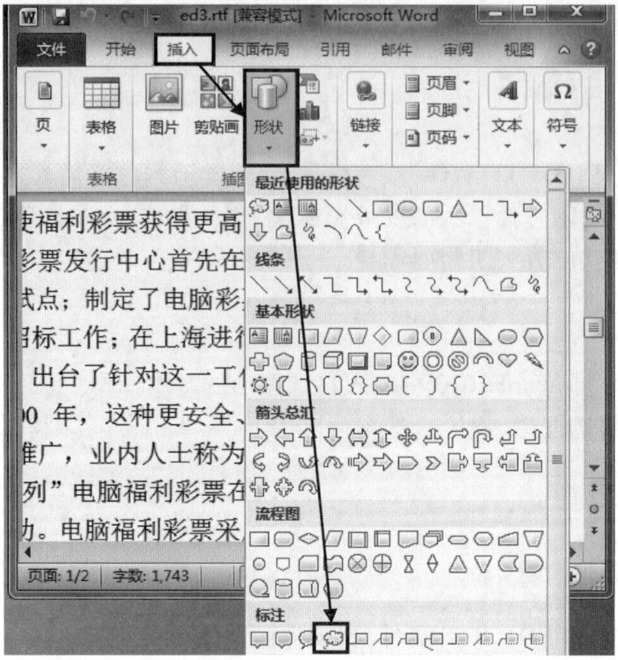

图 2-4-9　插入“云形标注”形状

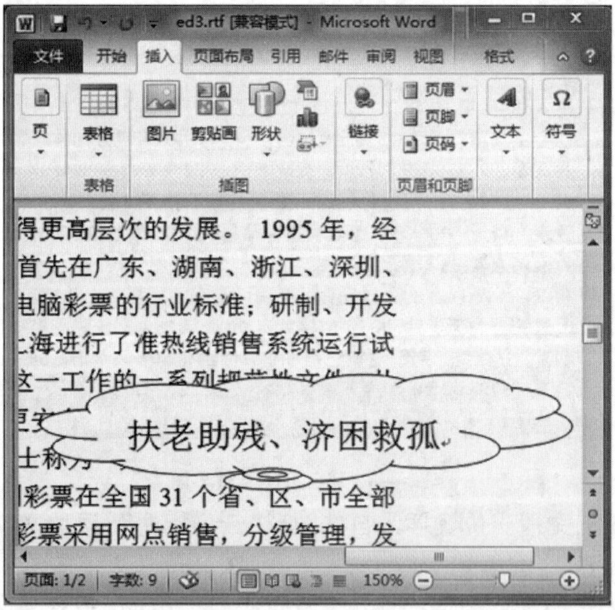

图 2-4-10　图形中添加文字

(1)选中文字,单击“开始”功能选项卡中对字体进行设置,如图 2-4-11 所示。

(2)选中图片,单击鼠标右键,在“设置图片格式”里单击“颜色与线条”,在“填充”里选择填充颜色为“浅蓝色”,如图 2-4-12 所示。

(3)在“设置图片格式”里单击“版式”,在“环绕方式”中选择“四周型”,单击“确定”即可,如图 2-4-13 所示。

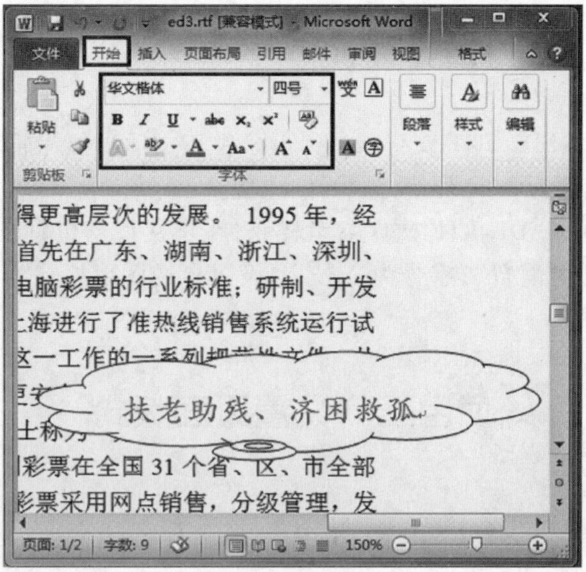

图 2-4-11　图片中设置文字格式

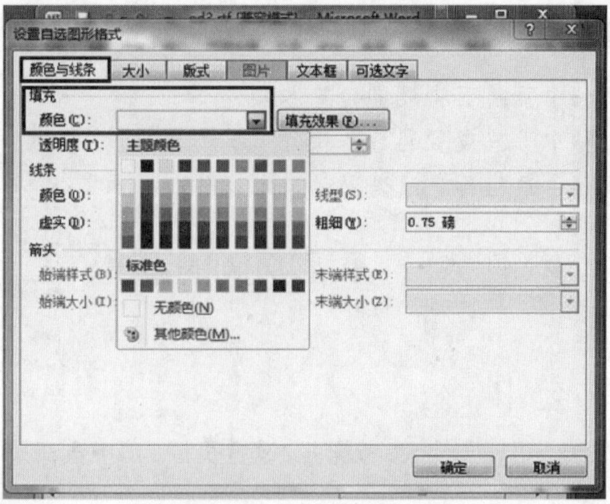

图 2-4-12　设置图片颜色

图 2-4-13　设置图片版式

拓展练习

1. 打开练习 9 中的 ED2. RTF 文件，参考样张，在正文适当位置插入图片“粮食. jpg”，设置图片高度为 4cm、宽度为 8cm，环绕方式为四周型。

2. 打开练习 13 中的 ED1. RTF 文件参考样张，在正文适当位置插入自选图形“云形标注”，添加文字“扩大农村消费”，字号为三号字，设置自选图形格式为：标准浅绿色填充色、紧密型环绕方式、右对齐。

项目五　设置页面版式

项目描述

Word 2010 设置页面版式包括页眉页脚的设置、页码的设置、边框和底纹的设置。

学习目标

1. 掌握在 Word 文档中页眉页脚设置的基本操作。
2. 掌握在 Word 文档中页码设置的基本操作。
3. 掌握在 Word 文档中边框和底纹设置的基本操作。

任务一　页眉页脚的设置

任务描述

打开练习 2 中的 ED3. RTF 文件，参考样张，设置页眉为“中国福彩”。

任务分析

通过学习，熟练掌握 Word 2010 页眉页脚设置的基本操作。

技能要点：插入页眉页脚。

任务实施

(1) 打开练习 2 中的 ED3. RTF 文件，出现界面如图 2-5-1 所示。

(2) 参考样张，设置页眉为“中国福彩”，具体操作步骤如下：

①单击“插入”功能选项卡中的“页眉”，如图 2-5-2 所示。

②在弹出的“空白页眉”中输入“中国福彩”，单击“关闭页眉和页脚”即可，如图 2-5-3 所示。

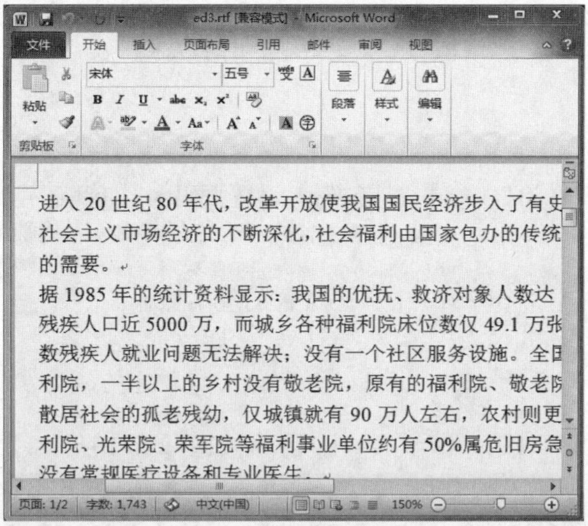

图 2-5-1　ED3. RTF 文件界面

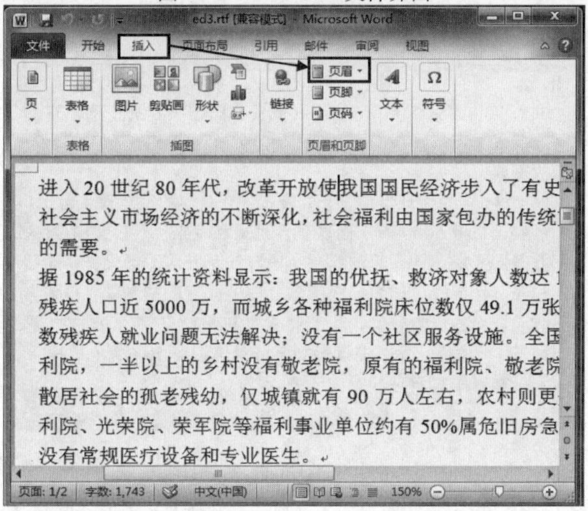

图 2-5-2　插入页眉

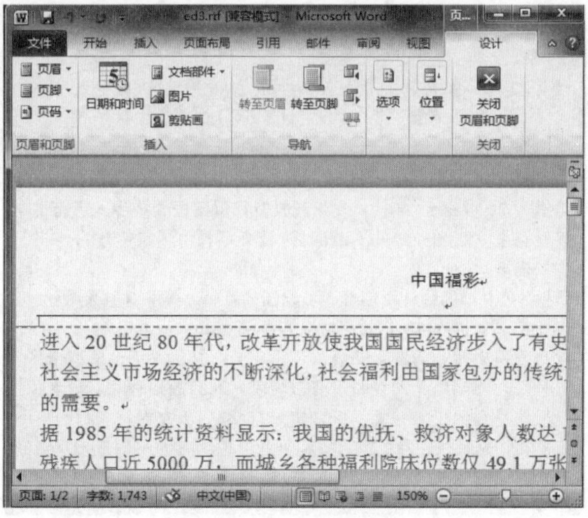

图 2-5-3　编辑页眉

任务二　页码的设置

任务描述

打开练习 2 中的 ED3. RTF 文件,参考样张,设置页码为"加粗显示数字 2",均居中显示。

任务分析

通过学习,熟练掌握 Word 2010 中页码设置的基本操作。

技能要点:插入页码。

任务实施

(1)打开练习 2 中的 ED3. RTF 文件,出现界面如图 2-5-4 所示。

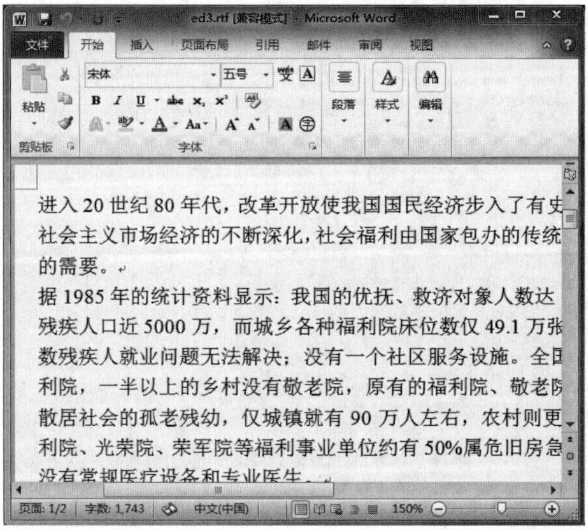
ed3.rtf [兼容模式] - Microsoft Word
文件
开始
插入
页面布局
引用
邮件
审阅
视图
粘贴
宋体
五号
段落
样式
编辑
剪贴板
字体
进入 20 世纪 80 年代，改革开放使我国国民经济步入了有史
社会主义市场经济的不断深化，社会福利由国家包办的传统
的需要。
据 1985 年的统计资料显示：我国的优抚、救济对象人数达
残疾人口近 5000 万，而城乡各种福利院床位数仅 49.1 万张
数残疾人就业问题无法解决；没有一个社区服务设施。全国
利院，一半以上的乡村没有敬老院，原有的福利院、敬老院
散居社会的孤老残幼，仅城镇就有 90 万人左右，农村则更
利院、光荣院、荣军院等福利事业单位约有 50%属危旧房急
页面: 1/2
字数: 1,743
中文(中国)
150%

图 2-5-4　ED3. RTF 文件界面

(2)参考样张,设置页码为"加粗显示数字 2",均居中显示,具体操作步骤如下:

①单击"插入"功能选项卡中的"页码",如图 2-5-5 所示。

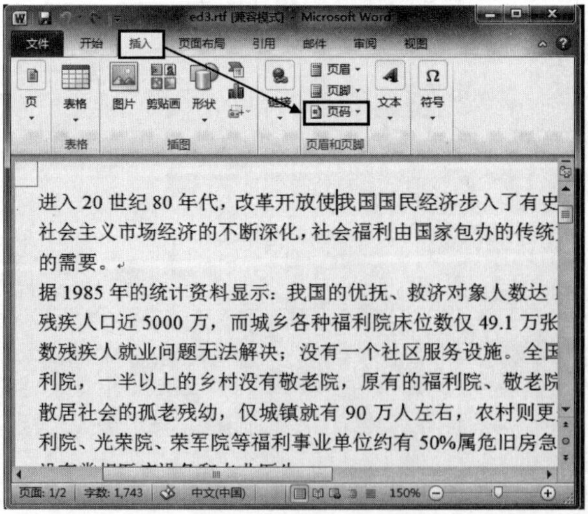
ed3.rtf [兼容模式] - Microsoft Word
文件
开始
插入
页面布局
引用
邮件
审阅
视图
页
表格
图片
剪贴画
形状
链接
页眉
页脚
页码
文本
符号
表格
插图
页眉和页脚
进入 20 世纪 80 年代，改革开放使我国国民经济步入了有史
社会主义市场经济的不断深化，社会福利由国家包办的传统
的需要。
据 1985 年的统计资料显示：我国的优抚、救济对象人数达
残疾人口近 5000 万，而城乡各种福利院床位数仅 49.1 万张
数残疾人就业问题无法解决；没有一个社区服务设施。全国
利院，一半以上的乡村没有敬老院，原有的福利院、敬老院
散居社会的孤老残幼，仅城镇就有 90 万人左右，农村则更
利院、光荣院、荣军院等福利事业单位约有 50%属危旧房急
页面: 1/2
字数: 1,743
中文(中国)
150%

图 2-5-5　插入页码

②在“页码底端”中选择“加粗显示数字 2”即可，如图 2-5-6 所示。

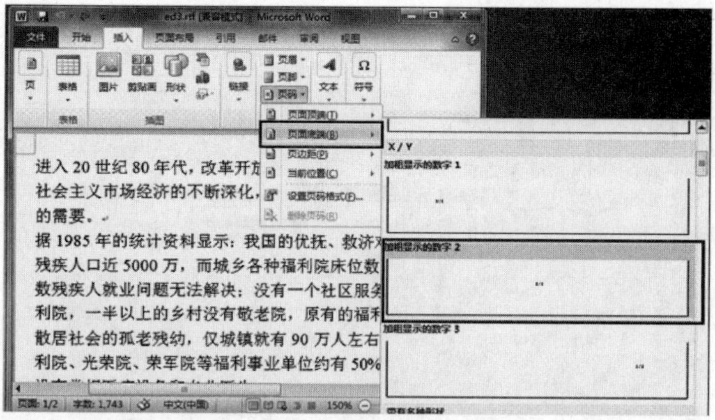

图 2-5-6　页面底端的设置

任务三　边框和底纹的设置

任务描述

打开练习 3 中的 ED11. RTF 文件，参考样张，为第五段（包含标题段）设置 1.5 磅标准绿色带阴影边框，填充标准黄色底纹。

任务分析

通过学习，熟练掌握 Word 2010 中边框和底纹设置的基本操作。

技能要点：设置边框和底纹。

任务实施

（1）打开练习 3 中的 ED11. RTF 文件，出现界面如图 2-5-7 所示。

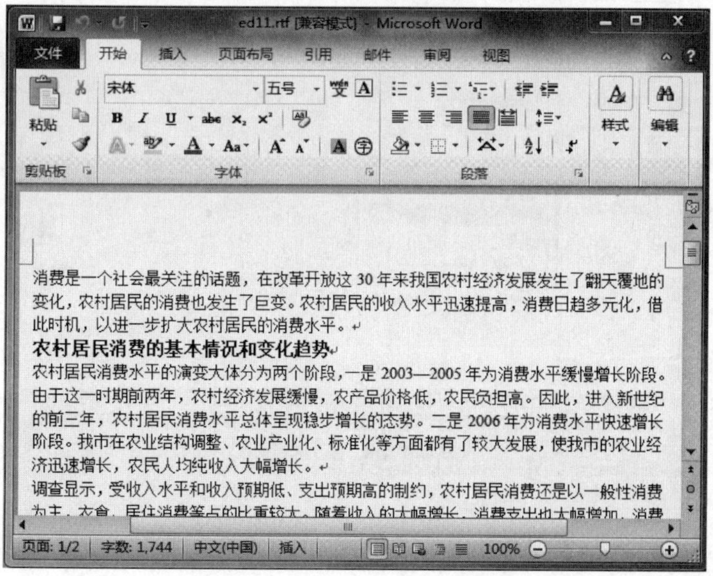

图 2-5-7　ED11. RTF 文件界面

(2)参考样张,为第五段(包含标题段)设置1.5磅标准绿色带阴影边框,填充标准黄色底纹,具体操作步骤如下:

①单击“页面布局”功能选项卡中的“页面边框”,如图2-5-8所示。

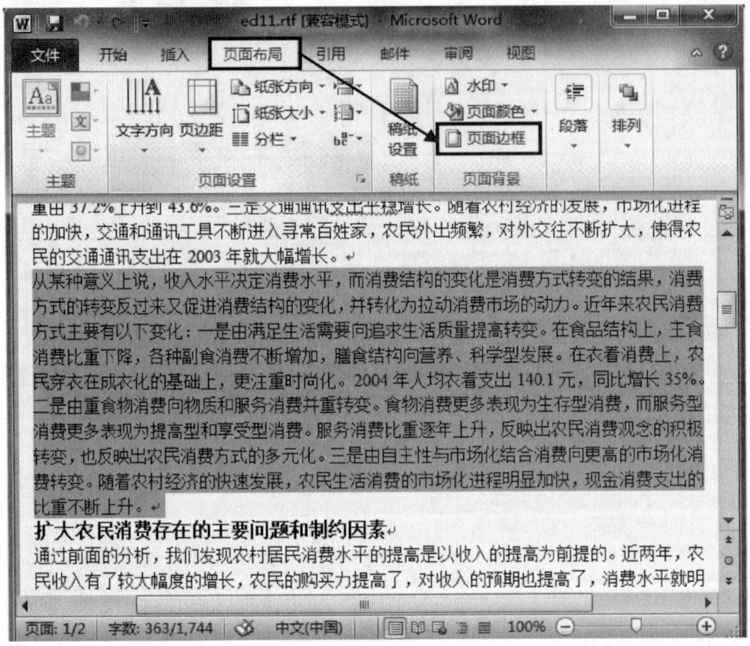

图2-5-8　单击“页面边框”选项

②在弹出的“边框和底纹”对话框中选择“边框”,根据要求设置边框,单击“确定”即可,如图2-5-9所示。

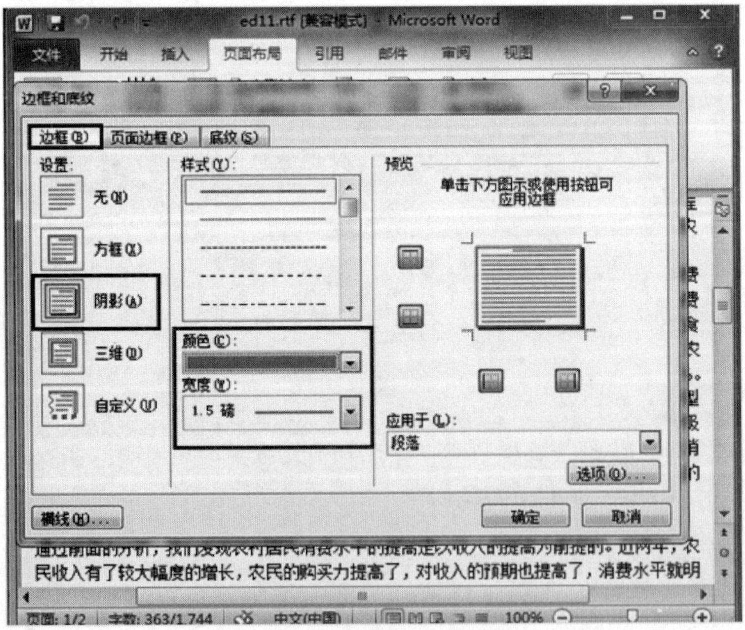

图2-5-9　边框和底纹对话框

③“边框和底纹”对话框中选择“底纹”,在“填充”中选择标准黄色,在“应用于”中选择“段落,”单击“确定”即可,如图2-5-10所示。

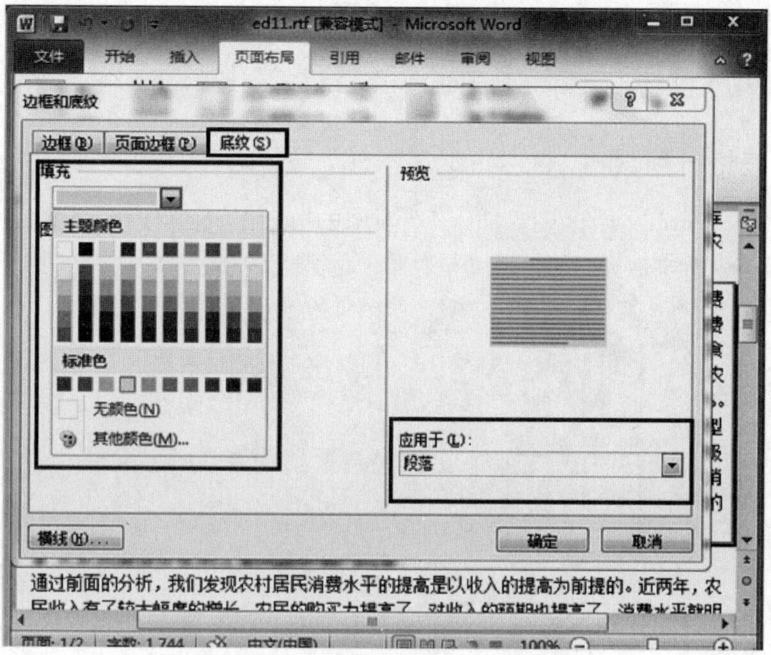

图 2-5-10　填充底纹颜色并应用于“落段”

拓展练习

1. 打开练习 2 中的 ED3. RTF 文件，参考样张，设置页眉为“中国福彩”。
2. 打开练习 6 中的 ED2. RTF 文件参考样张，设置页面边框为:3 磅标准蓝色方框。

项目六　使 用 表 格

项目描述

Word 2010 使用表格包括创建表格、编辑表格、对表格数据进行计算。

学习目标

1. 掌握在 Word 文档创建表格的基本操作。
2. 掌握在 Word 文档编辑表格的基本操作。
3. 掌握在 Word 文档对表格数据进行计算的基本操作。

任务一　创建表格

任务描述

新建一个 Word 文档，通过插入表格行列数、“插入表格…”、“绘制表格”三种途径创建表格。

任务分析

通过学习，熟练掌握 Word 2010 创建表格的基本操作。

技能要点:创建表格。

任务实施

一、插入表格行列数

(1)新建一个 Word 文档,单击“插入”选项中的“表格”下拉按钮,选择需要插入表格的行列数,如图 2-6-1 所示。

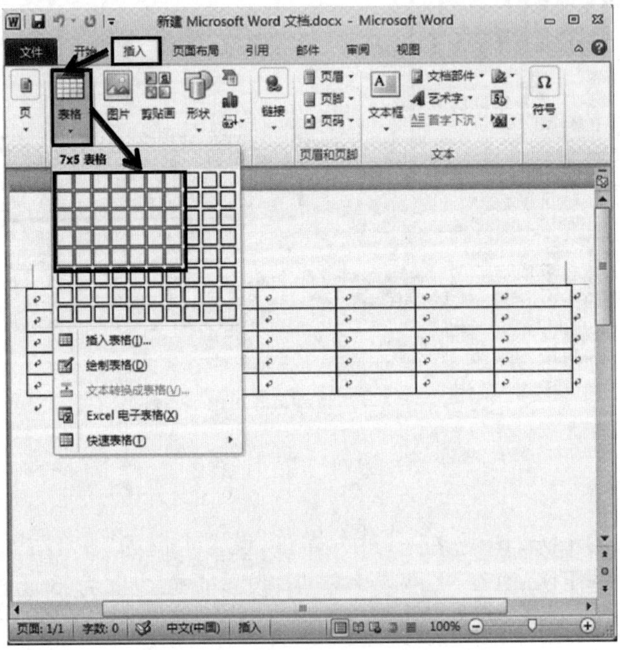

图 2-6-1　快速插入表格

(2)操作完成后,即可在文档中显示插入所选行列数的表格,如图 2-6-2 所示。

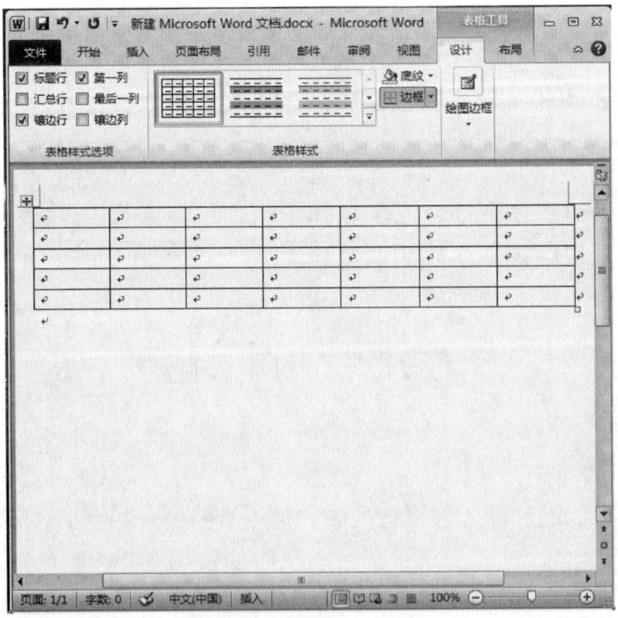

图 2-6-2　显示插入后的表格

二、通过“插入表格”创建

(1)新建一个 Word 文档,单击“插入”选项中的“表格”,在下拉列表中选择“插入表格”,如图 2-6-3 所示。

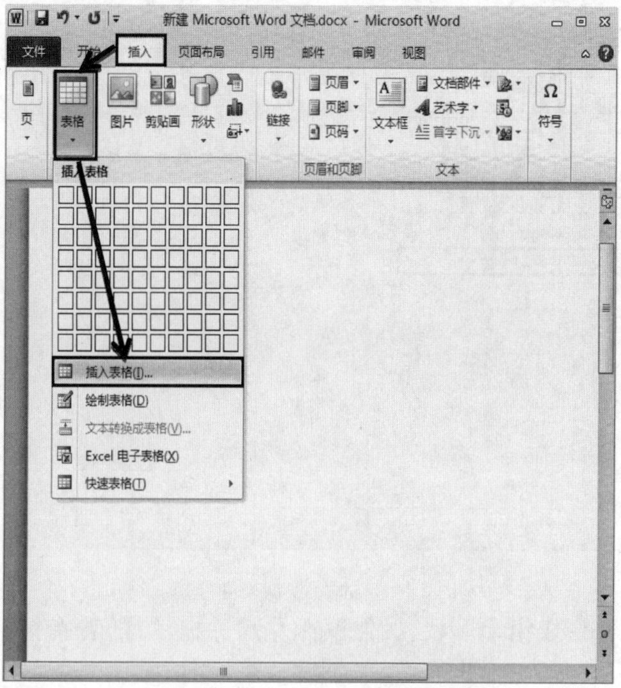

图 2-6-3　选择“插入表格”选项

(2)在弹出的对话框中设置“行数”和“列数”,选中“固定列宽”,单击“确定”按钮,即可插入表格,如图 2-6-4 所示。

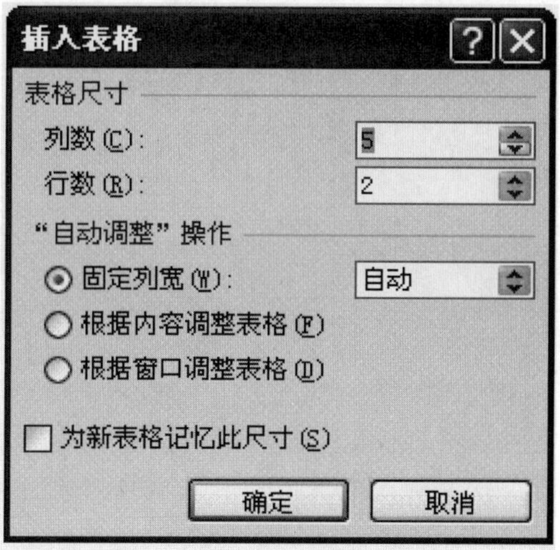

图 2-6-4　插入表格对话框

三、通过“绘制表格”创建

(1)新建一个 Word 文档,单击“插入”选项中的“表格”,在下拉列表中选择“绘制表格”，如图 2-6-5 所示。

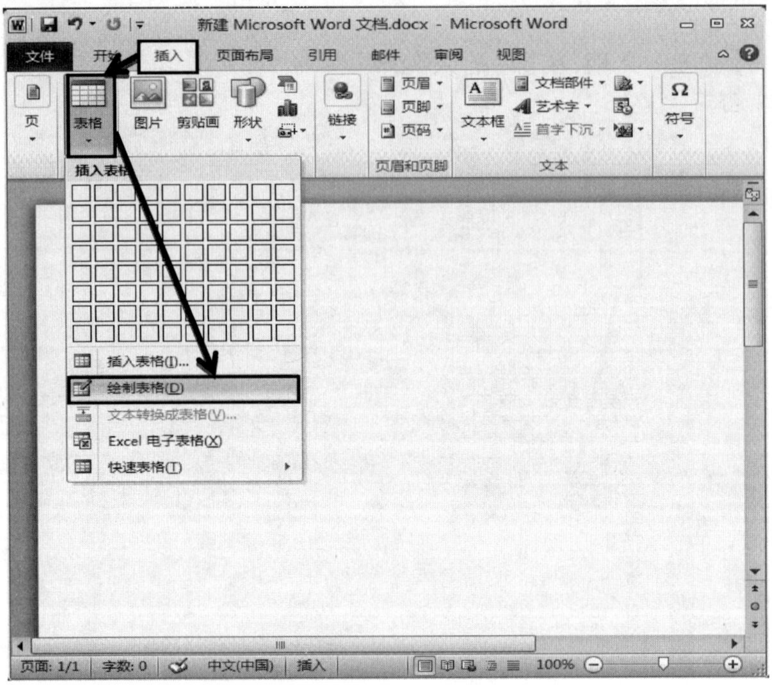

图 2-6-5　选择“绘制表格”选项

（2）此时鼠标指针变成铅笔形状，按住鼠标左键并拖动，随着指针的移动会出现一个虚线框，如图 2-6-6 所示。

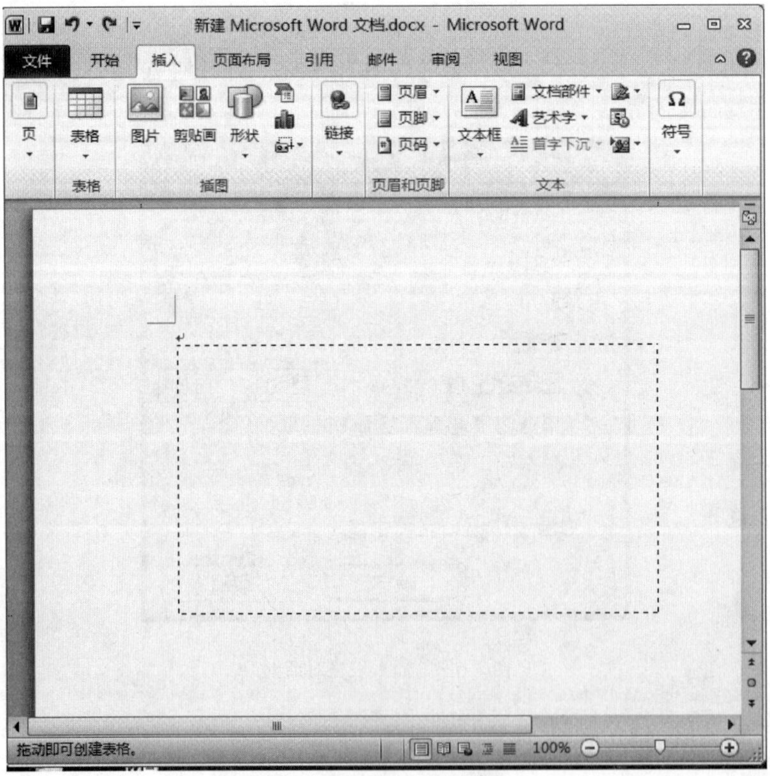

图 2-6-6　单击鼠标左键并拖动

(3)当移动到合适位置时松开鼠标，即可插入一个表格，继续按住鼠标左键，根据需要在表格内绘制横线和竖线，如图 2-6-7 所示。

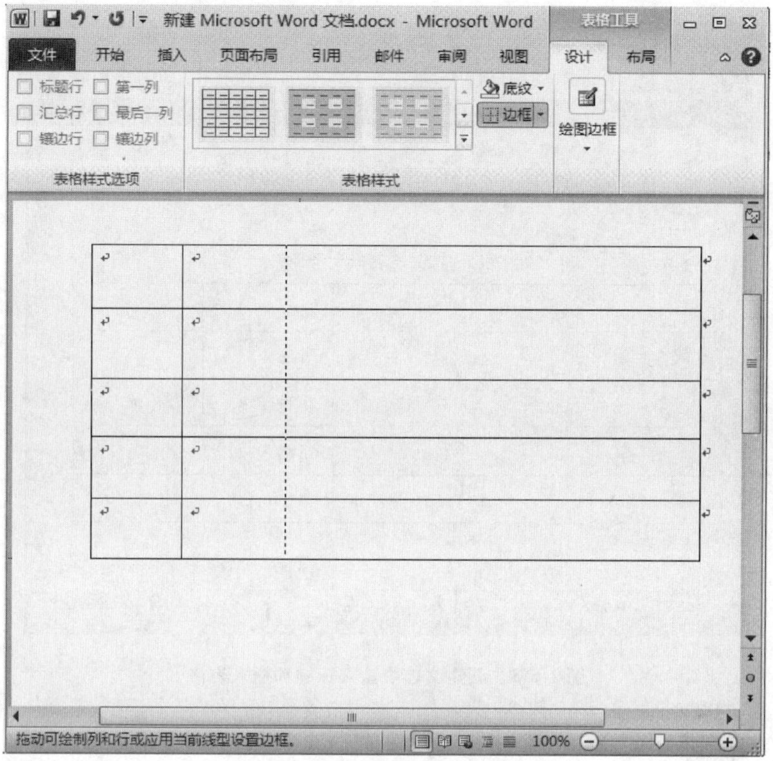

图 2-6-7　表格内绘制横线和竖线

任务二　编辑表格

任务描述

新建一个 Word 文档，在文档中插入标题为“前三季度销售统计表”的 5×5 表格，单元格中输入文本；在表格中插入行、列、单元格，删除行、列、单元格，合并单元格，拆分单元格。

任务分析

通过学习，熟练掌握 Word 2010 编辑表格的基本操作。

技能要点：编辑表格。

任务实施

一、文本输入

(1)新建一个 Word 文档，在文档中输入表格标题“前三季度销售统计表”，然后插入一个 5 ×5 的表格，如图 2-6-8 所示。

(2)将光标定位到表格中的单元格中，输入文本，可根据需要设置字体格式，如图 2-6-9 所示。

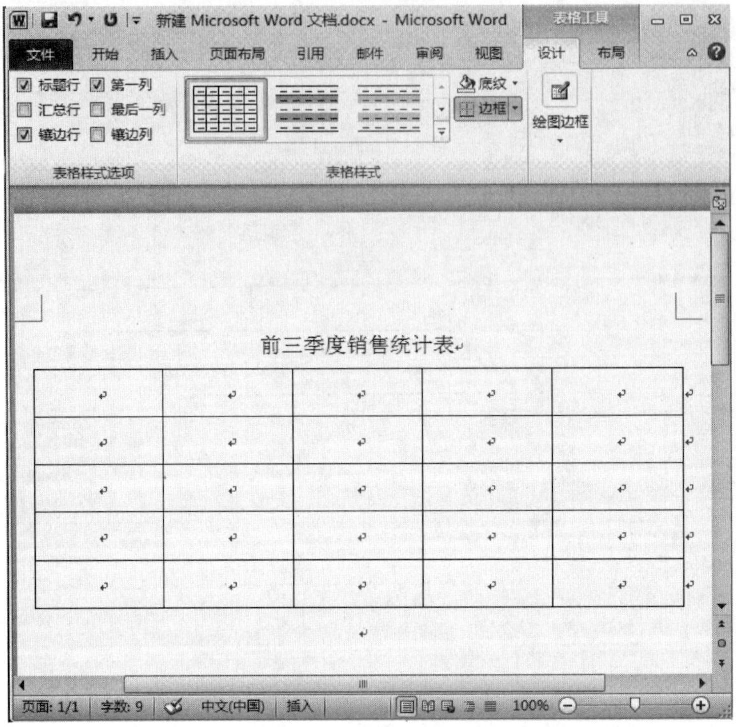

图 2-6-8　新建文档中输入标题和插入表格

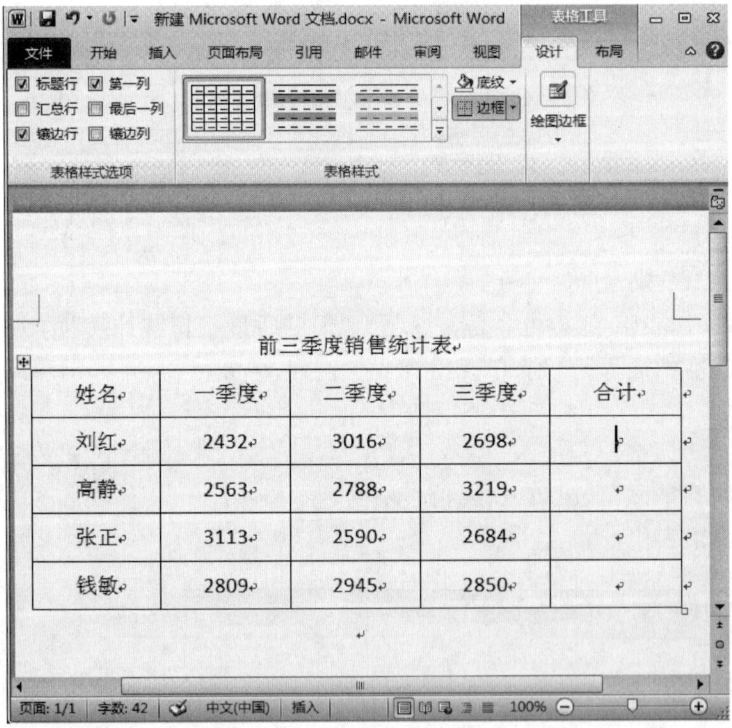

图 2-6-9　单元格中输入文本

二、插入行

(1)定位光标,单击“布局”选项卡,在“行和列”组中可根据需要选择“在上方插入”或

"在下方插入",如图 2-6-10 所示。

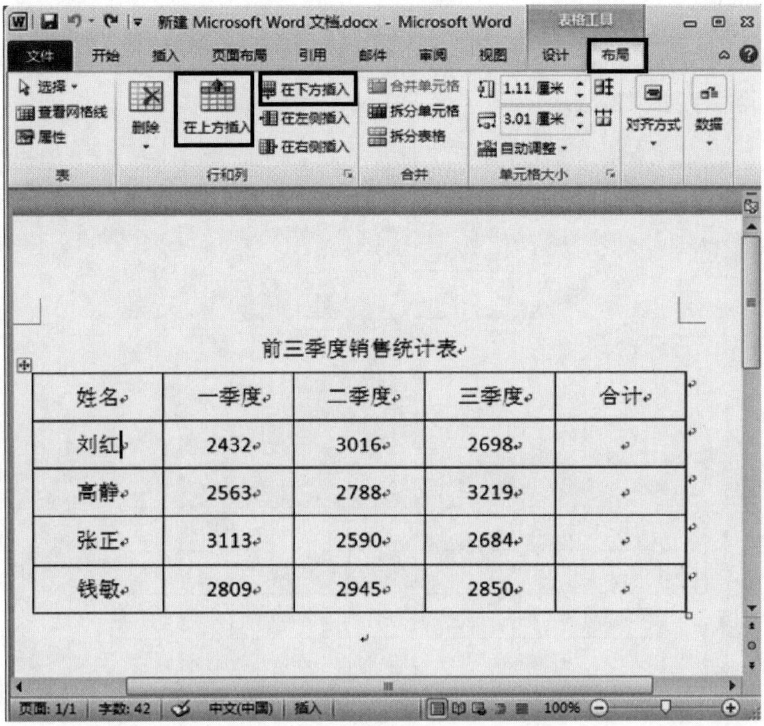

姓名	一季度	二季度	三季度	合计
刘红	2432	3016	2698	
高静	2563	2788	3219	
张正	3113	2590	2684	
钱敏	2809	2945	2850	

图 2-6-10　布局选项卡中选择行插入方式

(2)以"在下方插入"为例,单击"在下方插入",此时,在该行的下方将插入一行空白单元格,如图 2-6-11 所示。

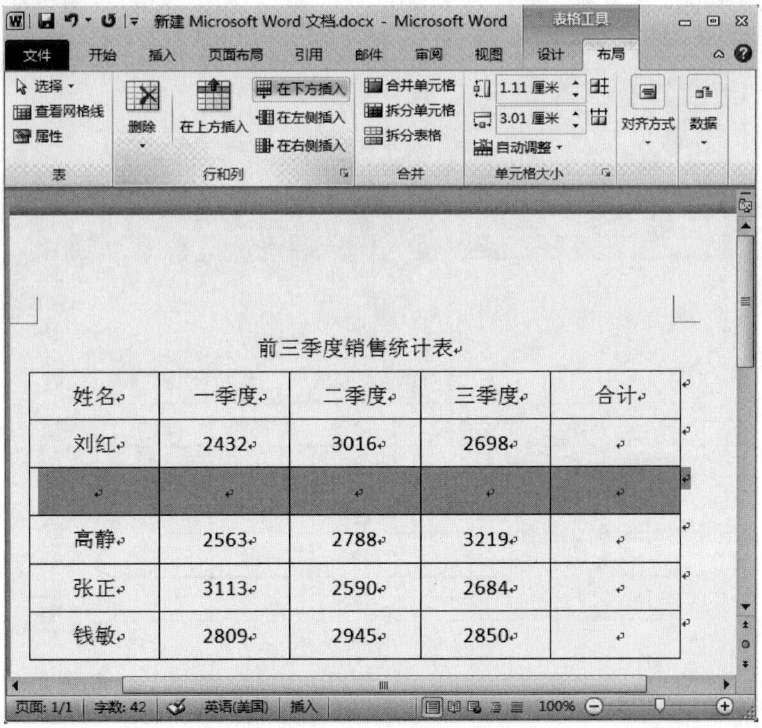

姓名	一季度	二季度	三季度	合计
刘红	2432	3016	2698	
高静	2563	2788	3219	
张正	3113	2590	2684	
钱敏	2809	2945	2850	

图 2-6-11　光标下方插入行

三、插入列

(1)定位光标，单击“布局”选项卡，在“行和列”组中可根据需要选择“在左侧插入”或“在右侧插入”，如图 2-6-12 所示。

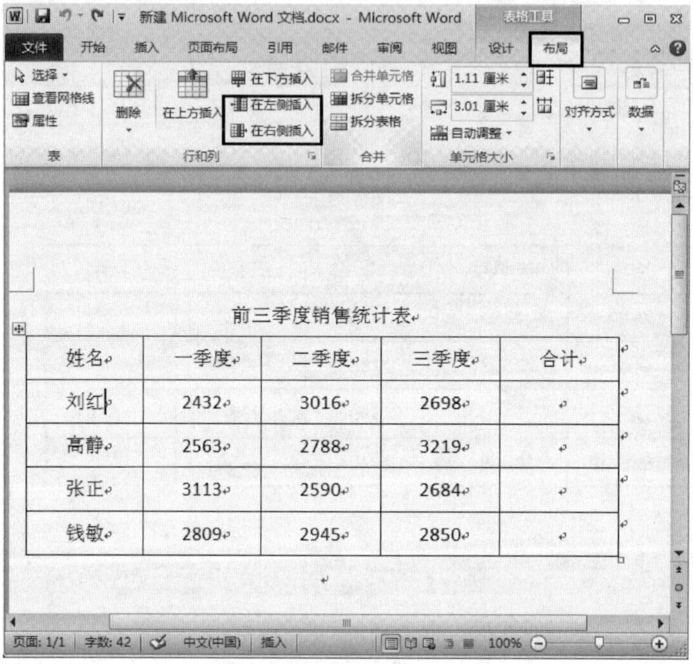

图 2-6-12　布局选项卡中选择列插入方式

(2)以“在右侧插入”为例，单击“在右侧插入”，此时，在该列的右侧将插入一列空白单元格，如图 2-6-13 所示。

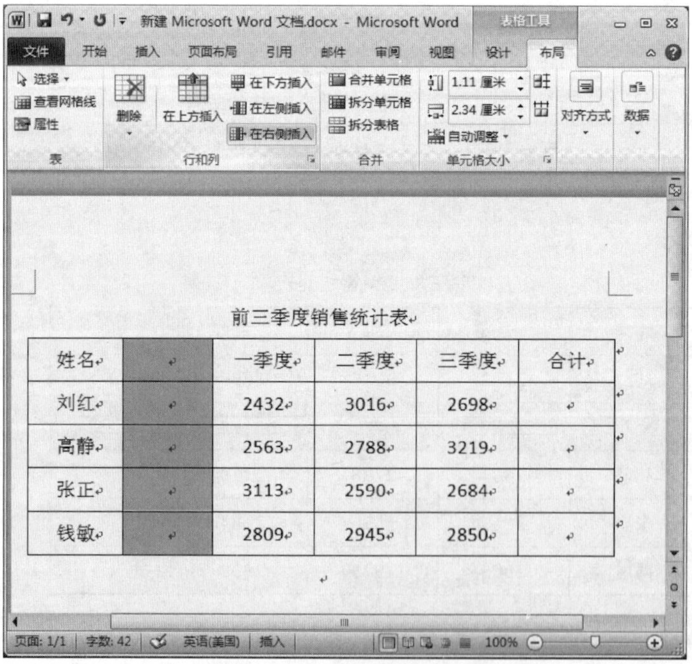

图 2-6-13　光标右侧插入列

四、插入单元格

(1)定位光标,单击“布局”选项卡,在“行和列”组右下角的 按钮,弹出“插入单元格”对话框,可根据需要选择“活动单元格右移”或“活动单元格下移”插入单元格,亦可选择“整行插入”或“整列插入”插入行和列,如图 2-6-14 所示。

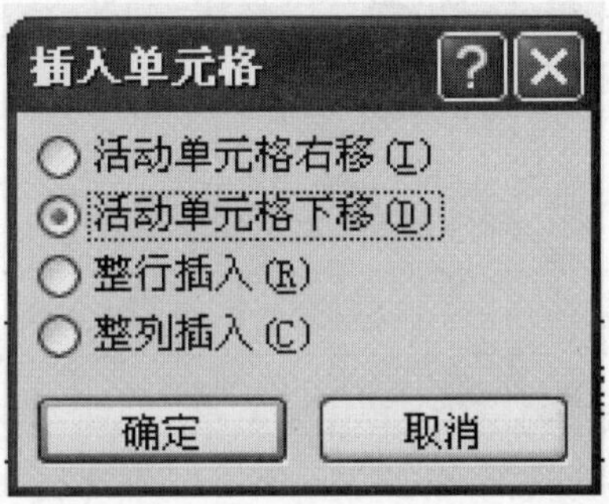

图 2-6-14　插入单元格对话框

(2)以“活动单元格下移”为例,选中“活动单元格下移”,单击“确定”按钮,此时,当前活动单元格下移,在原单元格位置插入了一个空白单元格,如图 2-6-15 所示。

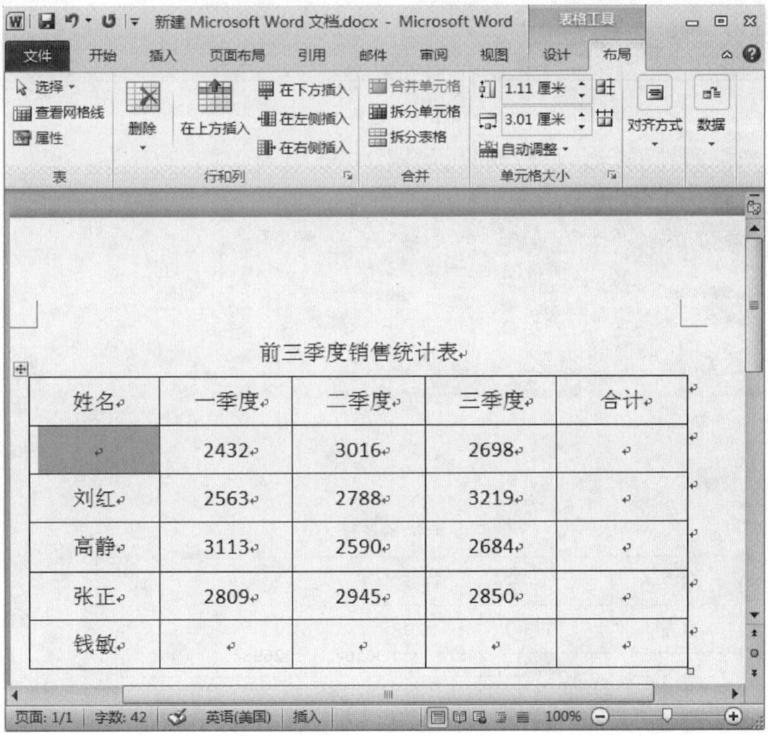

图 2-6-15　活动单元格下移效果图

五、删除行

(1)将光标定位到要删除行的某个单元格中,选择“布局”选项卡,单击“行和列”组中的“删除”按钮,在弹出的下拉列表中选择“删除行”,如图 2-6-16 所示。

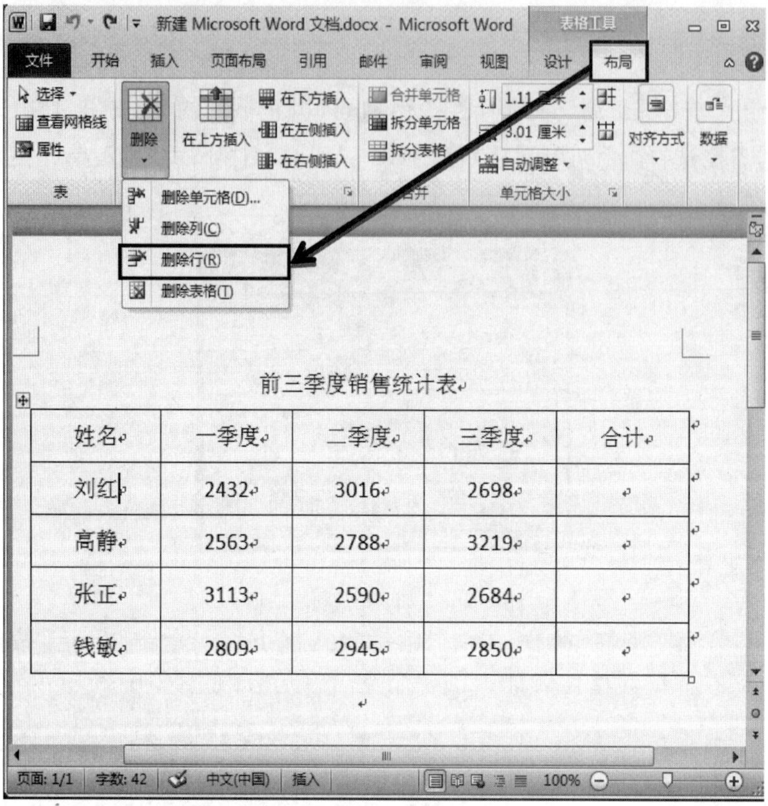

图 2-6-16 “删除行”选项

（2）此时，光标所在的行即可被删除，如图 2-6-17 所示。

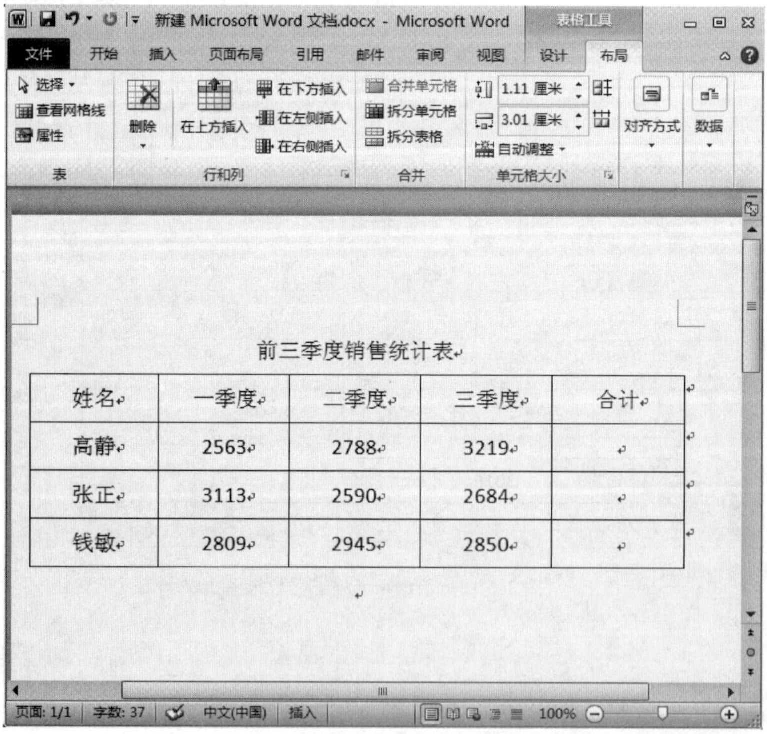

图 2-6-17 光标所在行删除

六、删除列

(1)将光标定位到要删除列的某个单元格中,选择“布局”选项卡,单击“行和列”组中的“删除”按钮,在弹出的下拉列表中选择“删除列”,如图 2-6-18 所示。

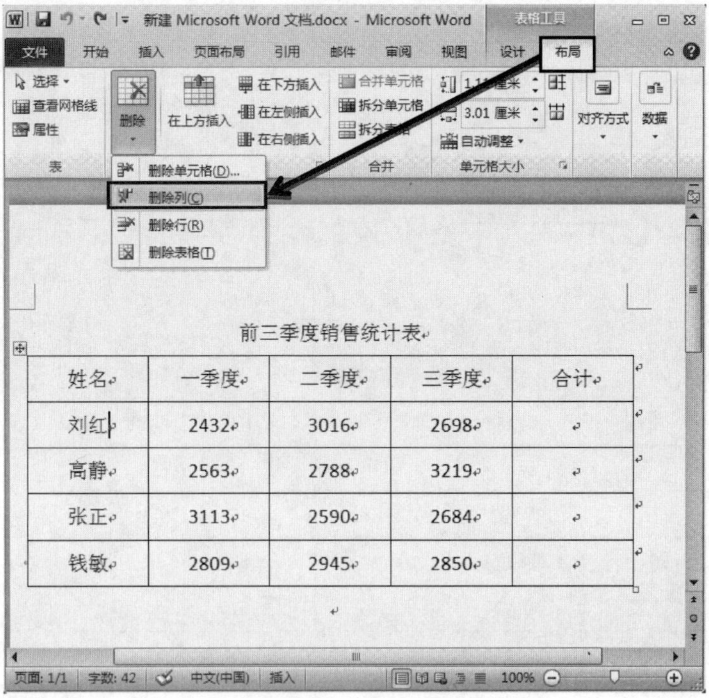

图 2-6-18　选择“删除列”选项

(2)此时,光标所在的列即可被删除,如图 2-6-19 所示。

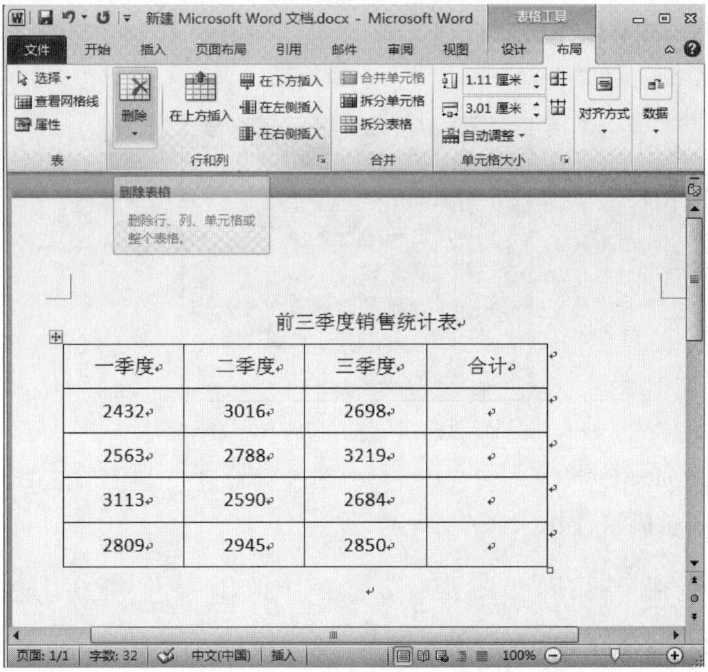

图 2-6-19　光标所在列删除

七、删除单元格

(1)将光标定位到要删除的单元格中，选择“布局”选项卡，单击“行和列”组中的“删除”按钮，在弹出的下拉列表中选择“删除单元格”，如图 2-6-20 所示。

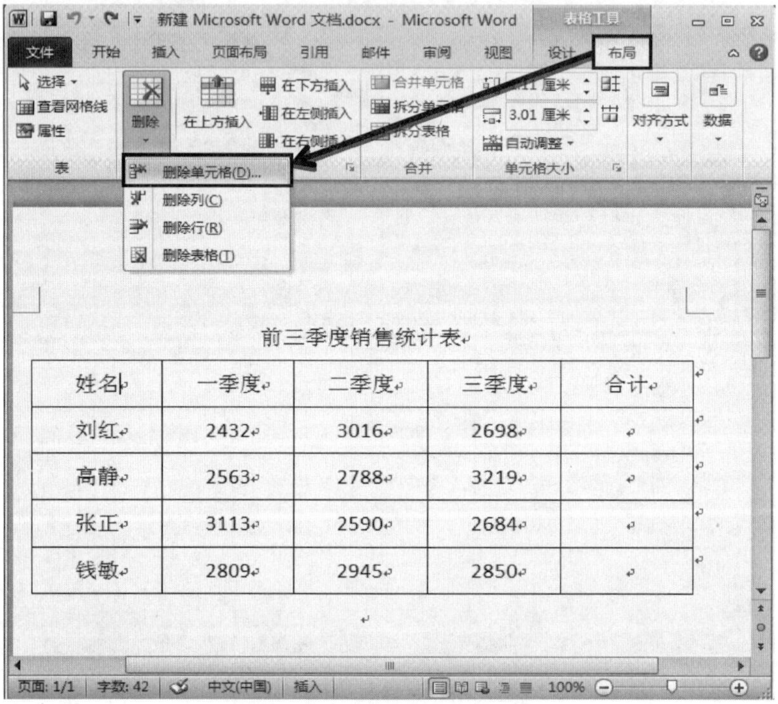

图 2-6-20　单击“删除单元格”选项

(2)此时，弹出“删除单元格”对话框，可根据需要选择“右侧单元格左移”或“下方单元格上移”删除单元格，如图 2-6-21 所示。

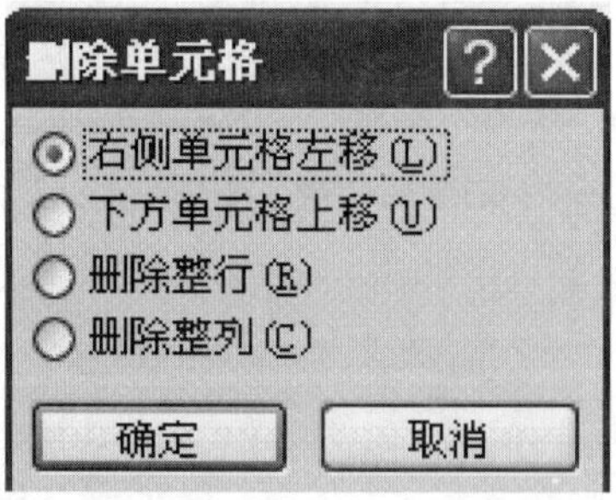

图 2-6-21　删除单元格对话框

(3)以“右侧单元格左移”为例，选中“右侧单元格左移”，单击“确定”按钮，此时，光标所在的单元格即可被删除，如图 2-6-22 所示。

八、合并单元格

(1)选中要合并的多个单元格，选择“布局”选项卡，单击“合并”组中的“合并单元格”按钮，如图 2-6-23 所示。

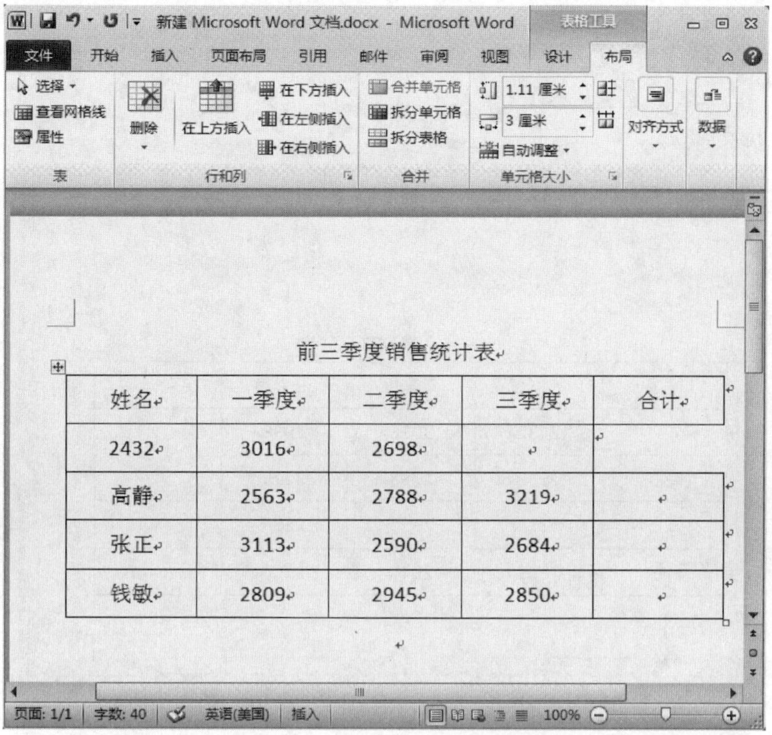

图 2-6-22　光标所在单元格删除

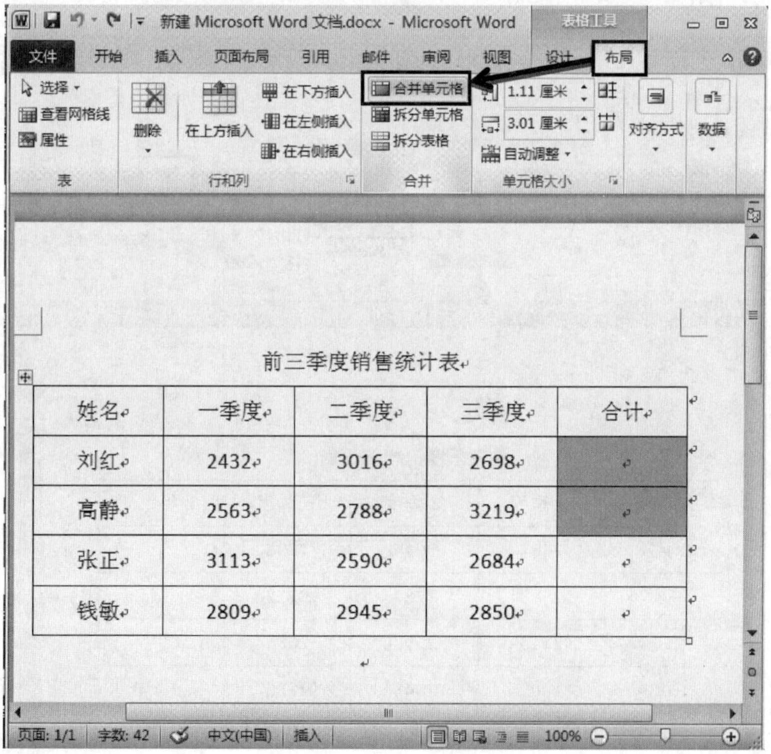

图 2-6-23　布局中的“合并单元格”按钮

（2）此时，所选中的多个单元格将合并为一个单元格，如图 2-6-24 所示。

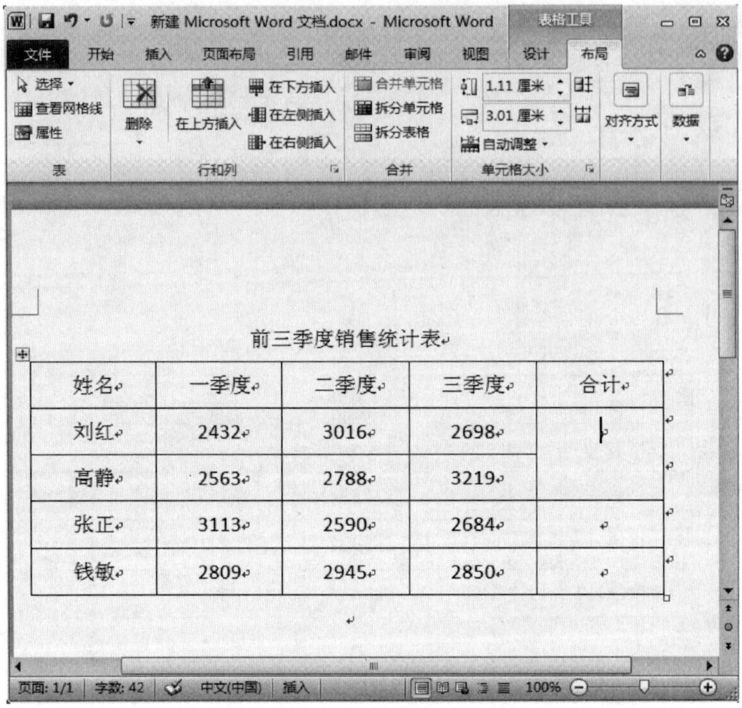

图 2-6-24 合并后的单元格

九、拆分单元格

(1)选中要拆分的单元格,选择“布局”选项卡,单击“合并”组中的“拆分单元格”按钮,如图 2-6-25 所示。

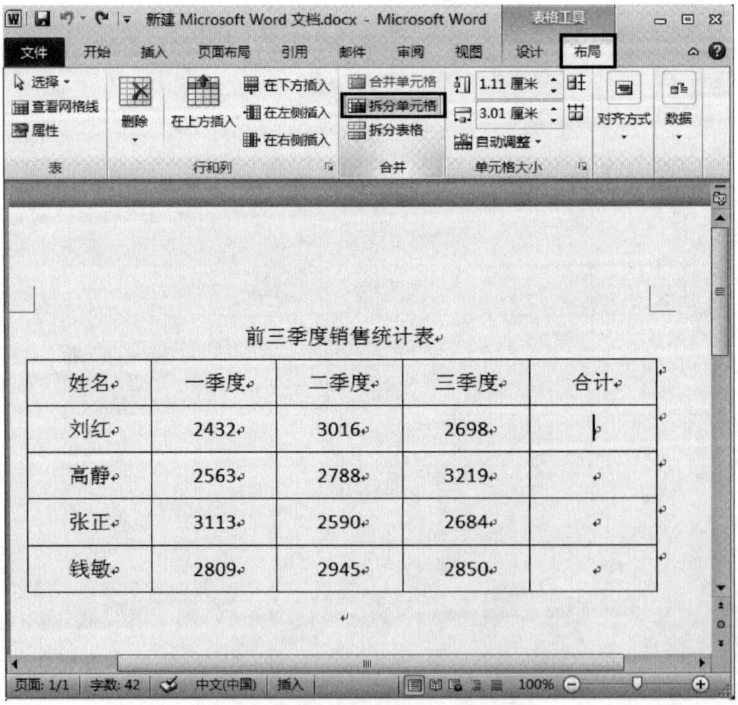

图 2-6-25 布局中的“拆分单元格”按钮

(2)在弹出的“拆分单元格”对话框中设置需要拆分的行列数,单击“确定”,如图2-6-26所示。

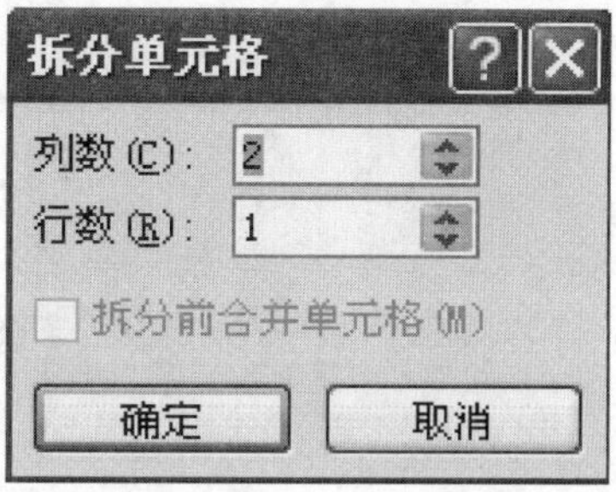

图2-6-26　拆分单元格对话框

(3)此时,所选中的单元格已经被拆分,如图2-6-27所示。

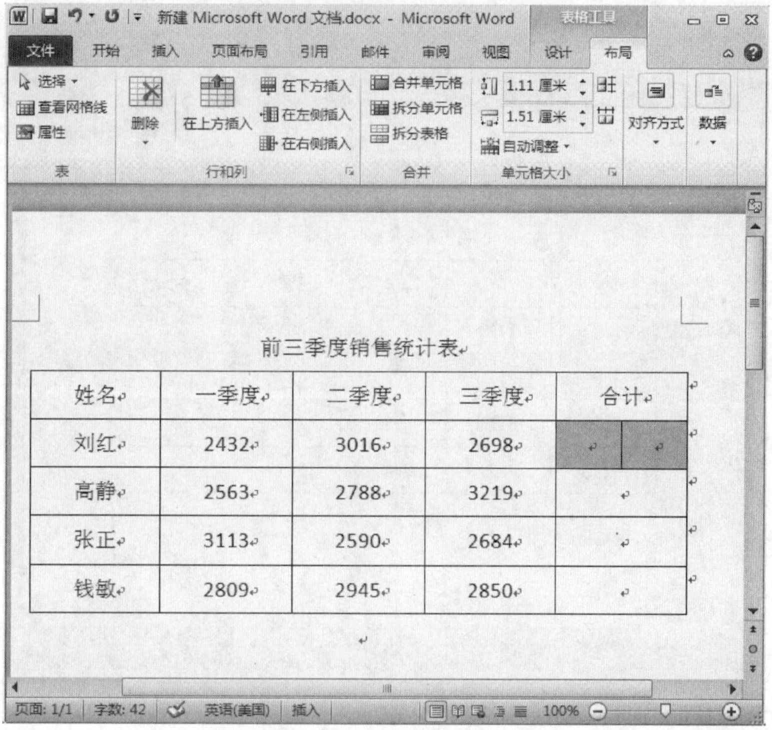

图2-6-27　拆分后的单元格

温馨提示:上述所有操作,还可以通过右击鼠标,在弹出的快捷菜单中选择相应的命令进行表格的编辑。

任务三　表格中数据的计算与排序

任务描述

在“前三季度销售统计表”中,利用公式计算出“合计”单元格的数据,对此表单元格中的数据排序。

任务分析

通过学习,熟练掌握Word 2010表格中数据的计算与排序的基本操作。

技能要点:表格中数据的计算与排序。

任务实施

一、表格中数据的计算

(1)将光标定位到“合计”列中的单元格,选择“布局”选项卡,单击“数据”组中的“公式”按钮,如图 2-6-28 所示。

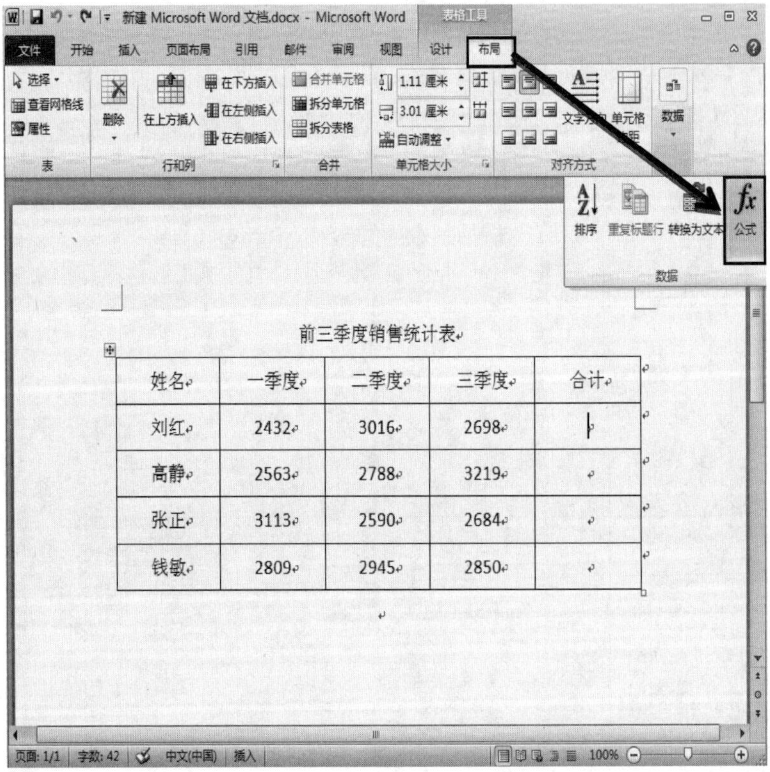

图 2-6-28　单击“公式”按钮

(2)在弹出的“公式”对话框中已经自动设定了公式“ = SUM(LEFT)”其表示对左侧的数据进行求和,如图 2-6-29 所示。

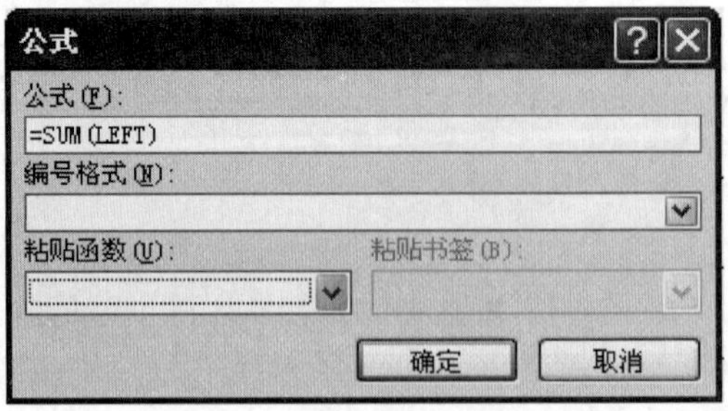

图 2-6-29　显示计算参数

(3)单击“确定”按钮,即可计算出结果,如图 2-6-30 所示。

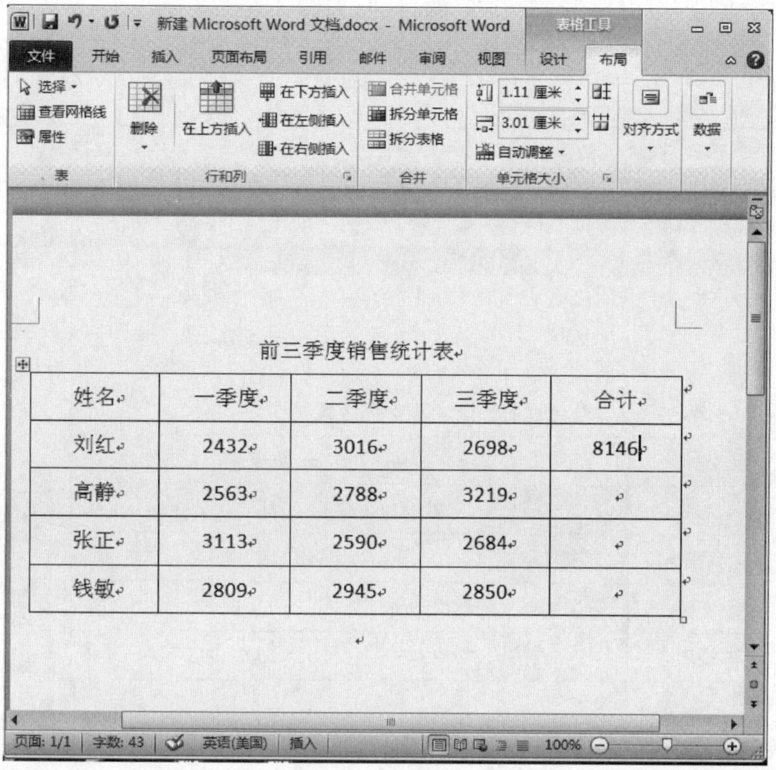

图 2-6-30　计算表格数据

(4)根据需要,也可以在“公式”对话框中的“粘贴函数”下拉菜单里选择其他函数进行计算,如图 2-6-31 所示。

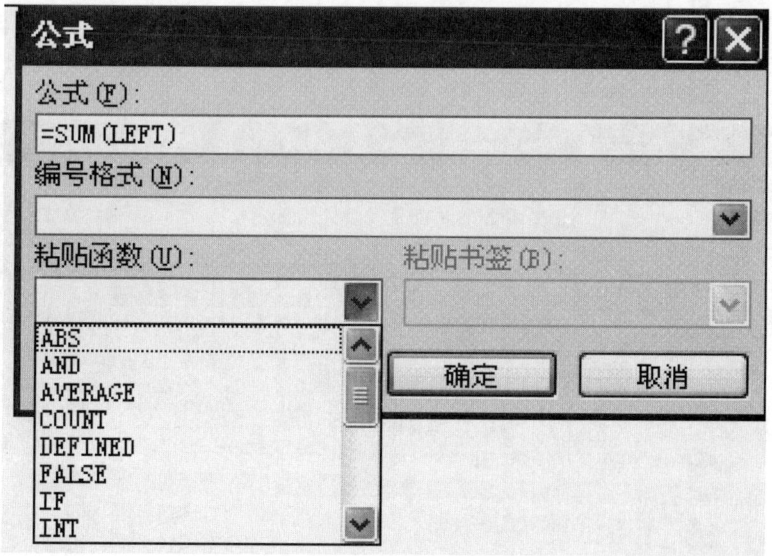

图 2-6-31　选择计算函数

二、表格中数据的排序

(1)在表格中选择需要排序的单元格区域,选择“布局”选项卡,单击“数据”组中的“排序”按钮，可对数据进行“升序”或“降序”的排列，如图 2-6-32 所示。

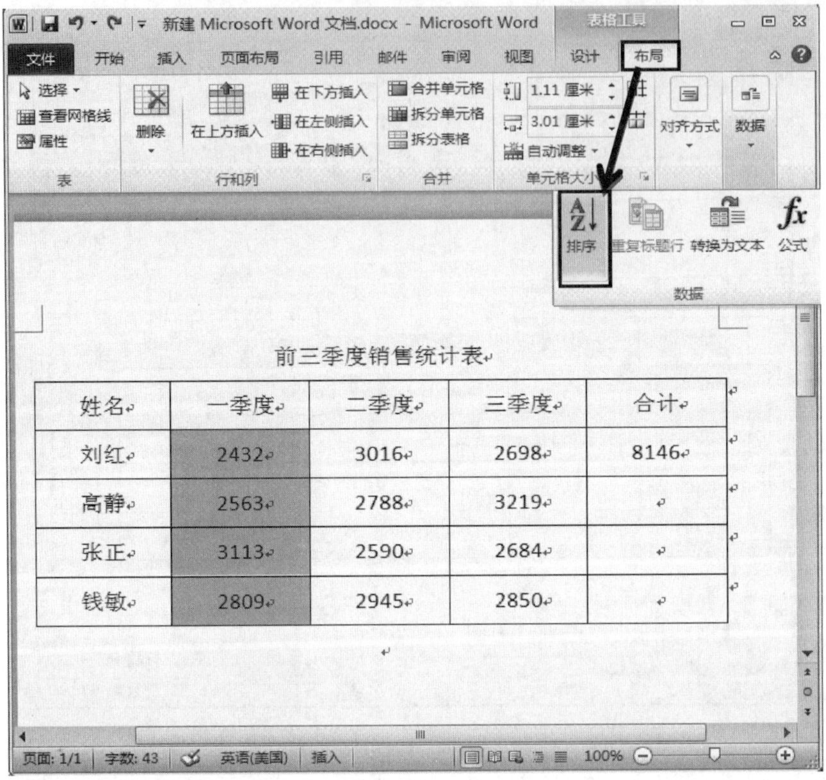

图 2-6-32　单击“排序”按钮

（2）以“降序”为例，弹出的“排序”对话框，在“主要关键字”区域中选择“降序”按钮，如图 2-6-33 所示。

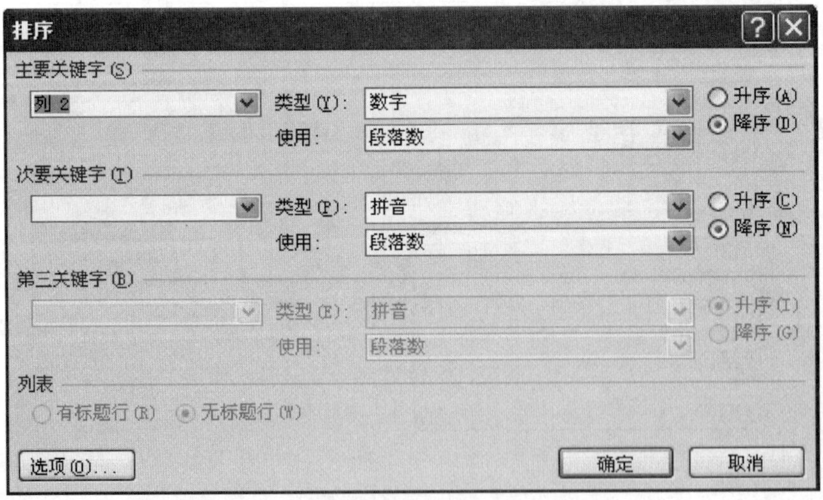

图 2-6-33　选中“降序”单选按钮

（3）单击“确定”按钮，系统将按降序顺序排列选中的单元格数据，如图 2-6-34 所示。

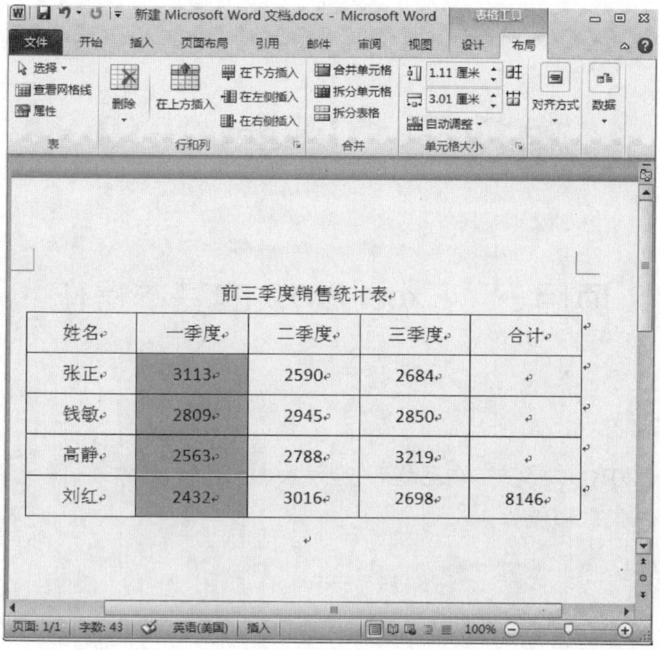

图 2-6-34 排序结果显示

拓展练习

1. 利用插入表格工具按钮插入 4 行 5 列的“表格 1”。
2. 利用菜单插入表格命令插入 4 行 5 列的“表格 2”。
3. 在表格 1 最后一列后插入一列。
4. 在表格 2 最后一行后插入一行。
5. 将表格 2 第一列合并,并拆分成两行。
6. 参照样张制作如下“表格 3”。

计算机装机配件报价表				
名　　称	型　　号	单　　价	数　　量	总　　价
主　板	Intel810	720	13	9360
CPU	PIII733	1200	16	19200
内存条	Pc100-64M	380	28	10640
显示器	15 寸	1200	15	18000

注:(1)设置表格第一行标题字体为楷体、粗体、小三号,第二行标题各单元格及第一列各单元格为黑体、小四,其他单元格文字字体:宋体、五号;

(2)设置表格中所有单元格内的文字或数字均水平居中、垂直居中;

(3)按如图所示阴影单元格设置底纹 20%;

(4)表格外围边框用 3 磅的单线,内部框线为 3/4 磅单线或双线,表格中不允许出现虚线。在相应的单元格中利用公式求出各种配件的总价;

(5)将制好的表格以文件名 Table,文件类型为 RTF,存放于 A 盘中(最好建一个文件夹)。

模块三　Excel 2010

项目一　Excel 2010 的基本操作

项目描述

灵活应用 Excel 2010 工作表、单元格设置方法，通过对工作表、单元格等的基本操作完成基础 Excel 工作簿的基本操作。

学习目标

1. 熟悉 Excel 2010 的启动与关闭及操作界面、学会工作簿的管理。
2. 掌握 Excel 2010 工作表的基本操作。
3. 掌握 Excel 2010 单元格的基本操作。

任务一　启动和关闭 Excel 2010、熟悉操作界面

任务描述

掌握 Excel 2010 的启动和关闭方法，认识 Excel 2010 软件的操作界面，掌握新建、保存 Excel 工作簿文件的方法。

任务分析

任务一的重点在于对 Excel 2010 软件操作界面的认识，为以后正确使用 Excel 2010 打下基础。

技能要点：启动与关闭、菜单栏、常用工具栏、任务窗格、工作表区。

任务实施

一、Excel 2010 的启动与关闭

1. 启动 Excel 2010

启动 Excel 2010 应用程序主要有以下两种方法：

方法一：单击“开始”按钮→“所有程序”→“Microsoft office”→“Microsoft office Excel 2010”启动程序，启动后界面如图 3-1-1 所示。

方法二：鼠标双击桌面快捷方式，即可启动程序。

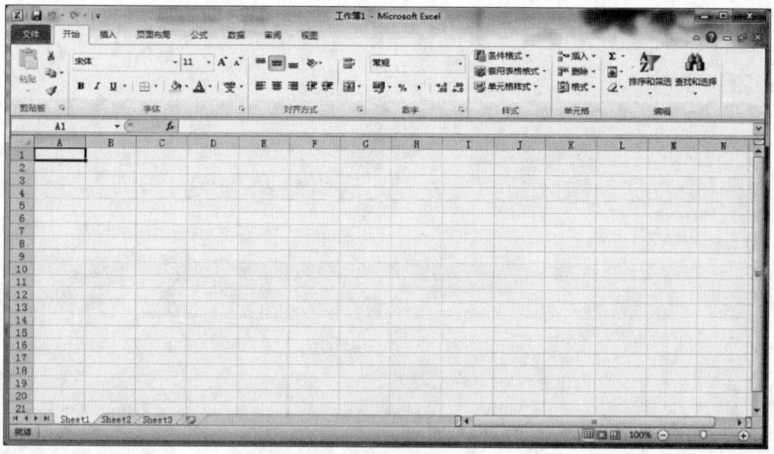

图 3-1-1　Excel 2010 界面

2. 关闭 Excel 2010

关闭 Excel 2010 应用程序主要有以下几种方法：

方法一：单击“文件”按钮→“退出 Excel”按钮，可关闭并退出，如图 3-1-2 所示。

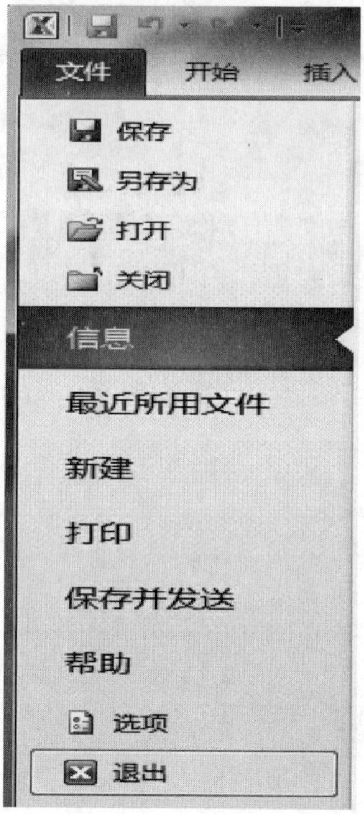

图 3-1-2　文件菜单栏

方法二：单击窗口右上角的“关闭”按钮，如图 3-1-3 所示。

图 3-1-3　快捷关闭栏

方法三：使用快捷键组合“Alt + F4”。

温馨提示:以后操作过程中,在关闭退出之前一定要做好保存!

二、Excel 2010 的操作界面

Excel 2010 操作界面主要由标题栏、“文件”菜单、功能选项卡、快速访问工具列、功能区、工作表区、名称框、数据编辑区和状态栏等元素组成,如图 3-1-4 所示。

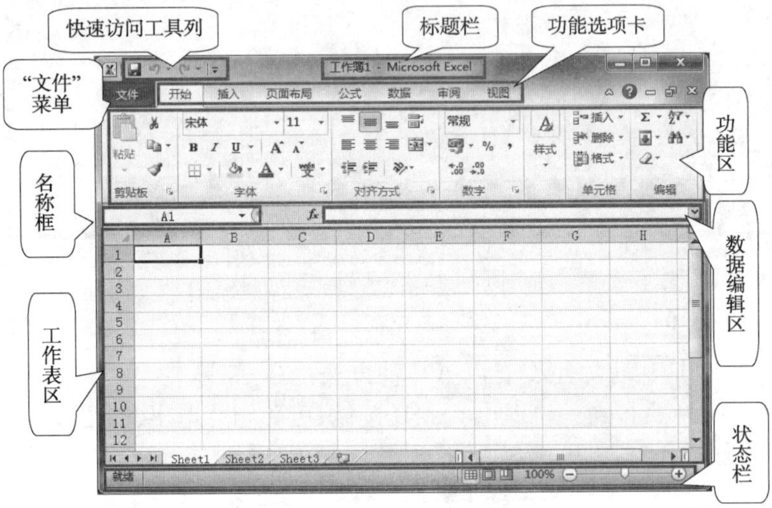

图 3-1-4　Excel 2010 界面区域功能图

1. 标题栏

位于 Excel 2010 操作界面右上角,主要作用是显示工作簿名称和程序名称,在其最右侧的 3 个按钮是最常见的“最小化、最大化和关闭”按钮。

2. 快速访问工具列

该工具列上提供了最常用的“保存”、“撤销”和“恢复”按钮。单击 按钮,可在快速访问工具列中添加所需的其他按钮。

3. “文件”菜单

用于执行 Excel 2010 工作簿的新建、打开、保存和退出等操作。

4. 功能选项卡

相当于菜单命令,Excel 2010 的所有命令均集成在几个功能选项卡中,选择某个功能选项卡可切换到相应的功能区进行相应的操作。

5. 功能区

在功能区中有许多自动适应窗口大小的工具栏,不同的工具栏中又放置了与此相关的命令按钮或列表框。

6. 名称框

用于显示显示单元格名称。

7. 数据编辑区

用于编辑单元格计算需要的公式与函数或显示选定编辑单元格里的内容。

8. 工作表区

位于整个窗体中间,是用户数据输入的主要窗口。

9. 状态栏

位于工作界面最下方,用于显示视图切换按钮以及页面显示比例等。

三、Excel 2010 的工作簿管理

1. 新建工作簿

在 Excel 2010 中,新建工作簿主要有以下两种方法:

方法一:桌面空白处单击鼠标右键→"新建"→ "Microsoft Excel 2010 工作表",如图 3-1-5 所示。

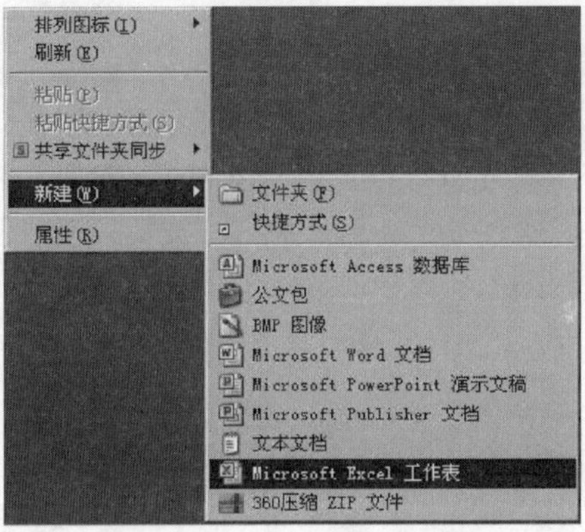

图 3-1-5　桌面创建工作簿

方法二:单击"文件"→"新建"→"空白工作簿"→"创建",如图 3-1-6 所示。

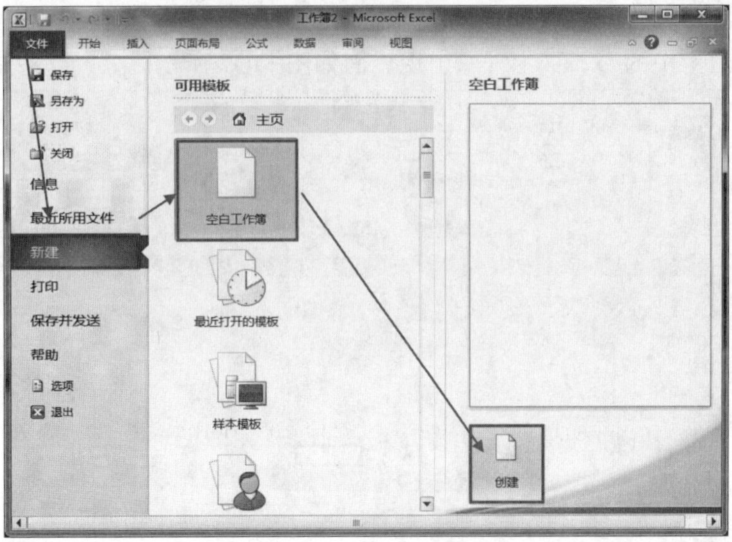

图 3-1-6　文件菜单创建工作簿

2. 保存工作簿

在制作工作簿的过程中,为避免发生遗失、误操作或死机、断电等突发情况使辛苦完成的文稿毁于一旦,需要及时对文稿进行保存。在 Excel 2010 中,保存工作簿主要有以下几种方法:

方法一:单击“文件”→“保存”。

方法二:单击快速访问工具栏中的“保存”按钮。

方法三:单击“文件”→“另存为”→输入要保存的文件名→“保存”。

3. 打开并修复工作簿

为最大程度的减少因断电、死机或误操作而未对工作簿及时保存导致的工作簿丢失、损坏等情况,Excel 2010 的“打开并修复”功能可以一定程度的恢复异常产生前的工作簿状态。

方法是:单击“文件”→“打开”→选择要打开的工作簿→单击按钮右侧的按钮→选择“打开并修复”。

任务二　Excel 2010 工作表基本操作

任务描述

打开练习 1 中的 ex. xlsx 文件,将“Sheet1”工作表改名为“部门收入分类”,“Sheet2”工作表改名为“销售明细”。打开练习 2 中的 ex. xlsx 文件,删除“Sheet1”工作表。

任务分析

任务二的重点在于熟悉 Excel 2010 对于工作表的操作,并通过相应的练习使学生彻底掌握 Excel 中工作表的操作。

技能要点:工作表的重命名、工作表的删除。

任务实施

一、工作表的重命名

(1)打开练习 1 中的 ex. xlsx 文件,出现界面如图 3-1-7 所示。

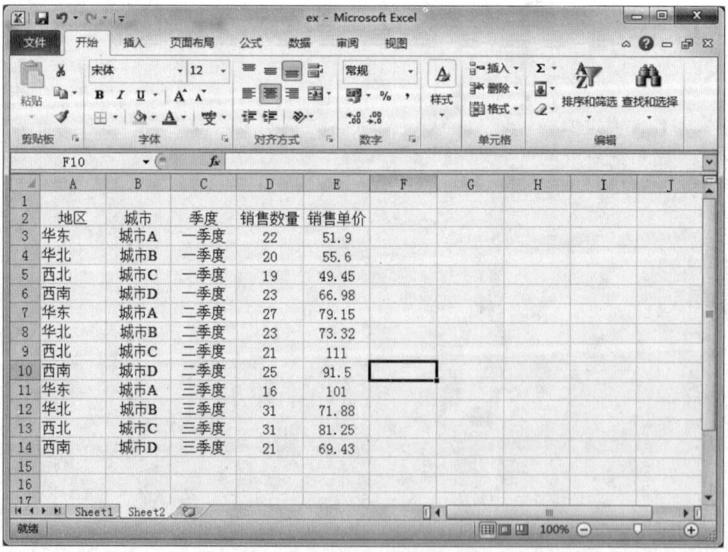

地区	城市	季度	销售数量	销售单价
华东	城市A	一季度	22	51.9
华北	城市B	一季度	20	55.6
西北	城市C	一季度	19	49.45
西南	城市D	一季度	23	66.98
华东	城市A	二季度	27	79.15
华北	城市B	二季度	23	73.32
西北	城市C	二季度	21	111
西南	城市D	二季度	25	91.5
华东	城市A	三季度	16	101
华北	城市B	三季度	31	71.88
西北	城市C	三季度	31	81.25
西南	城市D	三季度	21	69.43

图 3-1-7　练习 1Excel 文件界面

(2)对工作簿左下角的“Sheet1”和“Sheet2”工作表改名,具体方法如下:

方法一:使用右键菜单命令。

①在 sheet1 工作表标签上单击鼠标右键,在弹出的菜单中左键单击“重命名”命令,如图 3-1-8 所示。

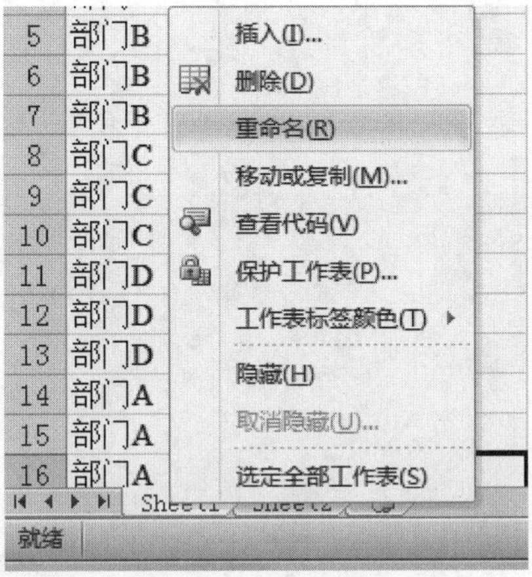

图 3-1-8　工作表右键菜单

②工作表名称变为可编辑的黑底白字状态,如图 3-1-9 所示。

图 3-1-9　工作表可编辑状态

③输入工作表名称为“部门收入分类”,然后按 Enter 键或单击工作表标签外任何位置,完成工作表的重命名。

依照以上三步重命名“Sheet2”为“销售明细”,完成后如图 3-1-10 所示。

图 3-1-10　工作表重命名完成

方法二:双击“Sheet1”工作标签,工作表名称即变为黑底白字的可编辑状态,此时输入“部门收入分类”,进行重命名。

方法三:菜单法。

单击“开始”→“格式”→“重命名工作表”,如图 3-1-11 所示。

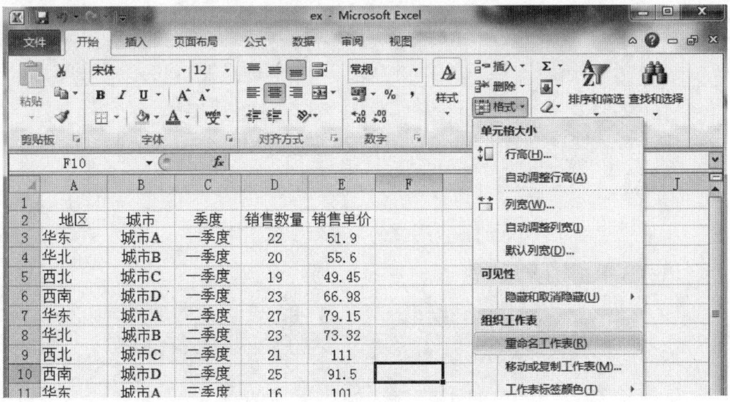

图 3-1-11　“菜单法”重命名工作表

二、工作表的删除

(1)打开练习 2 中的 ex. xlsx 文件,出现界面如图 3-1-12 所示。

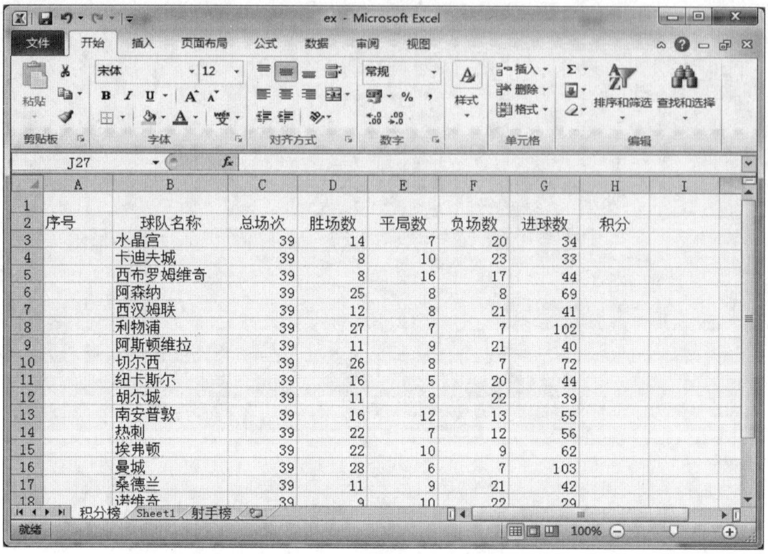

图 3-1-12　练习 2Excel 文件界面

(2)对工作簿左下角的“Sheet1”工作表进行删除操作,具体方法如下:

方法一:使用右键菜单命令。

①在 Sheet1 工作表标签上单击鼠标右键,在弹出的菜单中左键单击“删除”命令,如图 3-1-13 所示。

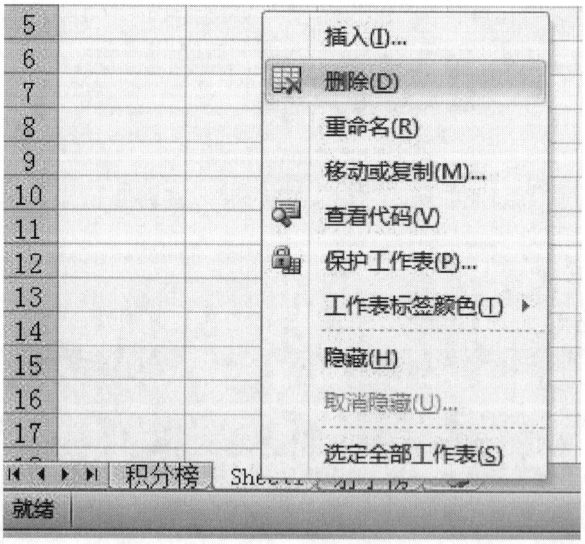

图 3-1-13　工作表右键菜单

②完成删除后如图 3-1-14 所示。

图 3-1-14　删除工作表完成界面

方法二:菜单法。

单击“开始”菜单→“删除”→“删除工作表”,如图 3-1-15 所示。

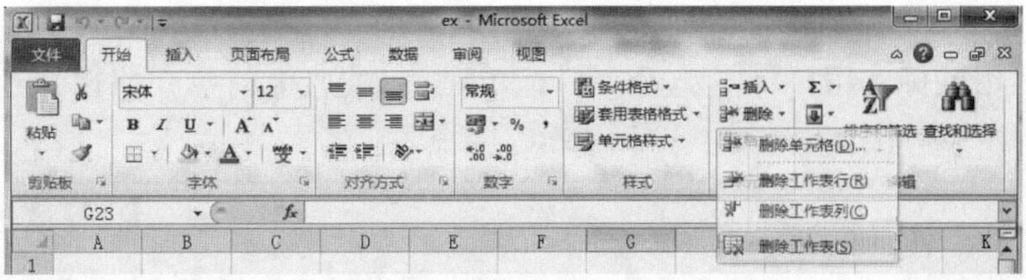

图 3-1-15 “菜单法”删除工作表

温馨提示:一旦删除工作表,撤销功能将无法使用,在删除工作表时要反复确认,谨慎操作!

任务三　Excel 2010 单元格基本操作

任务描述

打开练习 3 中的 ex. xlsx 文件,在“财政支出”工作表 A1 单元格中,输入标题“中央和地方财政支出”。打开练习 4 中的 ex. xlsx 文件,在“财政收入”工作表 B1 单元格中,输入标题“中央和地方财政收入”。打开练习 5 中的 ex. xlsx 文件,在“非税收入”工作表 B1 单元格中,输入标题“2010 年华东地区非税收入”。

任务分析

任务三的重点在于掌握 Excel 2010 中单元格的基本概念,并通过相应的练习使学生彻底掌握如何在 Excel 工作表中快速定位目标单元格并按要求编辑。

技能要点:单元格定位、单元格内容编辑。

任务实施

一、单元格

1. 单元格地址

单元格是表格数据的基本存储单位,每个单元格都有一个地址,由“行号”和“列标”组成;行号用数字标记,列标用字母标记如图 3-1-16 所示。

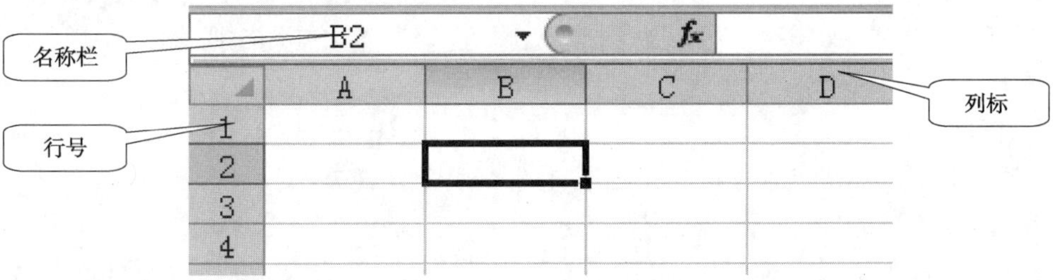

图 3-1-16 单元格界面图示

例如,“B2”单元格表示 B 列第 2 行的单元格。名称栏显示当前单元格位置,如图 3-1-16

所示。

2. 单元格的选择

选择单元格的方法:

方法一:利用鼠标。用鼠标左键单击目标单元格,被选中的单元格以黑色边框显示,如图 3-1-17 所示鼠标单击选择的是 A1 单元格。

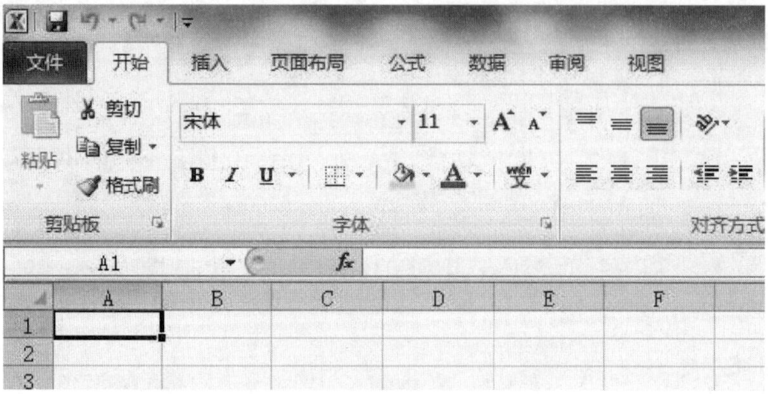

图 3-1-17　鼠标选定 A1 单元格

方法二:利用名称框。在工作表左上角的名称框中直接输入单元格地址,按下 Enter 键即可,如图 3-1-18 种输入的是 B2,选择的是“城市”。

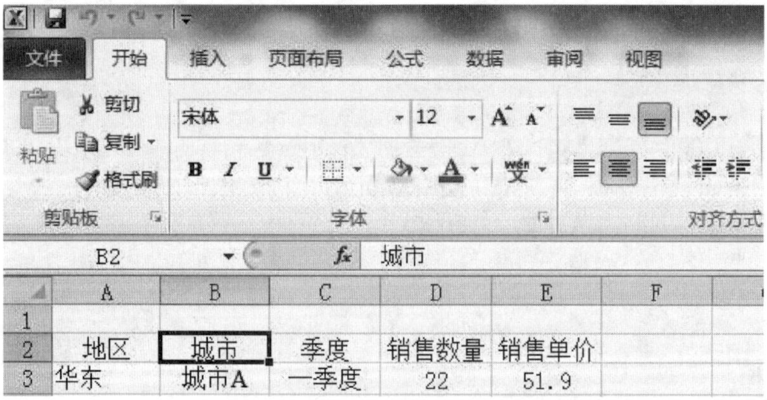

图 3-1-18　名称框选择指定单元格

温馨提示:编辑单元格之前,首先要选定单元格!

二、单元格内容编辑

打开练习 3 中的 ex. xlsx 文件,在“财政支出”工作表 A1 单元格中,输入标题“中央和地方财政支出”。具体操作步骤如下:

(1)打开练习 3 的 ex. xlsx 文件,选定“财政支出”工作表 A1 单元格,如图 3-1-19 所示。

(2)输入标题“中央和地方财政支出”,主要有以下几种方法:

方法一:直接输入“中央和地方财政支出”。

方法二:鼠标单击数据编辑区,如图 3-1-20 所示区域,输入“中央和地方财政支出”。

(3)输入完毕后,按 Enter 键或单击数据编辑区左边✔按钮完成输入,完成后如图3-1-21 所示。

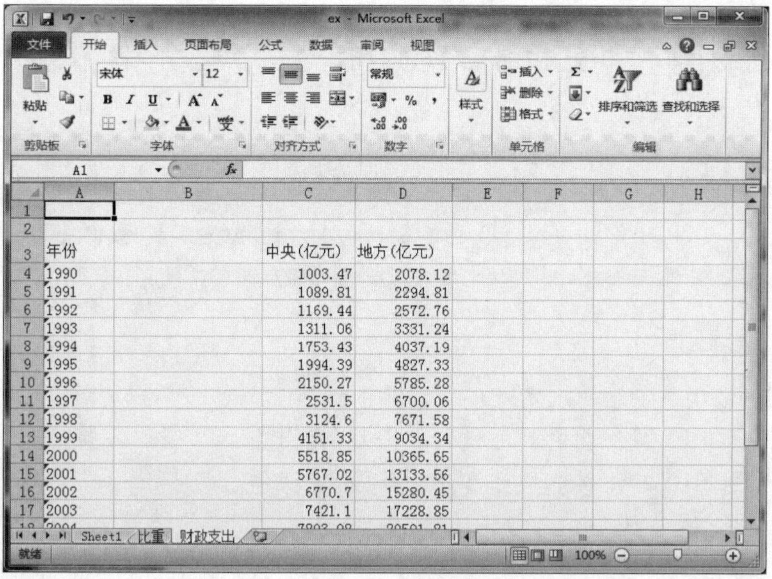

图 3-1-19　练习 3Excel 文件界面

图 3-1-20　数据编辑区

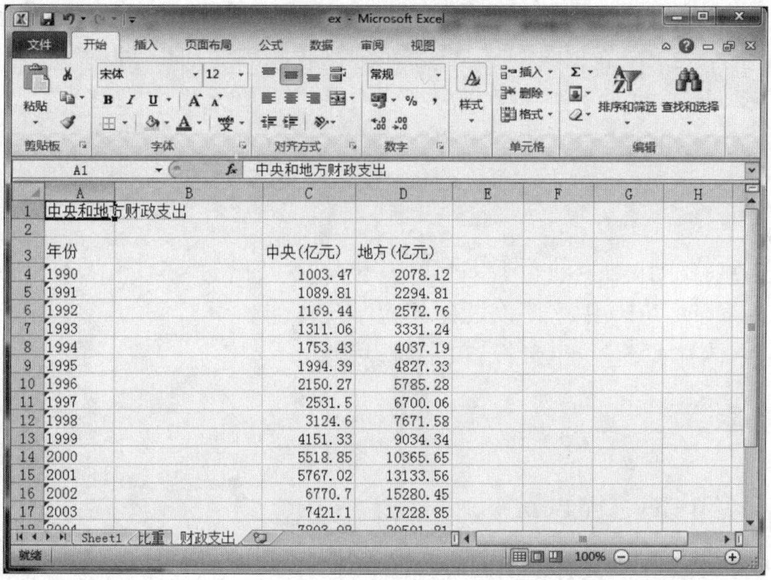

图 3-1-21　单元格编辑后的 Excel 文件界面

拓展练习

1. 打开练习 4 中的 ex. xlsx 文件，在“财政收入”工作表 B1 单元格中，输入标题“中央和地方财政收入”。

2. 打开练习 5 中的 ex. xlsx 文件，在“非税收入”工作表 B1 单元格中，输入标题“2010 年华东地区非税收入”。

项目二　Excel 2010 的字体及单元格编辑

项目描述

灵活应用 Excel 2010 中的字体、单元格编辑方法，通过对工作表中字体、单元格等的进一步操作完成承接项目一的 Excel 工作簿的进一步操作。

学习目标

1. 掌握 Excel 2010 字体的设定及编辑操作。
2. 掌握 Excel 2010 工作表中单元格的数据复制操作。
3. 掌握 Excel 2010 工作表中单元格的合并、居中操作。

任务一　Excel 2010 字体设置及编辑

任务描述

承接项目一任务三操作，打开练习 3 中的 ex. xlsx 文件，设置“财政支出”工作表 A1 单元格中“中央和地方财政支出”字体为楷体、加粗、20 号字。打开练习 4 中的 ex. xlsx 文件，设置“财政收入”工作表 B1 单元格中“中央和地方财政收入”字体为隶书、加粗、22 号字。打开练习 5 中的 ex. xlsx 文件，设置“非税收入”工作表 B1 单元格中“2010 年华东地区非税收入”字体为黑体、加粗、20 号字。

任务分析

任务一的重点在于让学生熟悉 Excel 2010 中字体设置的常规操作，并通过相应的练习使学生彻底掌握 Excel 2010 中字体设置的相应常规操作。

技能要点：字体样式设置、字形设置、字号设置。

任务实施

一、Excel 2010 的字体设置

Excel 2010 字体设置主要有以下两种方法：

方法一：应用开始功能选项卡中的字体功能区对目标单元格的字体进行设置，如图3-2-1所示。

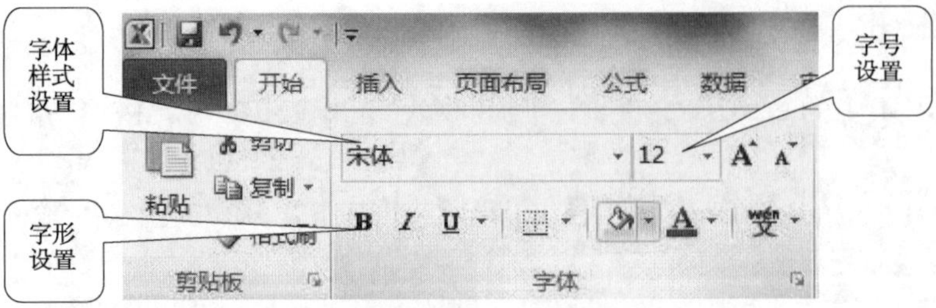

图 3-2-1　字体设置功能区

方法二:右键菜单命令。

(1)鼠标选中目标单元格,单击鼠标右键,选择设置单元格格式,如图 3-2-2 所示。

图 3-2-2　单元格右键菜单

(2)在弹出的对话框中选择字体选项卡进行字体编辑设置,如图 3-2-3 所示。

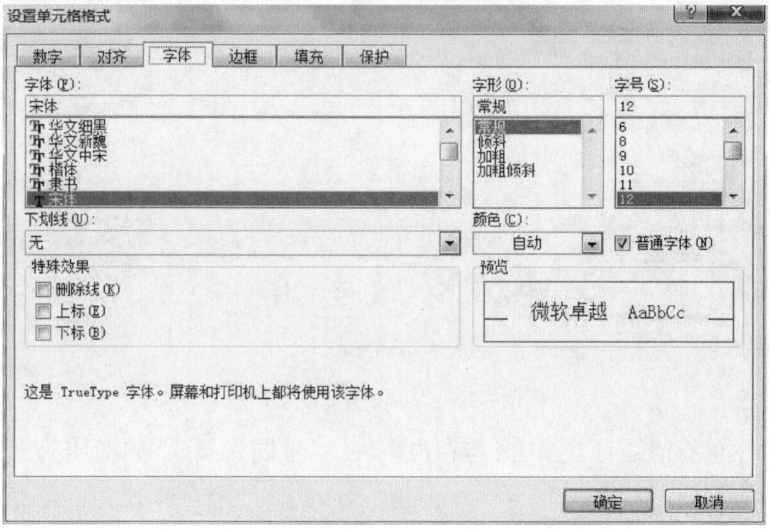

图 3-2-3　设置单元格格式对话框

温馨提示:设置字体的方法有很多,请依据实际情况选择!

二、字体编辑设置

完成项目一任务三操作,打开练习 3 中的 ex. xlsx 文件,设置"财政支出"工作表 A1 单元格中"中央和地方财政支出"字体为楷体、加粗、20 号字。具体操作步骤如下:

(1)打开已完成项目一任务三的练习 3 中的 ex. xlsx 文件,选择“财政支出”工作表,选中 A1 单元格,如图 3-2-4 所示。

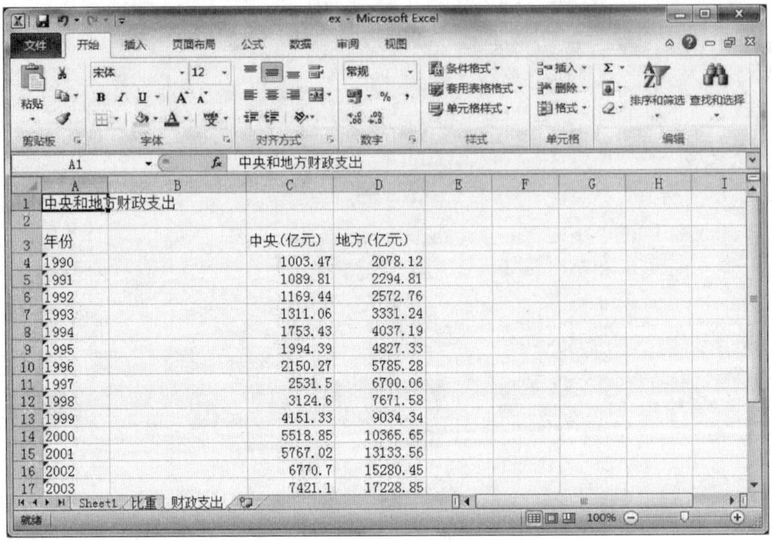

图 3-2-4　练习 3Excel 文件界面

(2)在右上角的字体功能区设置字体为楷体、加粗、20 号字,完成后如图 3-2-5 所示。

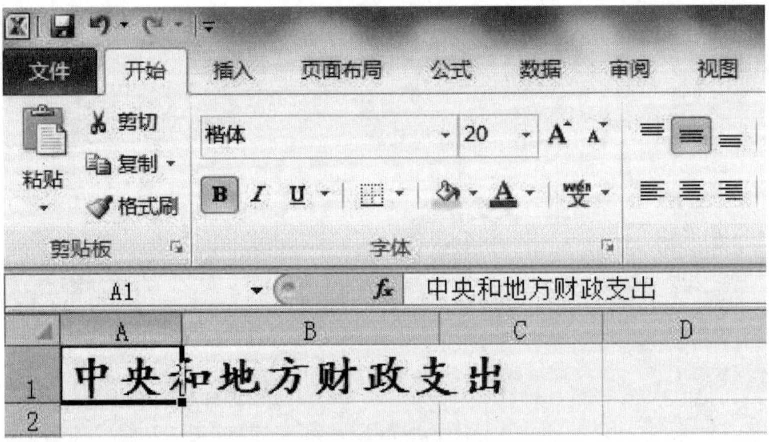

图 3-2-5　字体设置完成效果

温馨提示:注意看清题目要求,楷体有很多种,这里题目只要求“楷体”,所以选择最符合题意的即可!

拓展练习

1. 打开已完成项目一任务三拓展练习中练习 4 的 ex. xlsx 文件,设置 “财政收入”工作表 B1 单元格中“中央和地方财政收入”字体为隶书、加粗、22 号字。

2. 打开已完成项目一任务三拓展练习中练习 5 的 ex. xlsx 文件,设置“非税收入”工作表 B1 单元格中“2010 年华东地区非税收入”字体为黑体、加粗、20 号字。

任务二　Excel 2010 单元格数据复制

任务描述

打开练习 6 中的 ex. xlsx 文件，将“Sheet3”中的“超重人数”和“肥胖人数”数据复制到“学生营养状况”工作表相应单元格中。

任务分析

任务二的重点在于掌握 Excel 2010 中单元格数据复制的基本方法，并通过相应的练习使学生彻底掌握如何在 Excel 工作表中准确将目标单元格数据按要求复制到指定区域。

技能要点：单元格内容复制。

任务实施

一、复制的基本方法

单元格中的数据复制主要有以下几种方法：

方法一：菜单法。

（1）选择需要复制数据的单元格或者区域，单击右上角剪贴板功能区

的复制按钮，此时复制对象单元格或单元格区域边框变成时，代表选中单元格或单元格区域已进入复制状态。

（2）选择需要粘贴数据的目标单元格或目标单元格区域并单击右上角剪贴板功能区的

粘贴按钮。

方法二：右键菜单命令。

（1）选中需要复制数据的单元格或者区域右击鼠标，选择“复制”。

（2）选择需要粘贴数据的目标单元格或目标区域右击鼠标，选择“粘贴”。

方法三：组合快捷键法

（1）应用快捷键“ctrl + c”来进行“复制”。

（2）应用快捷键“ctrl + v”来进行“粘贴”。

温馨提示：注意在做题时尽量掌握快捷键的使用，以加快做题的效率，节省时间！

二、单元格内容复制

打开练习 6 中的 ex. xlsx 文件，将“Sheet3”中的“超重人数”和“肥胖人数”数据复制到“学生营养状况”工作表相应单元格中。具体操作步骤如下：

（1）打开练习 6 的 ex. xlsx 文件，选定“Sheet3” 中的“超重人数”和“肥胖人数”数据，如图 3-2-6 所示。

（2）应用快捷键组合“ctrl + c”来进行“复制”，此时选中单元格区域进入复制状态，如图 3-2-7 所示。

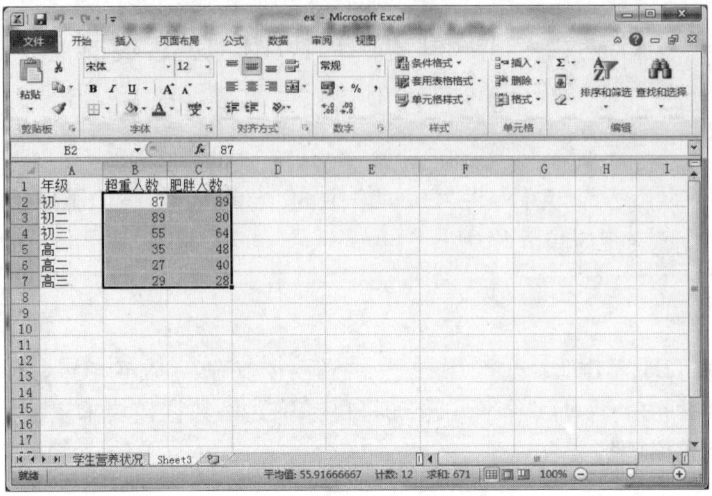

图 3-2-6　练习 6Excel 文件界面

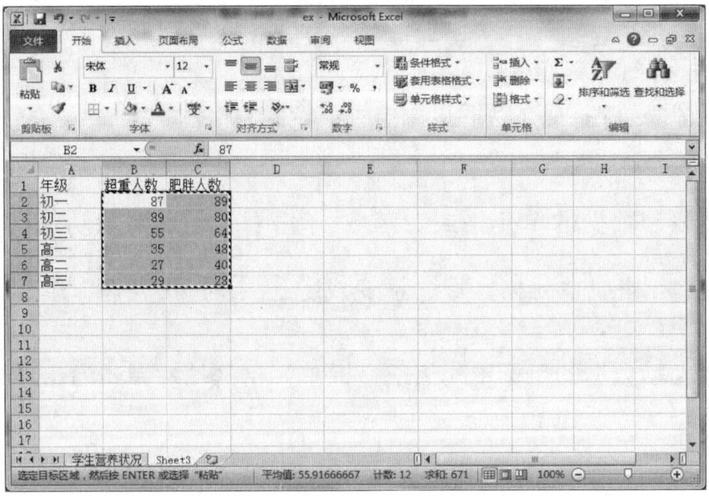

图 3-2-7　指定区域进入复制状态

(3)然后选定“学生营养状况”工作表相应单元格,如图 3-2-8 所示。

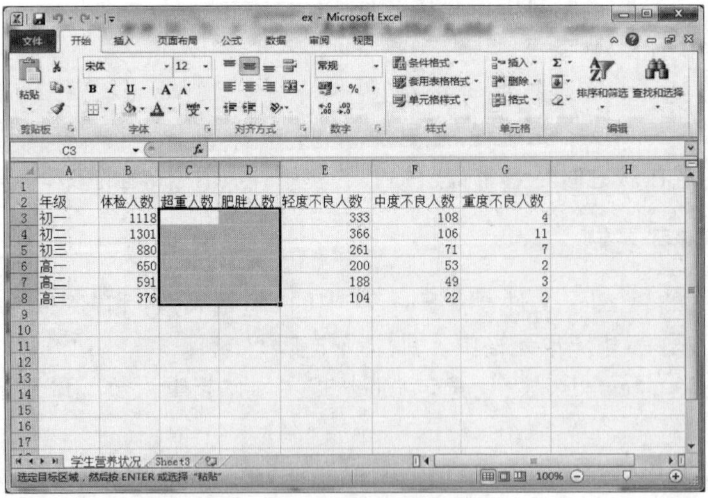

图 3-2-8　目标单元格界面

(4)应用快捷键“ctrl + v”来进行“粘贴”,完成后如图 3-2-9 所示。

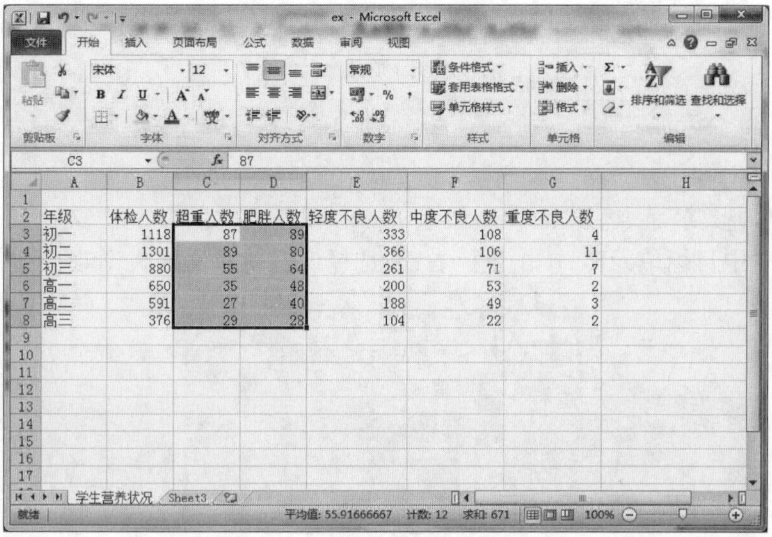

图 3-2-9　复制完成界面

温馨提示:同学们在进行该任务时应尝试使用不同的复制方法,以全面掌握复制、粘贴的知识要点。

任务三　Excel 2010 单元格合并、居中操作

任务描述

承接项目二任务一操作,打开练习 3 中的 ex. xlsx 文件,设置“财政支出”工作表 A1 单元格中“中央和地方财政支出” 在 A 至 D 列范围合并后居中。打开练习 4 中的 ex. xlsx 文件,设置“财政收入”工作表 B1 单元格中“中央和地方财政收入”在 B 至 E 列范围合并后居中。打开练习 5 中的 ex. xlsx 文件,设置“非税收入”工作表 B1 单元格中“2010 年华东地区非税收入”在 B 至 I 列范围合并后居中。

任务分析

任务三的重点在于让学生熟悉 Excel 2010 单元格合并、居中等常规操作,并通过相应的练习使学生彻底掌握 Excel 2010 单元格合并、居中等的常规操作。

技能要点:单元格合并、单元格居中。

任务实施

一、Excel 2010 的单元格合并、居中操作

Excel 2010 单元格合并、居中操作主要有以下两种方法:

方法一:应用开始功能选项卡中的对齐方式功能区对目标单元格进行合并、居中设置,如图 3-2-10 所示。

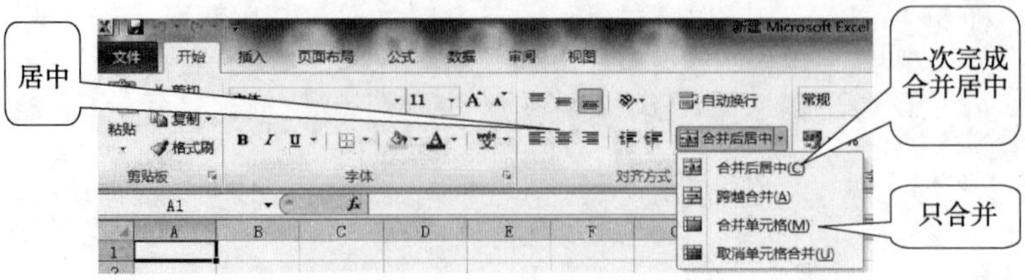

图 3-2-10　合并、居中功能区

方法二:右键菜单命令。

(1)鼠标选中目标单元格,单击鼠标右键,选择设置单元格格式,如图 3-2-11 所示。

图 3-2-11　单元格右键菜单

(2)在弹出的对话框中选择对齐选项卡进行合并、居中操作,如图 3-2-12 所示。

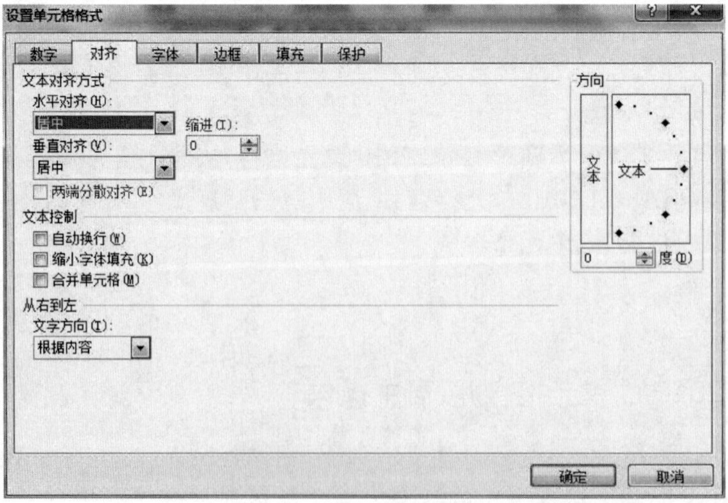

图 3-2-12　设置单元格格式对话框

温馨提示:进行合并、居中操作时一定要看清题目要求的操作范围!

二、单元格合并、居中操作

承接项目二任务一操作,打开练习 3 中的 ex. xlsx 文件,设置“财政支出”工作表 A1 单元格中“中央和地方财政支出” 在 A 至 D 列范围合并后居中。具体操作步骤如下:

(1)打开已完成项目二任务一的练习 3 中的 ex. xlsx 文件,选择“财政支出”工作表,选中 A1 单元格,如图 3-2-13 所示。

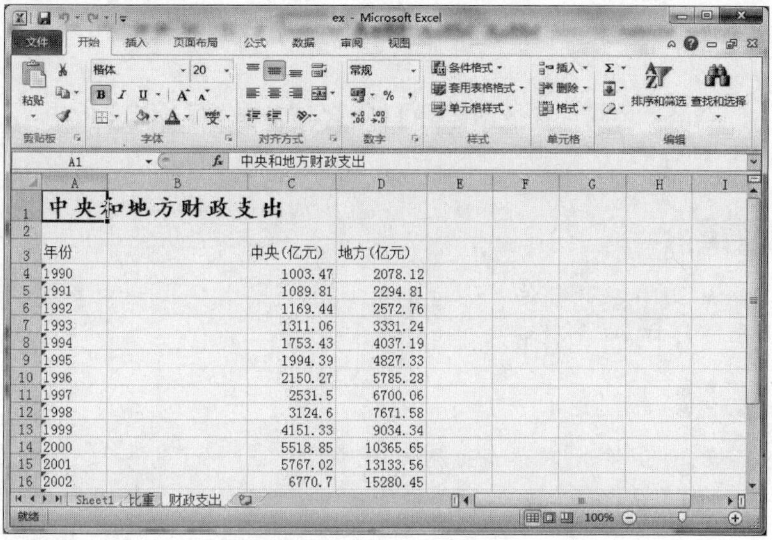

图 3-2-13　练习 3Excel 文件界面

(2)选中 A 至 D 列范围,如图 3-2-14 所示。

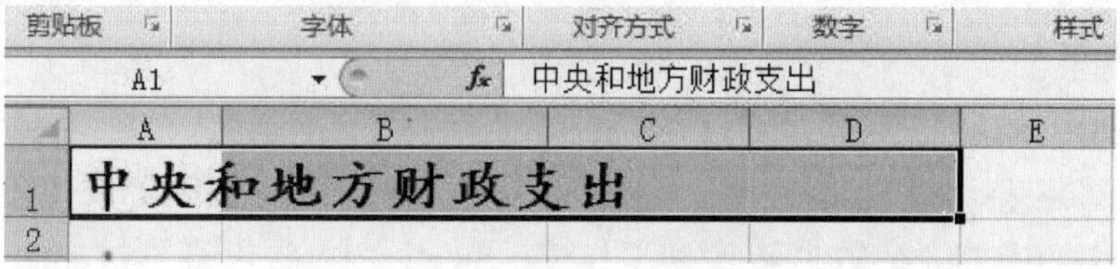

图 3-2-14　选中合并、居中范围

(3)在上方的对齐方式功能区直接点击合并后居中,一键完成合并和居中两步操作,完成后如图 3-2-15 所示。

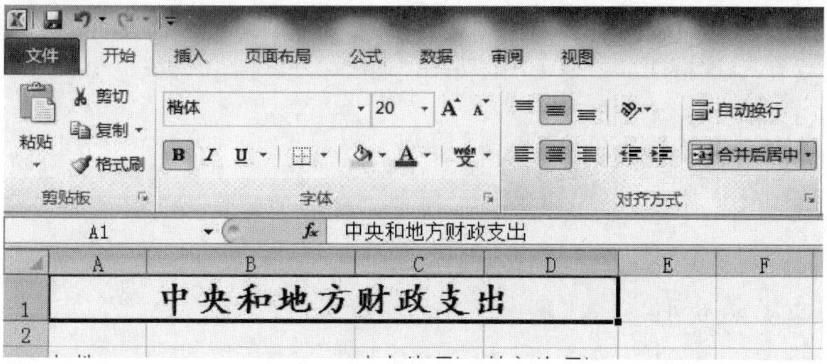

图 3-2-15　合并、居中完成效果

温馨提示：请同学在做练习时将本项目中提到的合并、居中方法都应用一遍以加深印象，彻底掌握该知识点，以便考试时灵活选择应用！

拓展练习

1. 打开已完成项目二任务一拓展练习中练习 4 的 ex. xlsx 文件，设置“财政收入”工作表 B1 单元格中“中央和地方财政收入”在 B 至 E 列范围合并后居中。

2. 打开已完成项目二任务一拓展练习中练习 5 的 ex. xlsx 文件，设置“非税收入”工作表 B1 单元格中“2010 年华东地区非税收入”在 B 至 I 列范围合并后居中。

项目三　Excel 2010 的数据表格转换

项目描述

灵活应用 Excel 2010 中的数据表格转换方法，通过将指定文档中表格数据转换至目标 Excel 工作簿来实现对 Excel 工作簿的指定操作。

学习目标

1. 掌握 Excel 2010 中将 RTF 格式文档数据内容转入 Excel 的基本知识点。
2. 掌握 Excel 2010 中将指定文档中数据表格进行转换的具体应用操作。

任务　RTF 文档内容数据转换入 Excel 2010

任务描述

打开练习 3 中的 ex. xlsx 文件，将“各地区支出. rtf”文档中的表格数据转换到工作表“Sheet1”中，要求表格数据自第一行第一列开始存放。打开练习 4 中的 ex. xlsx 文件，将“各地区收入. rtf”文档中的表格数据转换到工作表“Sheet1”中，要求表格数据自第一行第一列开始存放。打开练习 5 中的 ex. xlsx 文件，将“收入. rtf”文档中的表格数据转换到工作表“Sheet1”中，要求表格数据自第一行第一列开始存放。

任务分析

任务的重点在于掌握 Excel 2010 中将 rtf 文档中的内容数据转入 Excel 工作簿中的方法，并通过相应的练习使学生彻底掌握这一方法。

技能要点：rtf 文档内容数据转入 Excel 中指定位置。

任务实施

一、rtf 文档内容复制

(1)打开实训. rtf 文件，如图 3-3-1 所示。

(2)选择需要转换的输入，如图 3-3-2 所示，按下复制快捷键 ctrl + c 进行复制。

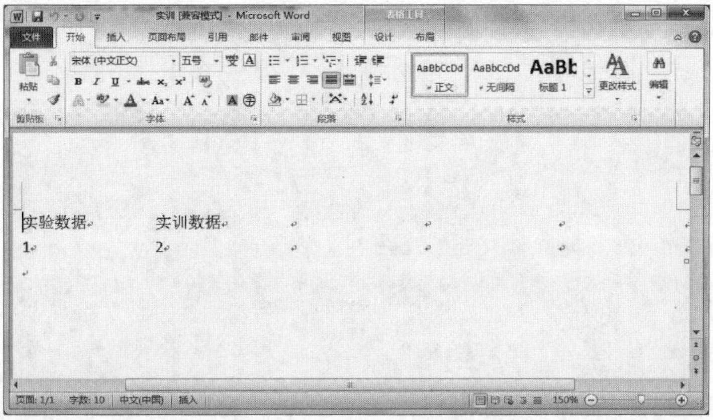

图 3-3-1　实训. rtf 文档界面

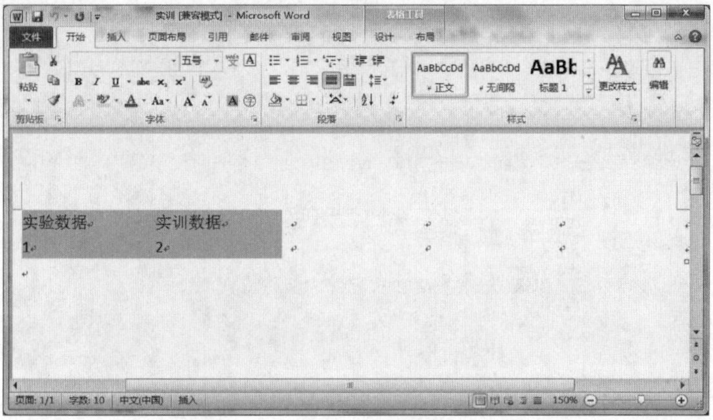

图 3-3-2　选中需复制区域

温馨提示:rtf 格式不是 Excel 支持的文本格式,所以不能使用 Excel 的获取外部数据功能进行数据导入!

二、rtf 文档表格内容转换至 Excel

(1)打开目标 Excel 工作簿,切换到目标工作表中,如图 3-3-3 所示。

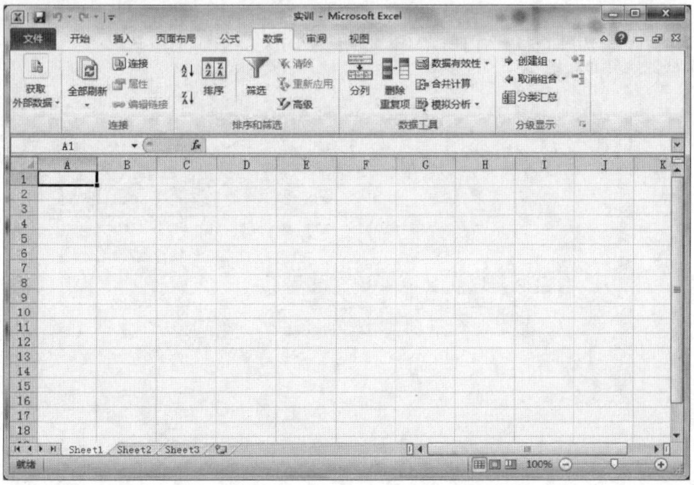

图 3-3-3　目标 Excel 文件界面

(2)鼠标右击目标单元格,弹出右键菜单栏,如图 3-3-4 所示,选择选择性粘贴。

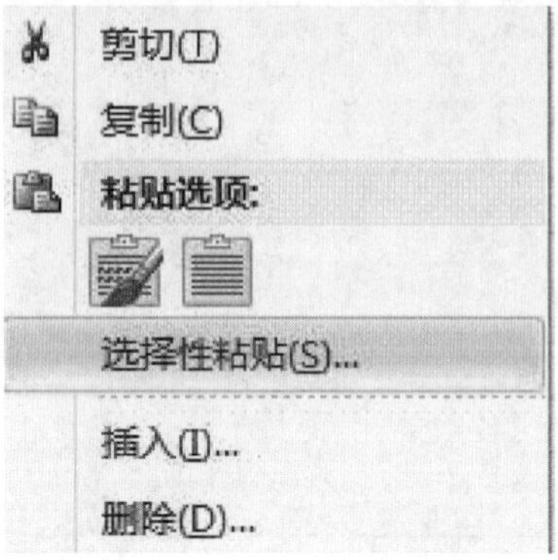

图 3-3-4　单元格右键菜单

(3)在弹出的对话框中选择“文本”选项,如图 3-3-5 所示,点击确定。

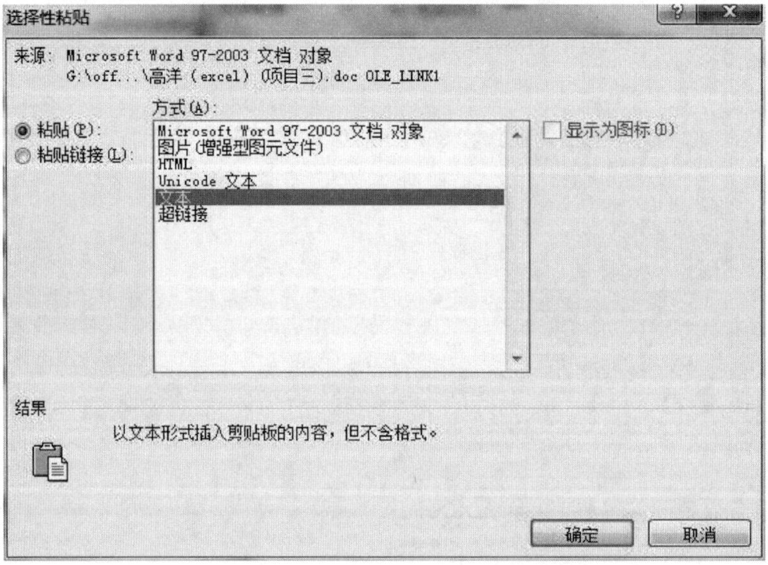

图 3-3-5　选择性粘贴对话框

(4)完成后如图 3-3-6 所示。

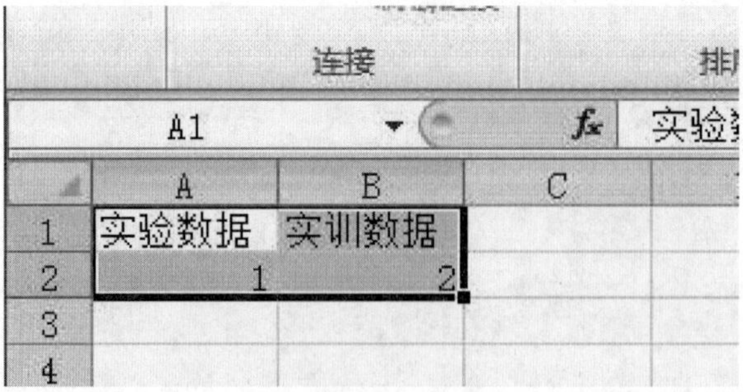

图 3-3-6　选择性粘贴完成效果

温馨提示:在粘贴时切勿使用 ctrl + v 快捷键组合,防止出现格式错误!

三、rtf 文档内容数据转入 Excel 工作簿指定位置

打开练习 3 中的 ex. xlsx 文件，将“各地区支出. rtf”文档中的表格数据转换到工作表“Sheet1”中，要求表格数据自第一行第一列开始存放。具体操作步骤如下：

（1）打开练习 3 的“各地区支出. rtf”文件，选定需要复制的表格数据，如图 3-3-7 所示，使用复制快捷键 ctrl + c 进行复制。

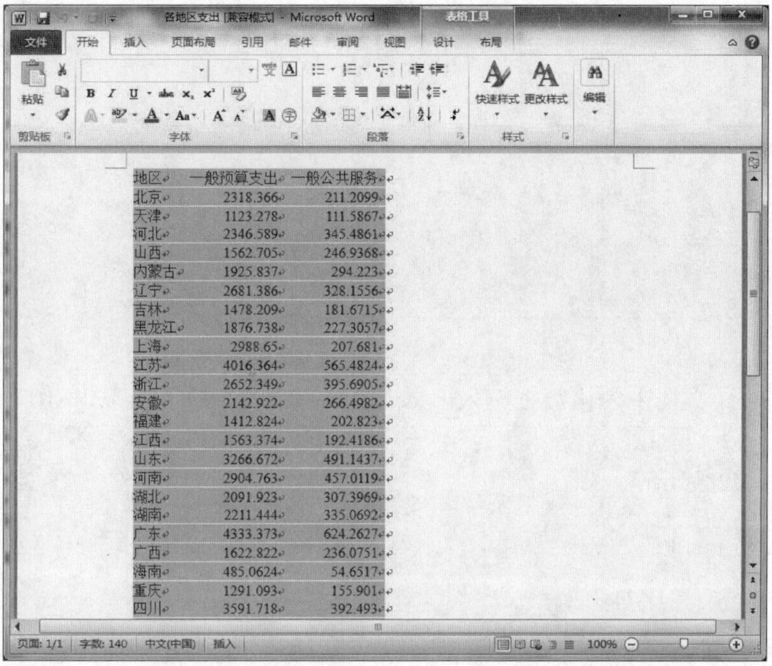

图 3-3-7　练习 3 rtf 文档界面

（2）打开练习 3 中的 ex. xlsx 文件，选中“Sheet1”工作表的 A1 单元格，鼠标右击，如图 3-3-8所示，点击选择性粘贴选项。

图 3-3-8　练习 3Excel 文件粘贴操作

(3)在弹出的对话框中选择“文本”选项，如图 3-3-9 所示，点击确定。

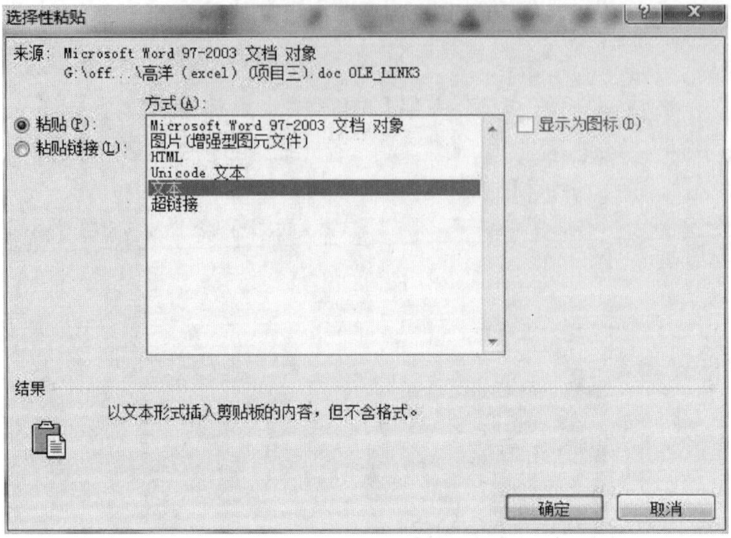

图 3-3-9　选择性粘贴对话框

(4)成功将 rtf 文档中表格数据转入 Excel 工作簿中，完成后如图 3-3-10 所示。

图 3-3-10　选择性粘贴完成效果

温馨提示：在进行选择性粘贴时一定要注意看清题目要求，题目中往往会指定粘贴的地方！

拓展练习

1. 打开练习 4 中的 ex. xlsx 文件，将“各地区收入. rtf”文档中的表格数据转换到工作表“Sheet1”中，要求表格数据自第一行第一列开始存放。

2. 打开练习 5 中的 ex. xlsx 文件，将“收入. rtf”文档中的表格数据转换到工作表“Sheet1”中，要求表格数据自第一行第一列开始存放。

项目四　Excel 2010 的函数运算

项目描述

灵活应用 Excel 2010 中的函数运算计算方法，通过对工作表中数据运用 Excel 自带函数工具进行求和、求平均数等 Excel 工作簿常规函数操作，有利于我们今后进一步对工作簿进行数学运算时方便编辑。

学习目标

1. 掌握 Excel 2010 工作表中求和操作。
2. 掌握 Excel 2010 工作表中求平均数操作。

任务一　Excel 2010 函数求和运算

任务描述

打开练习 3 中的 ex. xlsx 文件，在“财政支出”工作表中 B3 单元格中，输入“财政总支出”，在 B4 到 B23 中用公式分别计算历年财政总支出（财政总支出 = 中央 + 地方）。打开练习 4 中的 ex. xlsx 文件，在“财政收入”工作表中 C3 单元格中，输入“财政总收入”，在 C4 到 C23 中用公式分别计算历年财政总收入（财政总收入 = 中央 + 地方）。打开练习 5 中的 ex. xlsx 文件，在“非税收入”工作表的 C4 到 C10 单元格中，用公式分别计算各地区非税收入（非税收入 = 右边各项之和），在“税收收入”工作表的 B4 到 B10 单元格中，用公式分别计算各地区税收收入（税收收入 = 右边各项之和）。

任务分析

任务一的重点在于让学生熟悉 Excel 2010 中函数中最基础的求和运算方法，并通过相应的练习使学生彻底掌握 Excel 2010 中求和运算方法。

技能要点：函数求和运算。

任务实施

一、Excel 2010 函数求和方法

Excel 2010 函数求和主要有以下两种方法：

方法一：功能区选项卡。

（1）应用公式功能选项卡中的函数库功能区选择插入函数，如图 3-4-1 所示。

（2）在弹出对话框中选择“SUM”函数点击确定，完成对目标单元格的数据进行函数求和运算操作，如图 3-4-2 所示。

图 3-4-1　函数库功能区

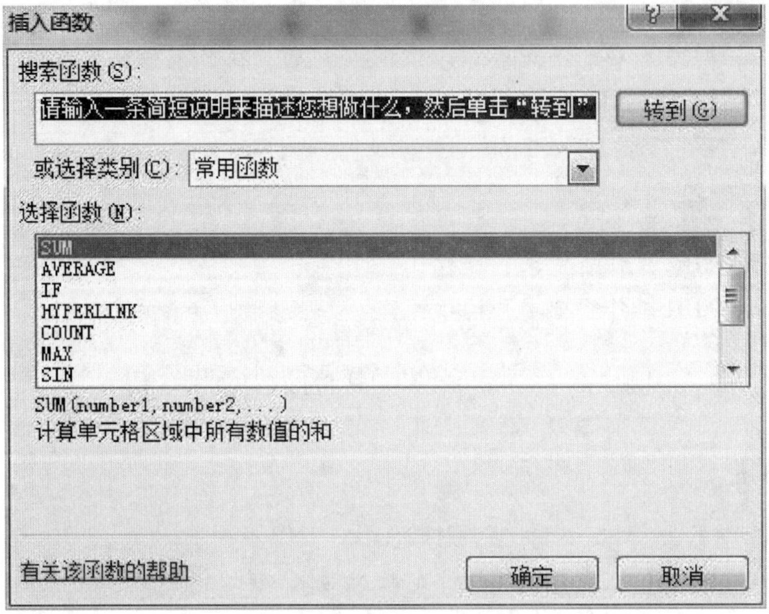

图 3-4-2　插入函数对话框

(3)在弹出的对话框中单击 Number1 中按钮,如图 3-4-3 所示。

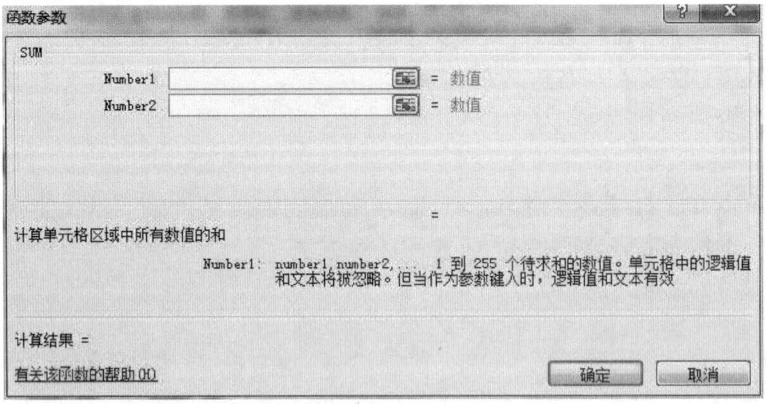

图 3-4-3　求和函数参数对话框

(4)在弹出的对话框中选择需要求和的单元格,如图 3-4-4 所示,按 Enter 确定。

(5)连续按 Enter 键两次确定,完成后如图 3-4-5 所示。

方法二:快捷菜单法。

鼠标左键单击数据编辑区的 fx 图表,在弹出的插入函数对话框中选择“SUM”函数,然后按照方法一中(2)~(5)步完成。

图 3-4-4　求和参数选择

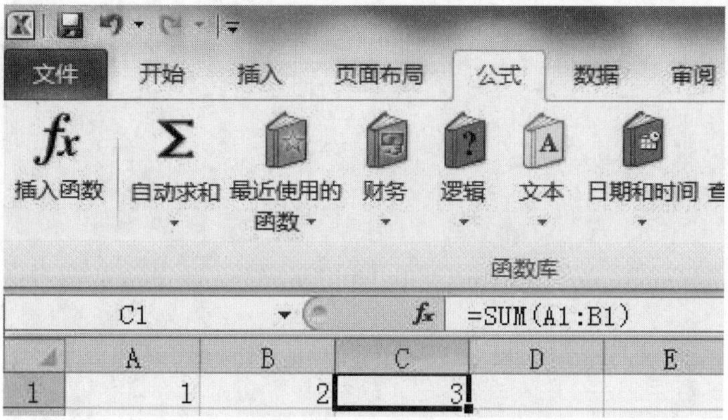

图 3-4-5　求和操作完成

温馨提示:应用函数求和时一定要看清楚需要的函数类型!

二、函数求和运算

打开练习 3 中的 ex. xlsx 文件,在“财政支出”工作表中 B3 单元格中,输入“财政总支出”,在 B4 到 B23 中用公式分别计算历年财政总支出(财政总支出 = 中央 + 地方)。具体操作步骤如下:

(1)打开练习 3 中的 ex. xlsx 文件,选择“财政支出”工作表,选中 B3 单元格,输入“财政总支出”如图 3-4-6 所示。

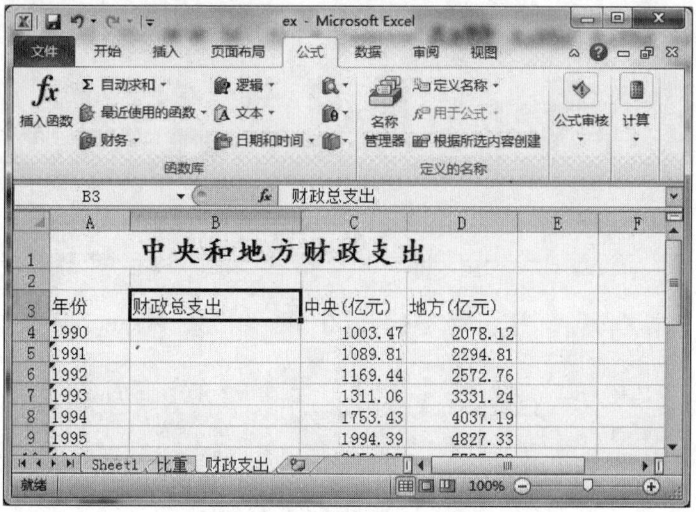

图 3-4-6　练习 3Excel B3 单元格输入内容

（2）选中 B4 单元格，鼠标左键单击公式选项卡中的函数库功能区选择插入函数，在弹出的对话框中选择"SUM"函数，如图 3-4-7 所示。

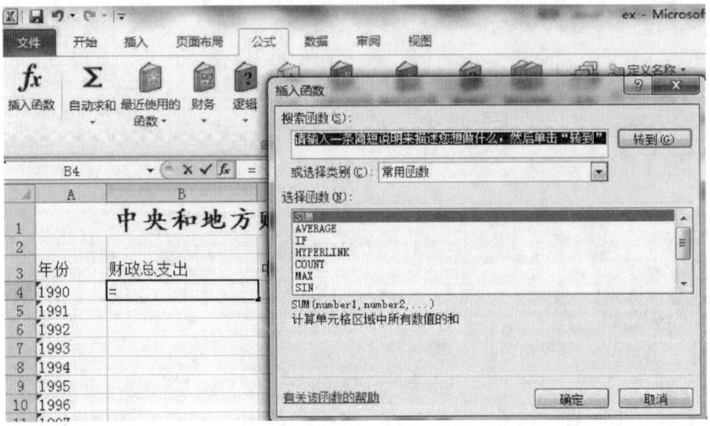

图 3-4-7　目标单元格设置函数

（3）在弹出的对话框中单击 Number1 中按钮，然后选择函数参数为 C4、D4 单元格，如图 3-4-8 所示。

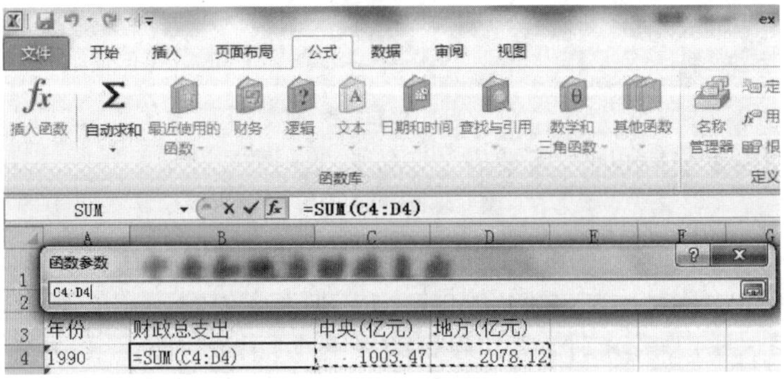

图 3-4-8　选择函数参数

（4）连续按 Enter 键两次确定，完成后如图 3-4-9 所示。

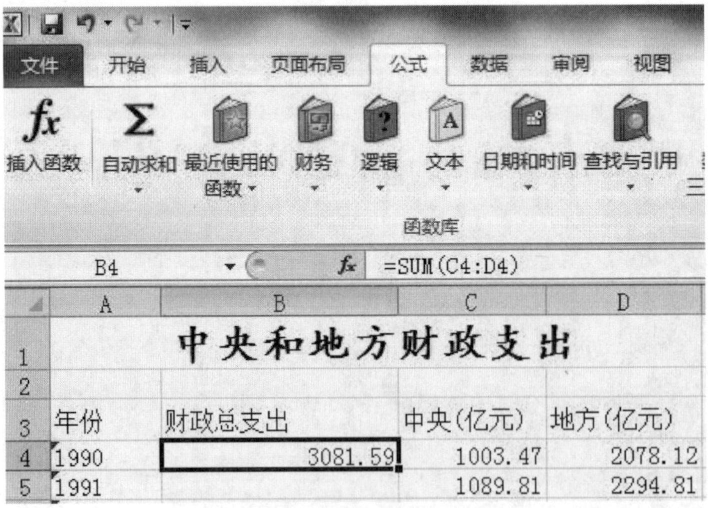

图 3-4-9　B4 单元格求和完成

（5）重复上述（2）、（3）步操作，完成 B5-B23 单元格求和，完成后如图 3-4-10 所示。

	A	B	C	D
1	中央和地方财政支出			
2				
3	年份	财政总支出	中央(亿元)	地方(亿元)
4	1990	3081.59	1003.47	2078.12
5	1991	3384.62	1089.81	2294.81
6	1992	3742.2	1169.44	2572.76
7	1993	4642.3	1311.06	3331.24
8	1994	5790.62	1753.43	4037.19
9	1995	6821.72	1994.39	4827.33
10	1996	7935.55	2150.27	5785.28
11	1997	9231.56	2531.5	6700.06
12	1998	10796.18	3124.6	7671.58
13	1999	13185.67	4151.33	9034.34
14	2000	15884.5	5518.85	10365.65
15	2001	18900.58	5767.02	13133.56
16	2002	22051.15	6770.7	15280.45
17	2003	24649.95	7421.1	17228.85
18	2004	28484.89	7893.08	20591.81
19	2005	33928.28	8774.97	25153.31
20	2006	40420.73	9990.4	30430.33
21	2007	49779.35	11441.06	38338.29
22	2008	62589.66	13342.17	49247.49
23	2009	76297.93	15254.79	61043.14

图 3-4-10　B5-B23 单元格求和完成

温馨提示：注意看清题目要求，切忌选错函数类型！

拓展练习

1. 打开练习 4 中的 ex. xlsx 文件，在“财政收入”工作表中 C3 单元格中，输入“财政总收入”，在 C4 到 C23 中用公式分别计算历年财政总收入（财政总收入 = 中央 + 地方）。

2. 打开练习 5 中的 ex. xlsx 文件，在“非税收入”工作表的 C4 到 C10 单元格中，用公式分别计算各地区非税收入（非税收入 = 右边各项之和），在“税收收入”工作表的 B4 到 B10 单元格中，用公式分别计算各地区税收收入（税收收入 = 右边各项之和）。

任务二　Excel 2010 函数求平均数运算

任务描述

打开练习 8 中的 ex. xlsx 文件，在“成绩”工作表 H2 单元格中，输入“综合均分”，在 H3 到 H36 单元格中用公式分别计算各位学生的 4 门课程的综合均分（综合均分为语言学纲要、文学概论、古代汉语、现代汉语 4 门课分数之平均）。

任务分析

任务二的重点在于让学生熟悉 Excel 2010 中函数中基础的求平均数运算方法，并通过相应的练习使学生彻底掌握 Excel 2010 中求平均数运算方法。

技能要点：函数求平均数运算。

任务实施

一、Excel 2010 函数求平均数方法

Excel 2010 函数求平均数主要有以下两种方法：

方法一：功能区选项卡。

（1）应用公式功能选项卡中的函数库功能区（图 3-4-1）选择插入函数。

（2）在弹出对话框中选择“AVERAGE”函数点击确定，完成对目标单元格的数据进行函数求平均数运算操作，如图 3-4-11 所示。

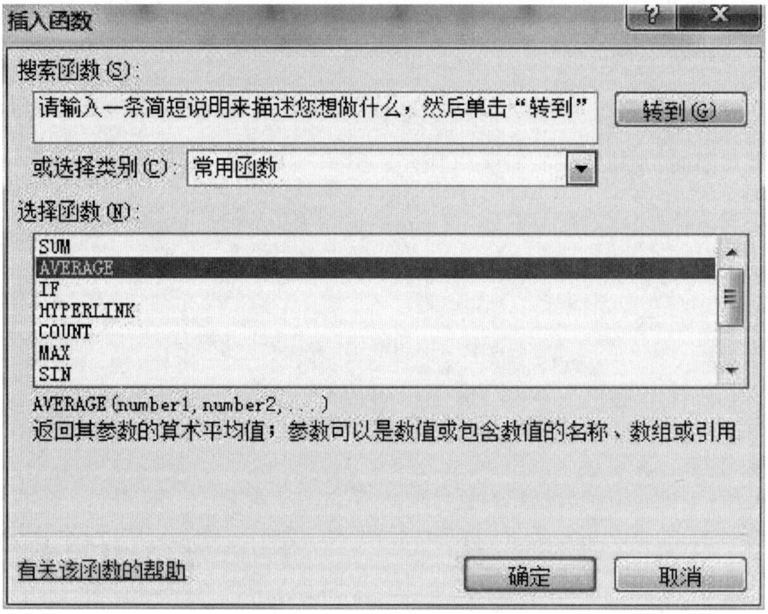

图 3-4-11　求平均数函数选择

（3）在弹出的对话框中单击 Number1 中按钮，如图 3-4-12 所示。

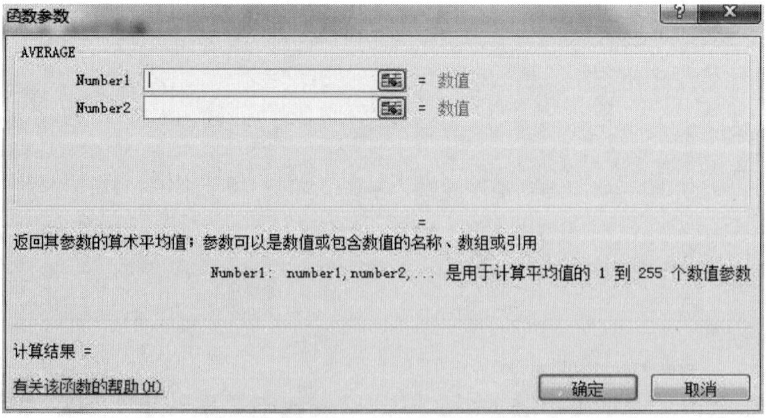

图 3-4-12　求平均数函数参数设定

(4)在弹出的对话框中选择需要求平均数的单元格，如图 3-4-13 所示，按 Enter 键确定。

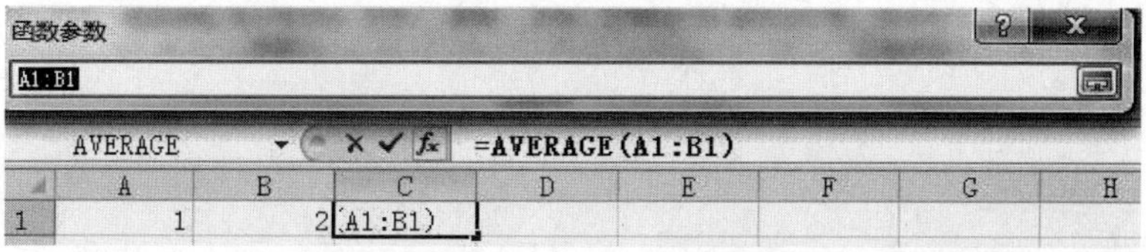

图 3-4-13　求平均数参数选择

(5)连续按 Enter 键两次确定，完成后如图 3-4-14 所示。

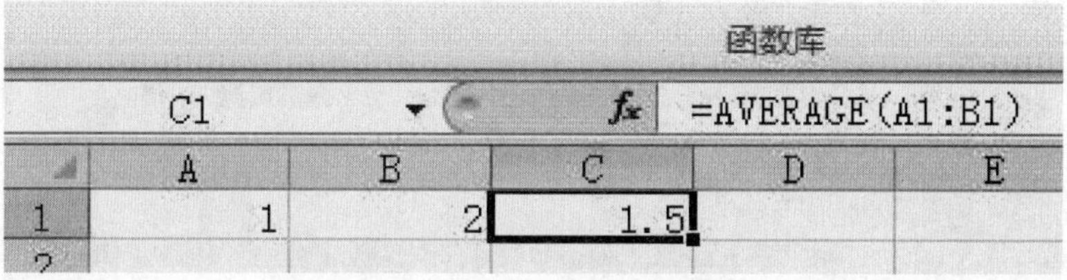

图 3-4-14　求平均数操作完成

方法二：快捷菜单法。

鼠标左键单击数据编辑区的 *fx* 图表，在弹出的插入函数对话框中选择“AVERAGE”函数，然后按照方法一中(2)～(5)步完成。

温馨提示：应用函数时一定要看清楚需要的函数类型！

二、函数求平均数运算

打开练习 8 中的 ex. xlsx 文件，在“成绩”工作表 H2 单元格中，输入“综合均分”，在 H3 到 H36 单元格中用公式分别计算各位学生的 4 门课程的综合均分(综合均分为语言学纲要、文学概论、古代汉语、现代汉语 4 门课分数之平均)。具体操作步骤如下：

(1)打开练习 8 中的 ex. xlsx 文件，选择“成绩”工作表，选中 H2 单元格，输入“综合均分”，如图 3-4-15 所示。

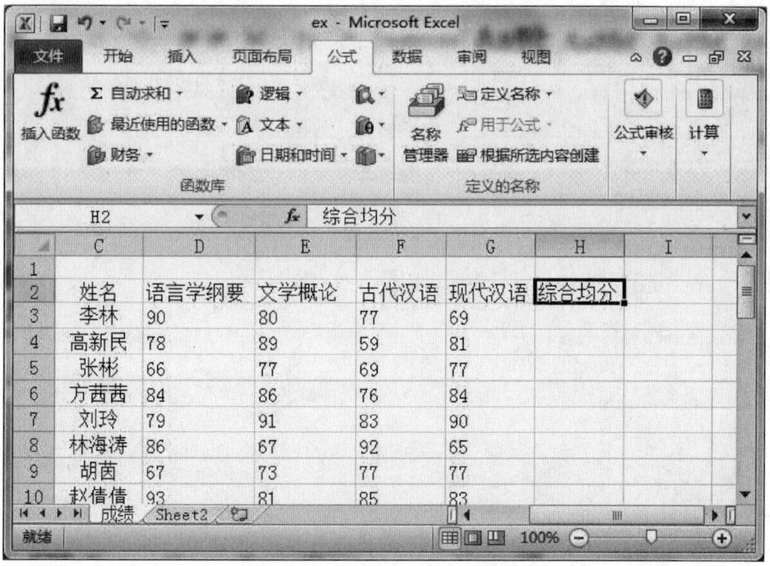

图 3-4-15　练习 3Excel B3 单元格输入内容

(2)选中 H3 单元格,鼠标左键单击公式选项卡中的函数库功能区选择插入函数,在弹出的对话框中选择“AVERAGE”函数,如图 3-4-16 所示。

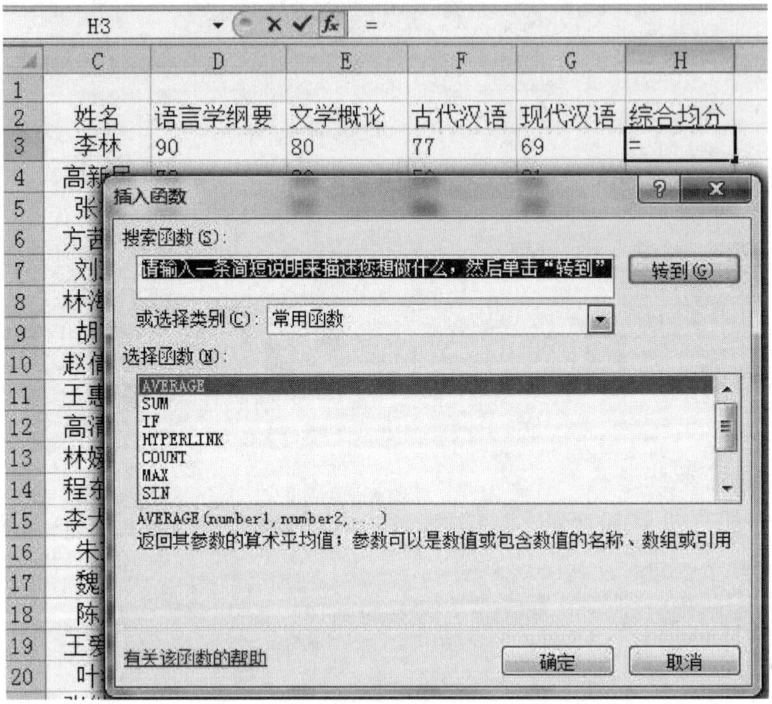

图 3-4-16　H2 单元格选择平均数函数

(3)在弹出的对话框中单击 Number1 中按钮,然后选择函数参数为 C4、D4 单元格,如图 3-4-17 所示。

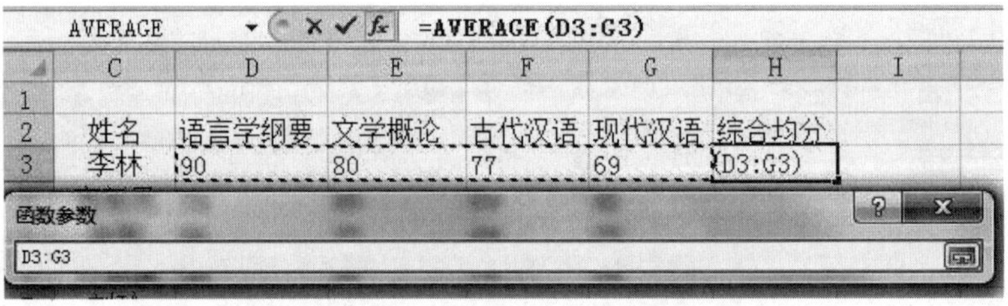

图 3-4-17　选择函数平均数参数

(4)连续按 Enter 键两次确定,完成后如图 3-4-18 所示。

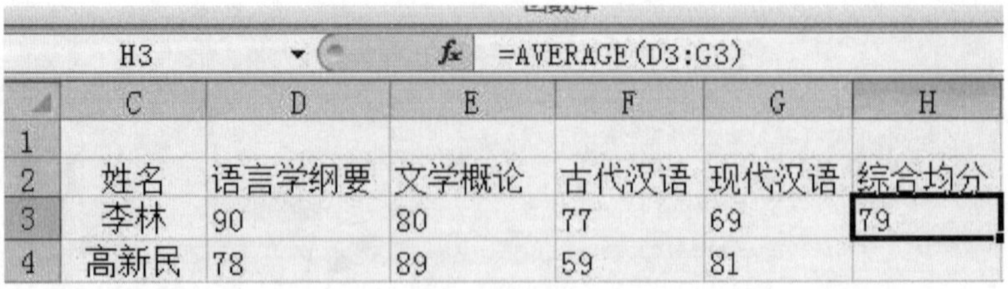

图 3-4-18　H3 单元格求平均数完成

(5)重复(2)~(3)步操作,完成 H4-H36 单元格求平均数,完成后如图 3-4-19 所示。

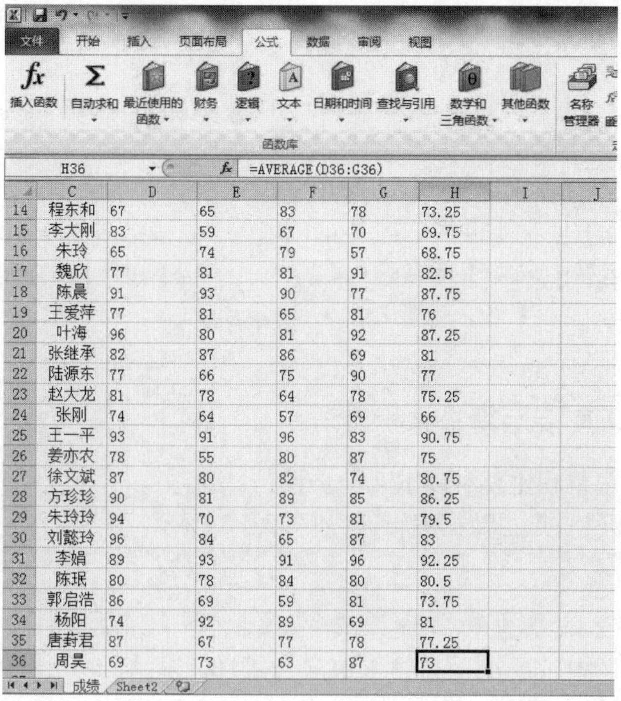

	C	D	E	F	G	H	I	J
14	程东和	67	65	83	78	73.25		
15	李大刚	83	59	67	70	69.75		
16	朱玲	65	74	79	57	68.75		
17	魏欣	77	81	81	91	82.5		
18	陈晨	91	93	90	77	87.75		
19	王爱萍	77	81	65	81	76		
20	叶海	96	80	81	92	87.25		
21	张继承	82	87	86	69	81		
22	陆源东	77	66	75	90	77		
23	赵大龙	81	78	64	78	75.25		
24	张刚	74	64	57	69	66		
25	王一平	93	91	96	83	90.75		
26	姜亦农	78	55	80	87	75		
27	徐文斌	87	80	82	74	80.75		
28	方珍珍	90	81	89	85	86.25		
29	朱玲玲	94	70	73	81	79.5		
30	刘懿玲	96	84	65	87	83		
31	李娟	89	93	91	96	92.25		
32	陈珉	80	78	84	80	80.5		
33	郭启浩	86	69	59	81	73.75		
34	杨阳	74	92	89	69	81		
35	唐莉君	87	67	77	78	77.25		
36	周昊	69	73	63	87	73		

图 3-4-19　H4-H36 单元格求平均数完成

温馨提示:操作时可以尝试用不同方法解决,以加深对函数操作的理解!

拓展练习

请结合本任务讲解将练习 8 独立完成一遍,尝试不同的方法。

项目五　Excel 2010 的直接运算

项目描述

灵活应用 Excel 2010 中的直接运算方法,通过对工作表中数据运用手动输入四则运算公式进行求除数、求乘积等 Excel 工作簿中常规函数无法解决的运算及混合运算操作,有利于我们今后进一步对工作簿进行数学运算时的编辑。

学习目标

1. 掌握 Excel 2010 工作表中求乘积操作。
2. 掌握 Excel 2010 工作表中求混合运算操作。

任务一　Excel 2010 直接运算求乘积运算

任务描述

在完成项目一任务二的基础上,打开练习 1 中的 ex. xlsx 文件,在“销售明细”工作表的

F2 单元格中,输入“销售金额”,在 F3 到 F14 中用公式分别计算各城市各季度的销售金额(销售金额 = 销售数量 × 销售单价)。

任务分析

任务一的重点在于让学生熟悉 Excel 2010 中直接运算时手动输入进行乘积运算的基本方法,并通过相应的练习使学生彻底掌握 Excel 2010 中直接运算求乘积的方法。

技能要点:直接运算中求乘积运算。

任务实施

一、Excel 2010 直接运算求乘积方法

Excel 2010 函数求乘积主要有以下几个步骤:

(1)选中目标单元格,点击数据编辑区,如图 3-5-1 所示。

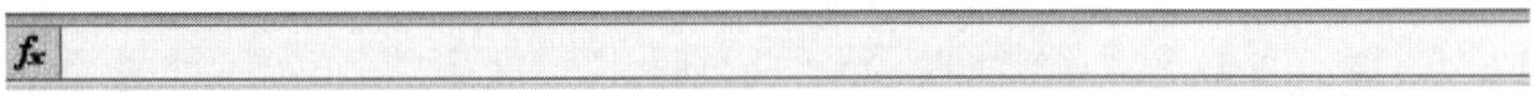

图 3-5-1　数据编辑区

(2)在数据编辑区中按要求手动输入乘法公式,例:求 A1 单元格 * B1 单元格,则输入“ = A1 * B1”即可(* 代表四则运算中的乘号),如图 3-5-2 所示。

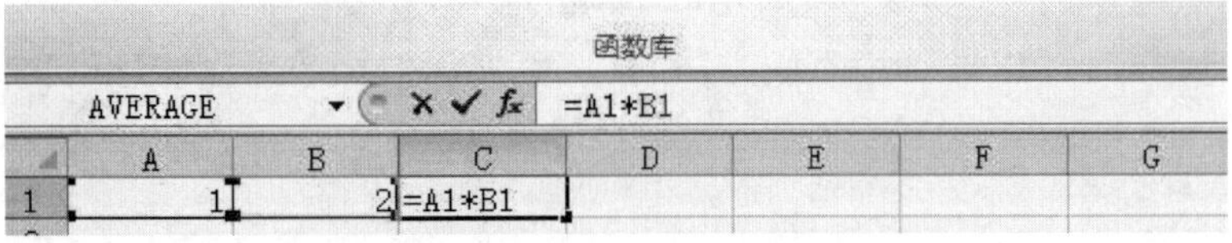

图 3-5-2　手动输入乘法公式

(3)按 Enter 键得出最终结果,如图 3-5-3 所示。

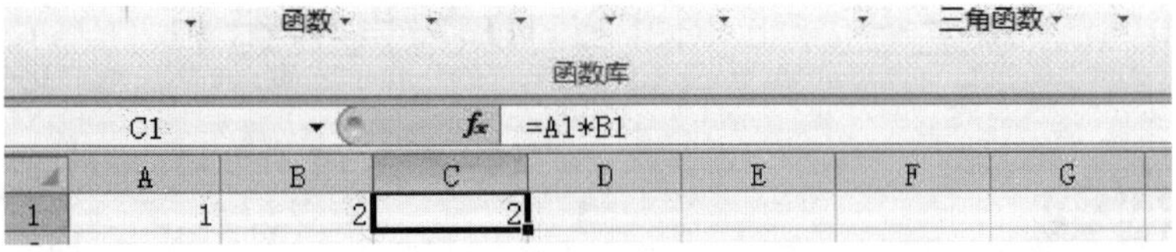

图 3-5-3　直接运算乘积结果

温馨提示:在运算时切记一定要在手动输入公式前输入“ = ”,否则输入的公式是无效的!

二、直接运算求乘积

在完成项目一任务二的基础上,打开练习 1 中的 ex. xlsx 文件,在“销售明细”工作表的 F2 单元格中,输入“销售金额”,在 F3 到 F14 中用公式分别计算各城市各季度的销售金额(销售金额 = 销售数量 × 销售单价)。具体操作步骤如下:

(1)打开练习 1 中的 ex. xlsx 文件,选择“销售明细”工作表,选中 F2 单元格,输入“销售金额”如图 3-5-4 所示。

(2)选中 F3 单元格,参照给定公式“销售金额 = 销售数量 × 销售单价”,在 F3 单元格的数据编辑区输入“ = D3 * E3”,如图 3-5-5 所示。

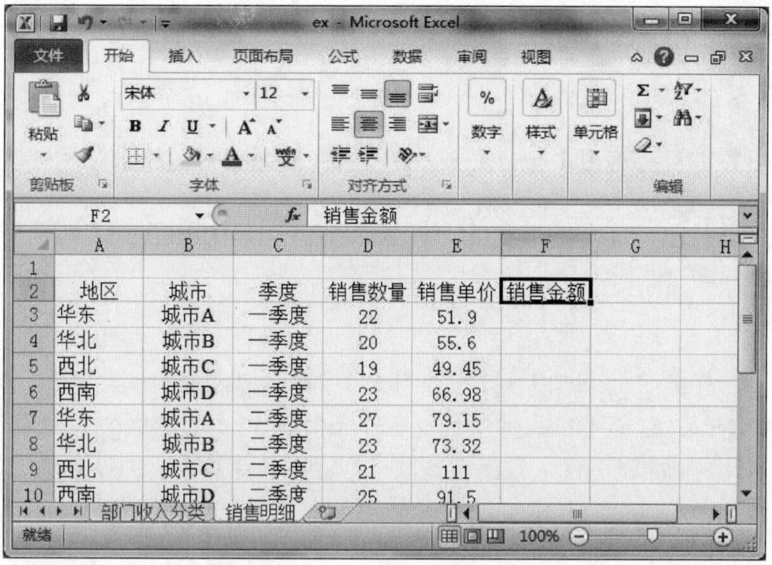

F2	销售金额				
	A	B	C	D	E	F

	A	B	C	D	E	F
1						
2	地区	城市	季度	销售数量	销售单价	销售金额
3	华东	城市A	一季度	22	51.9	
4	华北	城市B	一季度	20	55.6	
5	西北	城市C	一季度	19	49.45	
6	西南	城市D	一季度	23	66.98	
7	华东	城市A	二季度	27	79.15	
8	华北	城市B	二季度	23	73.32	
9	西北	城市C	二季度	21	111	
10	西南	城市D	二季度	25	91.5	

图 3-5-4　练习 1Excel F2 单元格输入内容

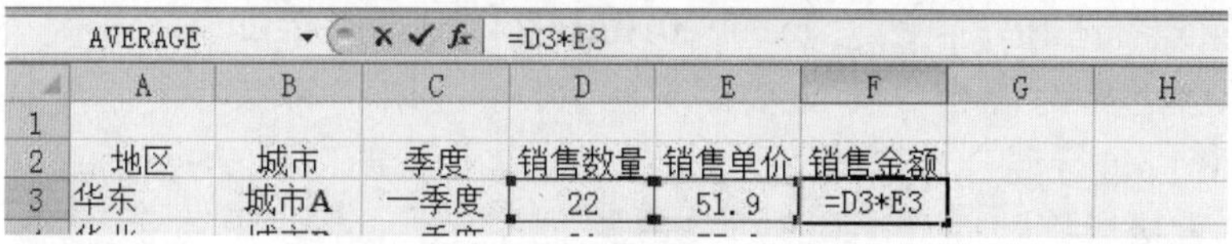

AVERAGE　=D3*E3

	A	B	C	D	E	F
1						
2	地区	城市	季度	销售数量	销售单价	销售金额
3	华东	城市A	一季度	22	51.9	=D3*E3

图 3-5-5　F3 单元格手动输入公式

（3）按 Enter 键确定，完成直接运算求乘积操作，结果如图 3-5-6 所示。

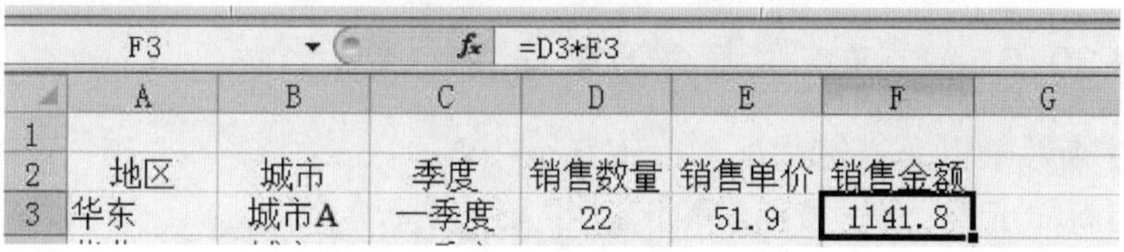

F3　=D3*E3

	A	B	C	D	E	F
1						
2	地区	城市	季度	销售数量	销售单价	销售金额
3	华东	城市A	一季度	22	51.9	1141.8

图 3-5-6　F3 单元格直接运算结果

（4）重复（2）~（3）步操作完成 F4-F14 单元格求乘积，完成后如图 3-5-7 所示。

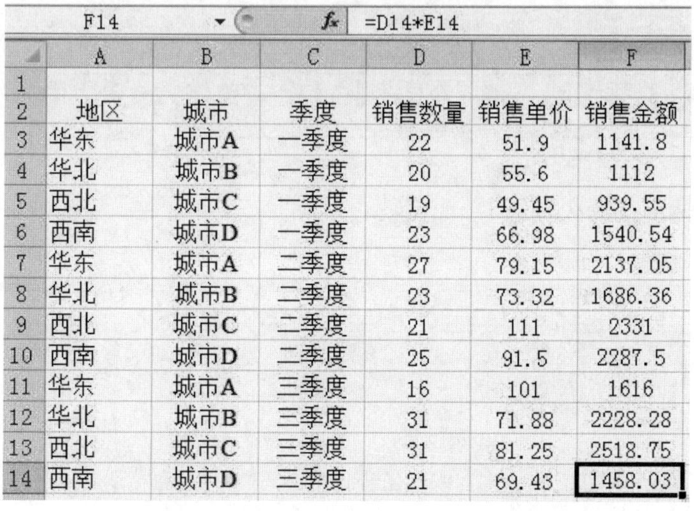

F14　=D14*E14

	A	B	C	D	E	F
1						
2	地区	城市	季度	销售数量	销售单价	销售金额
3	华东	城市A	一季度	22	51.9	1141.8
4	华北	城市B	一季度	20	55.6	1112
5	西北	城市C	一季度	19	49.45	939.55
6	西南	城市D	一季度	23	66.98	1540.54
7	华东	城市A	二季度	27	79.15	2137.05
8	华北	城市B	二季度	23	73.32	1686.36
9	西北	城市C	二季度	21	111	2331
10	西南	城市D	二季度	25	91.5	2287.5
11	华东	城市A	三季度	16	101	1616
12	华北	城市B	三季度	31	71.88	2228.28
13	西北	城市C	三季度	31	81.25	2518.75
14	西南	城市D	三季度	21	69.43	1458.03

图 3-5-7　F4-F14 单元格直接运算求乘积完成

温馨提示:注意看清题目要求,一定要根据题目给定公式选择单元格,切忌随意选择!

拓展练习

请结合本任务讲解将练习 1 独立完成一遍,熟练掌握直接运算求乘积方法。

任务二　Excel 2010 直接运算中的混合计算

任务描述

在完成项目二任务二的基础上,打开练习 6 中的 ex. xlsx 文件,在“学生营养状况”工作表 H2 单元格中,输入“营养不良人数所占比例”,在 H3 到 H8 中用公式分别计算各年级营养不良人数所占比例(营养不良人数所占比例 =(轻度不良人数 + 中度不良人数 + 重度不良人数)/体检人数)。

任务分析

任务二的重点在于让学生熟悉 Excel 2010 中直接运算时手动输入相关公式进行加法、乘法、除法等综合运算的混合计算的基本方法,并通过相应的练习使学生彻底掌握 Excel 2010 中直接运算中进行混合计算的方法。

技能要点:直接运算的混合计算。

任务实施

一、Excel 2010 直接运算中混合计算方法

Excel 2010 函数求混合计算主要有以下几个步骤:

(1)选中目标单元格,点击数据编辑区,如图 3-5-1 所示。

(2)在数据编辑区中按要求手动输入混合计算公式,例:求 A1 单元格 + B1 单元格的和除以 C1 单元格,则输入“ =(A1 + B1)/C1”即可(/代表四则运算中的除号),如图 3-5-8 所示。

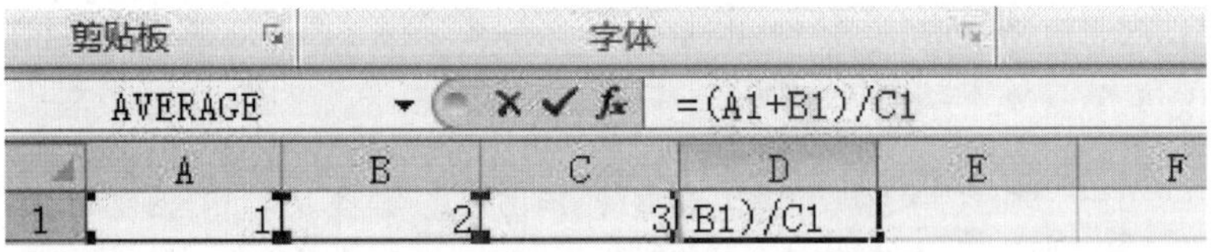

图 3-5-8　手动输入混合运算公式

(3)按 Enter 键得出最终结果,如图 3-5-9 所示。

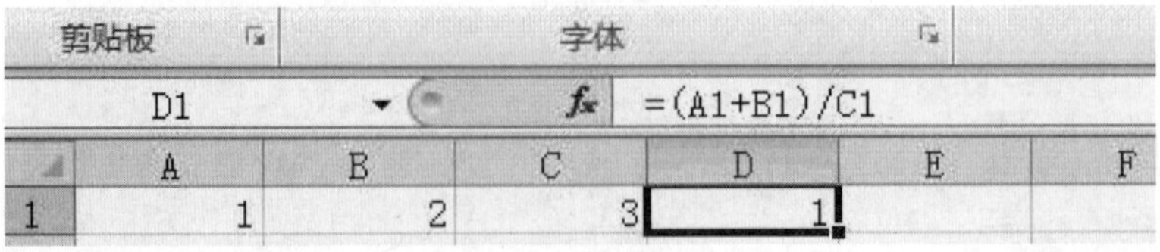

图 3-5-9　混合运算结果

温馨提示:在计算时切记一定要注意混合计算公式中的括号运用,若忘记加括号则往往会导致计算结果出错!

二、混合计算的具体运用

在完成项目二任务二的基础上，打开练习 6 中的 ex. xlsx 文件，在“学生营养状况”工作表 H2 单元格中，输入“营养不良人数所占比例”，在 H3 到 H8 中用公式分别计算各年级营养不良人数所占比例（营养不良人数所占比例 =（轻度不良人数 + 中度不良人数 + 重度不良人数）/ 体检人数）。具体操作步骤如下：

（1）打开练习 6 中的 ex. xlsx 文件，选择“学生营养状况”工作表，选中 H2 单元格，输入“营养不良人数所占比例”如图 3-5-10 所示。

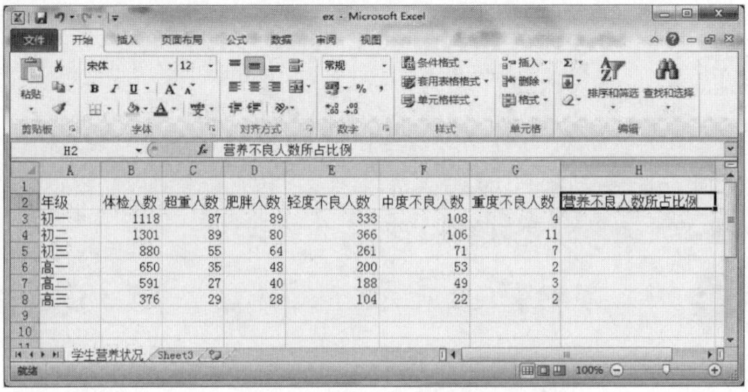
H2 营养不良人数所占比例

	A	B	C	D	E	F	G	H
1								
2	年级	体检人数	超重人数	肥胖人数	轻度不良人数	中度不良人数	重度不良人数	营养不良人数所占比例
3	初一	1118	87	89	333	108	4	
4	初二	1301	89	80	366	106	11	
5	初三	880	55	64	261	71	7	
6	高一	650	35	48	200	53	2	
7	高二	591	27	40	188	49	3	
8	高三	376	29	28	104	22	2	

图 3-5-10 练习 6Excel H2 单元格输入内容

（2）选中 H3 单元格，参照给定公式“营养不良人数所占比例 =（轻度不良人数 + 中度不良人数 + 重度不良人数）/ 体检人数”，在 H3 单元格的数据编辑区输入“ =（E3 + F3 + G3）/ B3”，如图 3-5-11 所示。

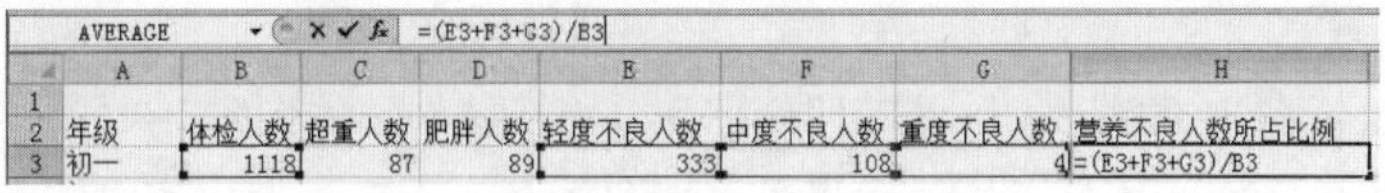
AVERAGE =(E3+F3+G3)/B3

	A	B	C	D	E	F	G	H
1								
2	年级	体检人数	超重人数	肥胖人数	轻度不良人数	中度不良人数	重度不良人数	营养不良人数所占比例
3	初一	1118	87	89	333	108	4	=(E3+F3+G3)/B3

图 3-5-11 H3 单元格手动输入公式

（3）按 Enter 键确定，完成给定公式的混合计算，结果如图 3-5-12 所示。

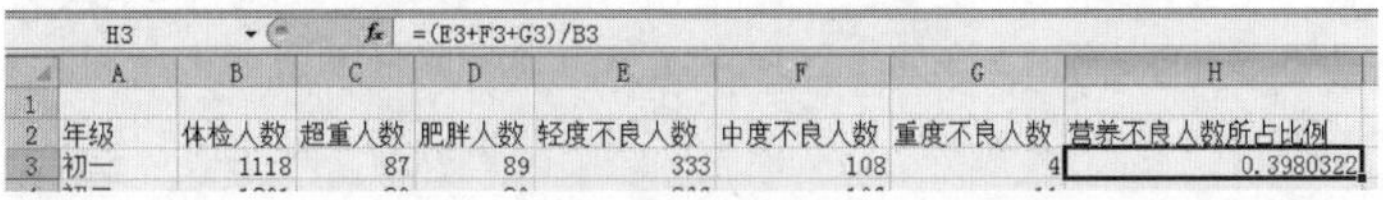
H3 =(E3+F3+G3)/B3

	A	B	C	D	E	F	G	H
1								
2	年级	体检人数	超重人数	肥胖人数	轻度不良人数	中度不良人数	重度不良人数	营养不良人数所占比例
3	初一	1118	87	89	333	108	4	0.3980322

图 3-5-12 H3 单元格直接运算结果

（4）重复（2）~（3）步操作完成 H4-H8 单元格求混合计算，完成后如图 3-5-13 所示。

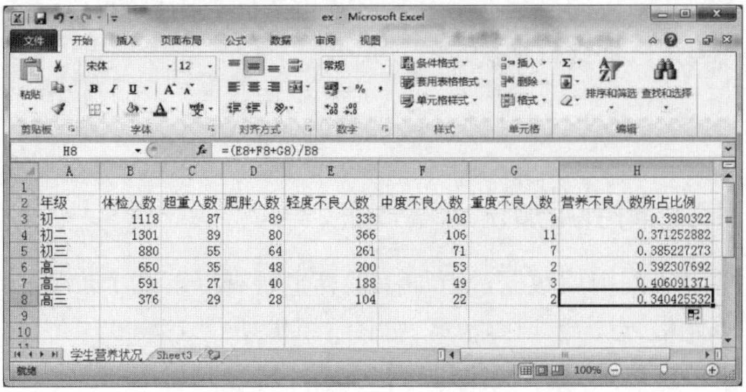
H8 =(E8+F8+G8)/B8

	A	B	C	D	E	F	G	H
1								
2	年级	体检人数	超重人数	肥胖人数	轻度不良人数	中度不良人数	重度不良人数	营养不良人数所占比例
3	初一	1118	87	89	333	108	4	0.3980322
4	初二	1301	89	80	366	106	11	0.371252882
5	初三	880	55	64	261	71	7	0.385227273
6	高一	650	35	48	200	53	2	0.392307692
7	高二	591	27	40	188	49	3	0.406091371
8	高三	376	29	28	104	22	2	0.340425532

图 3-5-13 H4-H8 单元格混合计算完成

温馨提示:注意看清题目要求,一定要根据题目给定公式编写混合计算公式,切忌随意编写!

拓展练习

请结合本任务讲解将练习 6 独立完成一遍,熟练掌握直接运算中的混合计算方法。

项目六　Excel 2010 的表间引用

项目描述

灵活应用 Excel 2010 中的表间引用方法,在进行数据计算时通过对工作簿内不同工作表中数据的引用,同时加上手动输入四则运算公式符号进行符合要求的混合运算操作,有利于我们在简化计算复杂度的同时对工作簿进行高效编辑。

学习目标

1. 掌握 Excel 2010 表间引用进行加法运算。
2. 掌握 Excel 2010 表间引用进行除法运算。

任务一　Excel 2010 表间引用加法运算

任务描述

在完成项目四任务一的基础上,打开练习 5 中的 ex. xlsx 文件,在“一般预算收入”工作表的 B4 到 B10 单元格中,引用“非税收入”和“税收收入”工作表中数据,用公式分别计算各地区一般预算收入(一般预算收入 = 非税收入 + 税收收入)。打开练习 7 中的 ex. xlsx 文件,在“统计”工作表 C 列中,基于“运动开展情况”工作表数据,利用公式分别统计各学校经常运动人数(经常运动人数为各运动项目经常运动人数之和)。

任务分析

任务一的重点在于让学生熟悉 Excel 2010 中表间引用数据进行简单加法运算的基本方法,并通过相应的练习使学生彻底掌握 Excel 2010 中表间引用进行计算的最基本方法。

技能要点:表间引用数据进行加法运算。

任务实施

一、Excel 2010 表间引用加法运算方法

Excel 2010 中通过表间引用数据进行加法运算主要有以下几个步骤:

(1)选中目标单元格,点击数据编辑区,如图 3-6-1 所示。

(2)在数据编辑区中按题目要求输入加法公式,当公式中需要使用其他工作表数据时直接点击相应工作表选择相关数据即可。例:在“Sheet1”工作表 C1 单元格中求 A1 单元格 +

B1 单元格 + “Sheet2”工作表中 A1 单元格，根据题目要求先输入“ = A1 + B1”，如图 3-6-2 所示。

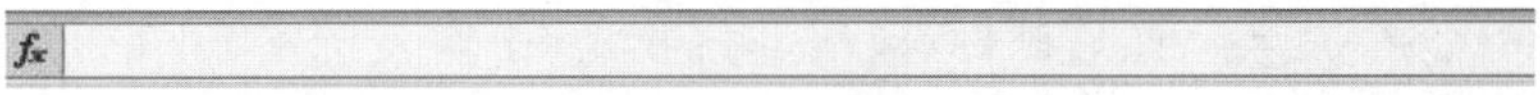

图 3-6-1　数据编辑区

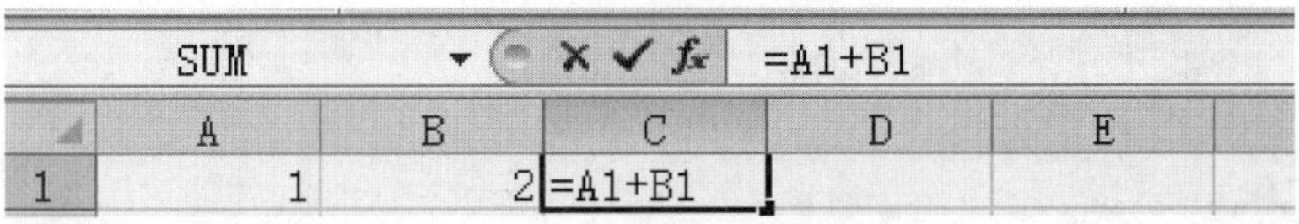

图 3-6-2　手动输入公式

(3)继续在公式“ = A1 + B1”后输入“ + ”号，然后鼠标单击“Sheet2”工作表，选择 A1 单元格数据完成公式，最终完成公式如图 3-6-3 所示。

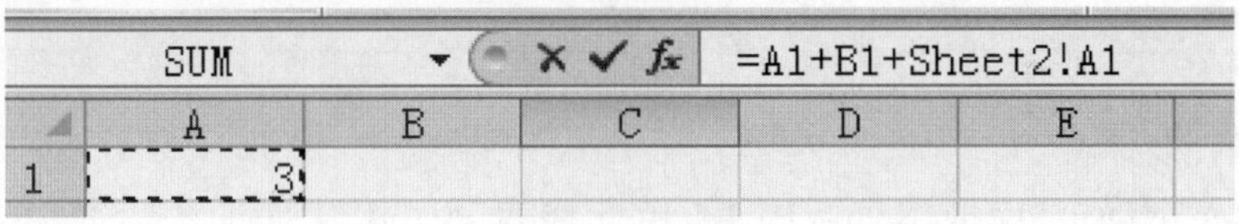

图 3-6-3　完成公式

(4)按 Enter 键确定，完成表间引用数据的加法运算，运算结果如图 3-6-4 所示。

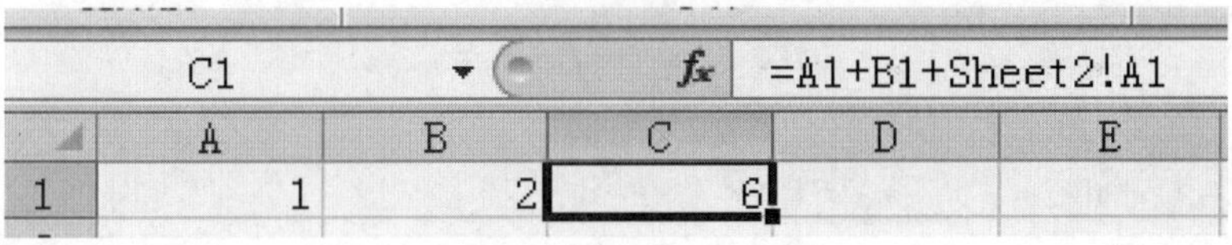

图 3-6-4　表间引用加法运算结果

温馨提示：在运算时切记看清楚题目要求，不要盲目引用其他工作表数据导致计算错误！

二、表间引用加法运算

在完成项目四任务一的基础上，打开练习 5 中的 ex. xlsx 文件，在“一般预算收入”工作表的 B4 到 B10 单元格中，引用“非税收入”和“税收收入”工作表中数据，用公式分别计算各地区一般预算收入(一般预算收入 = 非税收入　+ 税收收入)。具体操作步骤如下：

(1)打开练习 5 中的 ex. xlsx 文件，选择“一般预算收入”工作表，选中 B4 单元格，如图 3-6-5 所示。

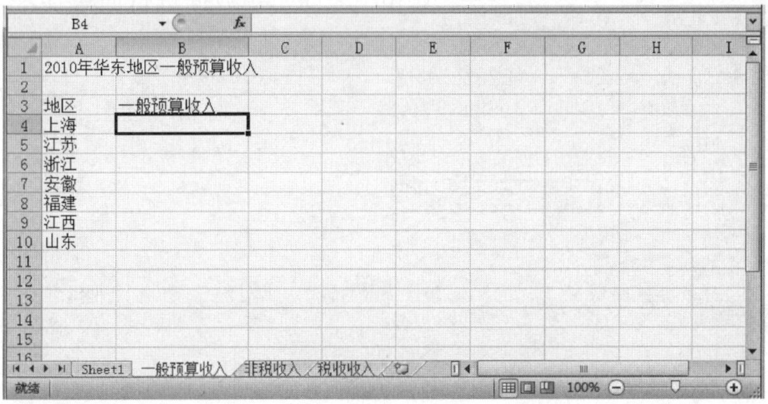

图 3-6-5　练习 5Excel 选中指定单元格

(2)在 B4 单元格中,参照给定公式“一般预算收入 = 非税收入 + 税收收入”(公式中非税收入为“非税收入”工作表中数据、税收收入为“税收收入”工作表中数据),首先在 B4 单元格的数据编辑区输入“ = ”,然后鼠标选择“非税收入”工作表选中 C4 单元格数据,再手动输入“ + ”号,最后鼠标选择“税收收入”工作表选中 B4 单元格数据,最终完成公式如图 3-6-6所示。

SUM =非税收入!C4+税收收入!B4

	A	B	C	D	E	F	G	H
1	2009年华东地区税收收入							
2								
3	地区	税收收入	国内增值税	营业税	企业所得税	个人所得税	资源税	城市维护建设税
4	上海	2488.4527	382.47	849.6778	491.6932	240.4409	0	82.4288
5	江苏	2784.7483	526.5916	843.8639	417.8512	150.2075	18.2216	144.6615
6	浙江	2123.8144	378.5473	673.6158	305.0593	134.1136	16.675	124.1346
7	安徽	769.3236	116.1787	229.7687	89.5598	33.0346	21.5561	51.5668
8	福建	918.143	139.5427	275.2259	133.2124	57.5409	15.8749	45.0177
9	江西	570.0204	76.7374	163.4987	56.2744	26.3954	20.867	33.417
10	山东	1860.3455	334.4846	480.6109	229.9228	74.6665	42.8077	119.0776
11								

Sheet1 一般预算收入 非税收入 税收收入

图 3-6-6 最终完成公式图

(3)按 Enter 键确定,完成本练习中 B4 单元格表间引用数据加法运算,结果如图 3-6-7 所示。

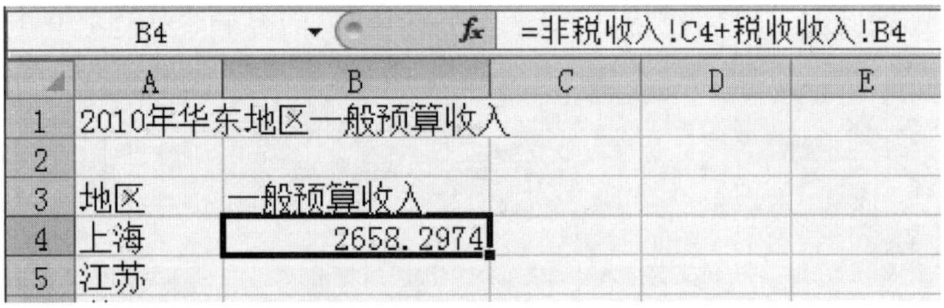

B4 =非税收入!C4+税收收入!B4

	A	B	C	D	E
1	2010年华东地区一般预算收入				
2					
3	地区	一般预算收入			
4	上海	2658.2974			
5	江苏				

图 3-6-7 B4 单元格最终运算结果

(4)重复(2) ~ (3)步操作,完成 B5-B10 单元格表间引用加法运算,完成后如图 3-6-8 所示。

B10 =非税收入!C10+税收收入!B10

	A	B	C	D	E
1	2010年华东地区一般预算收入				
2					
3	地区	一般预算收入			
4	上海	2658.2974			
5	江苏	3354.7798			
6	浙江	2285.5129			
7	安徽	994.9175			
8	福建	1063.4272			
9	江西	711.3012			
10	山东	2334.6324			
11					
12					

Sheet1 一般预算收入 非税收入 税收收入

就绪

图 3-6-8 B5-B10 单元格表间引用加法运算完成

温馨提示:题目中如果要引用两个工作表数据其方法和引用一个工作表数据是一样的!

拓展练习

打开练习 7 中的 ex. xlsx 文件，在“统计”工作表 C 列中，基于“运动开展情况”工作表数据，利用公式分别统计各学校经常运动人数（经常运动人数为各运动项目经常运动人数之和）。

任务二　Excel 2010 表间引用除法运算

任务描述

在完成项目四任务一的基础上，打开练习 3 中的 ex. xlsx 文件，在“比重”工作表的 B4 到 C23 单元格中，引用“财政支出”工作表中数据，用公式分别计算历年中央和地方财政支出分别占当年财政总支出的比重（比重 = 当年中央或地方财政支出/当年财政总支出）。打开练习 4 中的 ex. xlsx 文件，在“比重”工作表的 C4 到 D23 单元格中，引用“财政收入”工作表中数据，用公式分别计算历年中央和地方财政收入分别占当年财政总收入的比重（比重 = 当年中央或地方财政收入/当年财政总收入）。打开练习 9 中的 ex. xlsx 文件，在“女代表”工作表 E4 到 E14 单元格中，引用“代表人数”工作表中的数据，用公式分别计算历届女代表人数占代表总数比重（占代表总数比重 = 女代表/代表总数）。

任务分析

任务二的重点在于让学生熟悉 Excel 2010 中表间引用数据进行稍复杂的除法运算的方法，并通过相应的练习使学生彻底掌握 Excel 2010 中表间引用进行除法基本运算的方法。

技能要点：表间引用数据进行除法运算。

任务实施

一、Excel 2010 表间引用除法运算方法

Excel 2010 中通过表间引用数据进行除法运算主要有以下几个步骤：

（1）选中目标单元格，点击数据编辑区，如图 3-6-1 所示。

（2）在数据编辑区中按题目要求输入除法公式，当公式中需要使用其他工作表数据时直接点击相应工作表选择相关数据即可。例：在“Sheet1”工作表 B1 单元格中求 A1 单元格数据/“Sheet2”工作表中 A1 单元格数据，则先输入“ = A1”，如图 3-6-9 所示。

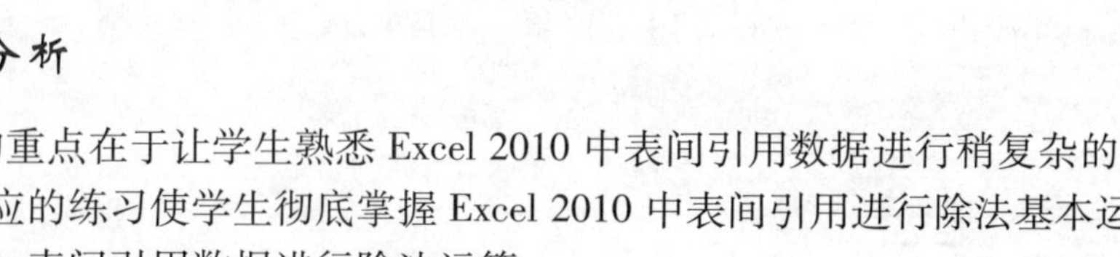

图 3-6-9　手动输入公式

（3）继续在公式“ = A1”后输入“/”号，然后鼠标单击“Sheet2”工作表并选择 A1 单元格数据完成公式，最终完成公式如图 3-6-10 所示。

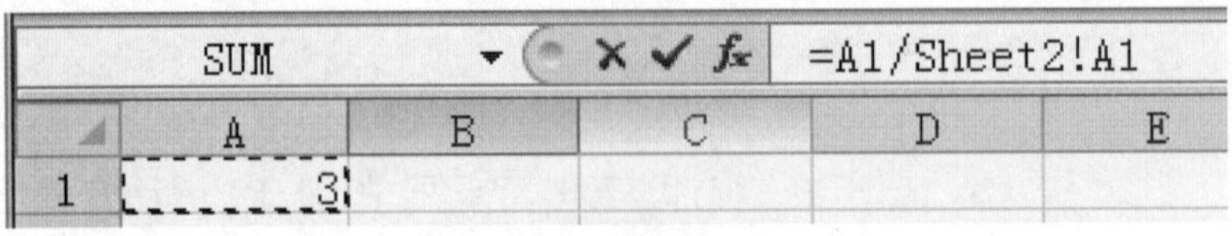

图 3-6-10　完成公式图

(4)按 Enter 键确定,完成表间引用数据的除法运算,结果如图 3-6-11 所示。

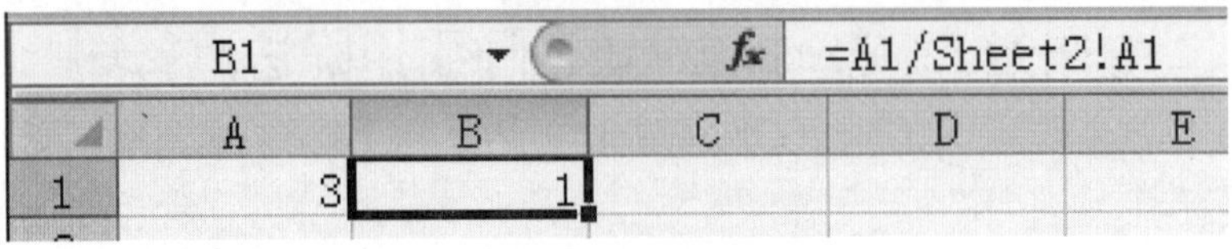

图 3-6-11　表间引用除法运算结果

温馨提示:进行表间引用数据除法运算时一定要注意除号"/"不要打成"\"号!

二、表间引用除法运算

在完成项目四任务一的基础上,打开练习 3 中的 ex. xlsx 文件,在"比重"工作表的 B4 到 C23 单元格中,引用"财政支出"工作表中数据,用公式分别计算历年中央和地方财政支出分别占当年财政总支出的比重(比重 = 当年中央或地方财政支出/当年财政总支出)。具体操作步骤如下:

(1)打开练习 3 中的 ex. xlsx 文件,选择"比重"工作表,选中 B4 单元格,如图 3-6-12 所示。

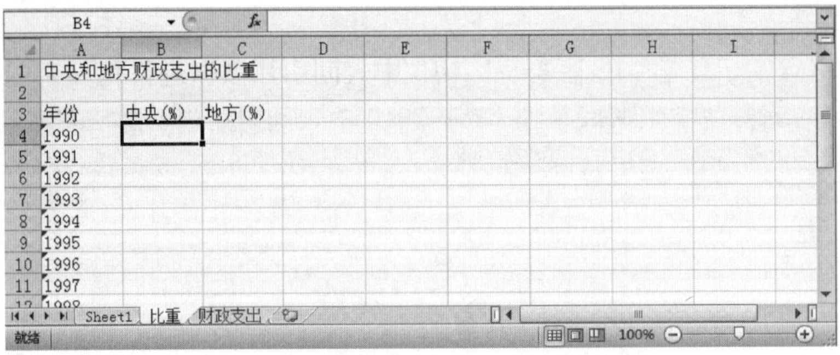

图 3-6-12　练习 3Excel 选中指定单元格

(2)在 B4 单元格中,参照给定公式"比重 = 当年中央或地方财政支出/当年财政总支出"(公式中当年中央或地方财政支出、当年财政总支出均为"财政支出"工作表中数据),我们先计算"当年中央/当年财政总支出"。首先在 B4 单元格的数据编辑区输入" = ",然后鼠标选择"财政支出"工作表选中 C4 单元格数据,再手动输入"/"号,最后鼠标选择"财政支出"工作表选中 B4 单元格数据,最终完成公式如图 3-6-13 所示。

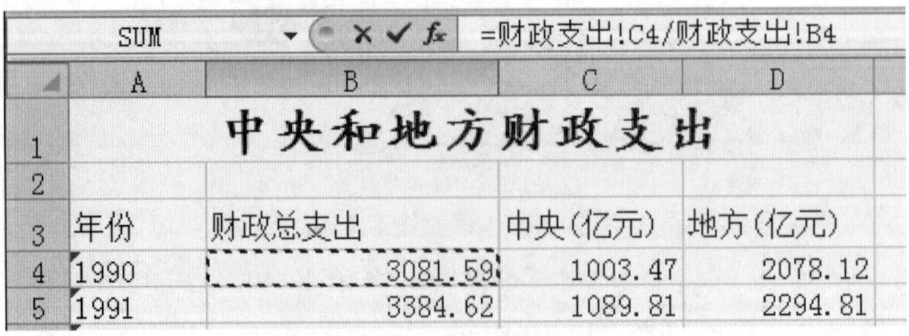

图 3-6-13　最终完成公式图

（3）按 Enter 键确定，完成本练习中 B4 单元格表间引用数据除法运算，结果如图 3-6-14 所示。

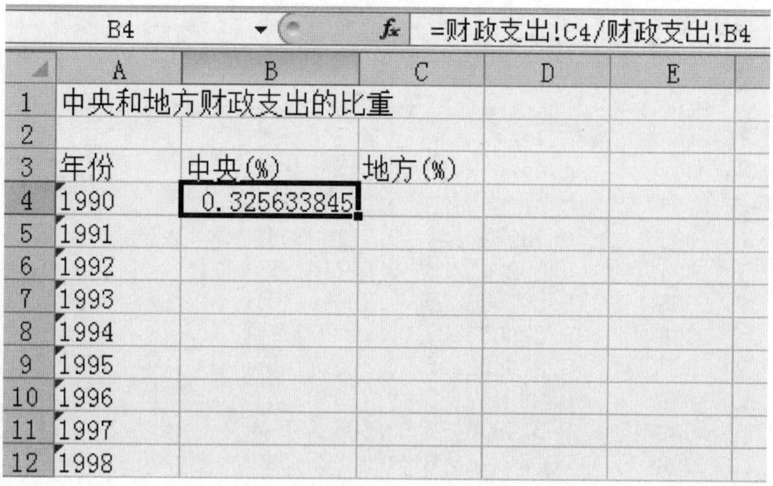
B4 　=财政支出!C4/财政支出!B4

	A	B	C	D	E
1	中央和地方财政支出的比重				
2					
3	年份	中央(%)	地方(%)		
4	1990	0.325633845			
5	1991				
6	1992				
7	1993				
8	1994				
9	1995				
10	1996				
11	1997				
12	1998				

图 3-6-14　B4 单元格最终运算结果

（4）重复（2）~（3）步操作，完成 B5-B23 单元格表间引用除法运算，完成后如图 3-6-15 所示。

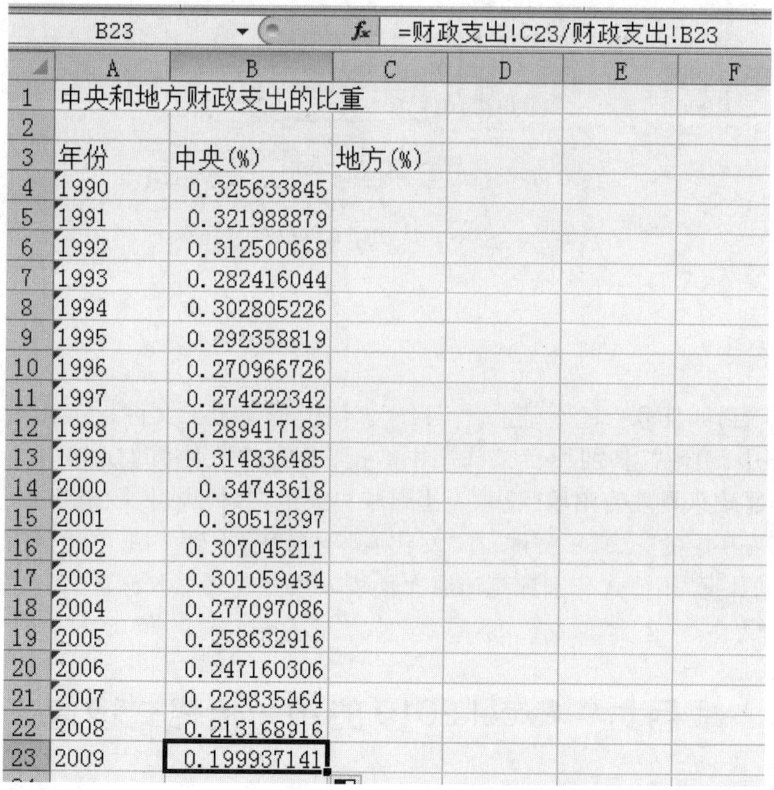
B23 　=财政支出!C23/财政支出!B23

	A	B	C	D	E	F
1	中央和地方财政支出的比重					
2						
3	年份	中央(%)	地方(%)			
4	1990	0.325633845				
5	1991	0.321988879				
6	1992	0.312500668				
7	1993	0.282416044				
8	1994	0.302805226				
9	1995	0.292358819				
10	1996	0.270966726				
11	1997	0.274222342				
12	1998	0.289417183				
13	1999	0.314836485				
14	2000	0.34743618				
15	2001	0.30512397				
16	2002	0.307045211				
17	2003	0.301059434				
18	2004	0.277097086				
19	2005	0.258632916				
20	2006	0.247160306				
21	2007	0.229835464				
22	2008	0.213168916				
23	2009	0.199937141				

图 3-6-15　B5-B23 单元格表间引用除法运算完成

（5）参照（2）~（3）步操作，在 C4-C23 单元格完成“比重 = 地方财政支出/当年财政总支出”公式计算，完成后如图 3-6-16 所示。

C23 fx =财政支出!D23/财政支出!B23

	A	B	C	D	E
1	中央和地方财政支出的比重				
2					
3	年份	中央(%)	地方(%)		
4	1990	0.325633845	0.674366155		
5	1991	0.321988879	0.678011121		
6	1992	0.312500668	0.687499332		
7	1993	0.282416044	0.717583956		
8	1994	0.302805226	0.697194774		
9	1995	0.292358819	0.707641181		
10	1996	0.270966726	0.729033274		
11	1997	0.274222342	0.725777658		
12	1998	0.289417183	0.710582817		
13	1999	0.314836485	0.685163515		
14	2000	0.34743618	0.65256382		
15	2001	0.30512397	0.69487603		
16	2002	0.307045211	0.692954789		
17	2003	0.301059434	0.698940566		
18	2004	0.277097086	0.722902914		
19	2005	0.258632916	0.741367084		
20	2006	0.247160306	0.752839694		
21	2007	0.229835464	0.770164536		
22	2008	0.213168916	0.786831084		
23	2009	0.199937141	0.800062859		

图 3-6-16　C4-C23 单元格表间引用除法运算完成

温馨提示:注意看清题目要求,本练习中题目给定公式其实是两个公式的组合,学生需要首先将公式分解,然后逐个计算!

拓展练习

1. 在完成项目四任务一的基础上,打开练习 4 中的 ex. xlsx 文件,在“比重”工作表的 C4 到 D23 单元格中,引用“财政收入”工作表中数据,用公式分别计算历年中央和地方财政收入分别占当年财政总收入的比重(比重 = 当年中央或地方财政收入/当年财政总收入)。

2. 打开练习 9 中的 ex. xlsx 文件,在“女代表”工作表 E4 到 E14 单元格中,引用“代表人数”工作表中的数据,用公式分别计算历届女代表人数占代表总数比重(占代表总数比重 = 女代表/代表总数)。

项目七　Excel 2010 的单元格格式设置

项目描述

灵活应用 Excel 2010 中的单元格格式设置方法,对单元格格式进行数字、对齐方式等的编辑,使学生能按照要求对工作表单元格进行相应操作并能对 Excel 工作表进行调整、修饰和美化。通过对工作表单元格格式设置使工作表中的数据清晰易读、样式美观大方、重点更突出。

学习目标

1. 掌握 Excel 2010 单元格整数格式设置。
2. 掌握 Excel 2010 单元格百分比格式设置。
3. 掌握 Excel 2010 单元格对齐格式设置。

任务一　Excel 2010 单元格整数格式设置

任务描述

在完成项目五任务一的基础上,打开练习 1 中的 ex. xlsx 文件,在“销售明细”工作表中,设置表格区域 F3:F14 为整数格式。在完成项目六任务一的基础上,打开练习 5 中的 ex. xlsx 文件,在“一般预算收入”工作表中,设置表格区域 B4 到 B10 为整数格式。在完成项目四任务二的基础上,打开练习 8 中的 ex. xlsx 文件,在“成绩”工作表中,设置 H3:H36 单元格为整数格式。

任务分析

任务一的重点在于让学生熟悉 Excel 2010 中单元格整数格式设置的基本方法,并通过相应的练习使学生彻底掌握 Excel 2010 中单元格整数设置的基本方法。

技能要点:单元格整数格式设置。

任务实施

一、Excel 2010 单元格整数格式设置方法

Excel 2010 中单元格整数格式设置主要有以下两种方法:

方法一:功能区选项卡。

(1)应用开始功能选项卡中的单元格功能区选择格式,如图 3-7-1 所示。

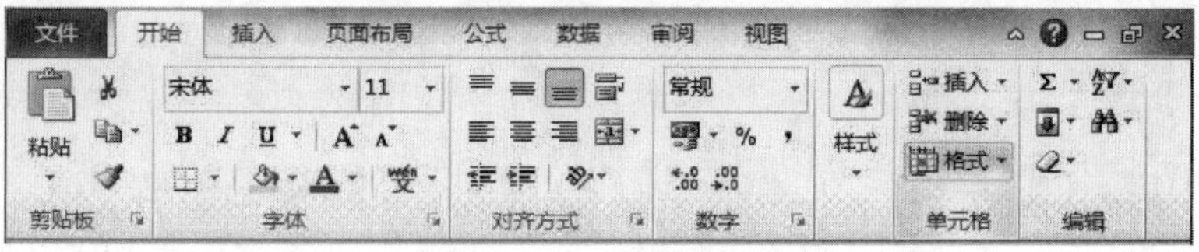

图 3-7-1　单元格功能区

(2)在弹出的菜单栏中选择设置单元格格式,如图 3-7-2 所示。

(3)在弹出的对话框中选择数字选项卡数值分类,如图 3-7-3 所示。

(4)将小数位数设置为 0,如图 3-7-4 所示。

(5)单击确定,完成单元格整数格式设置。

方法二:快捷菜单法。

鼠标右键单击目标单元格,在弹出的右键菜单栏中选择“设置单元格格式”,然后按照方法一中(3)~(5)步完成。

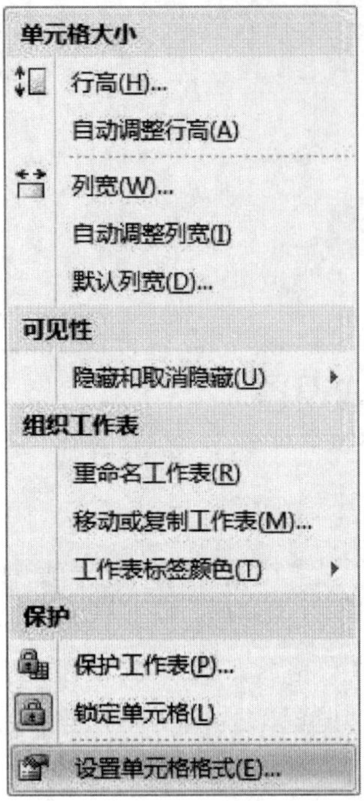

图 3-7-2　设置单元格格式菜单栏

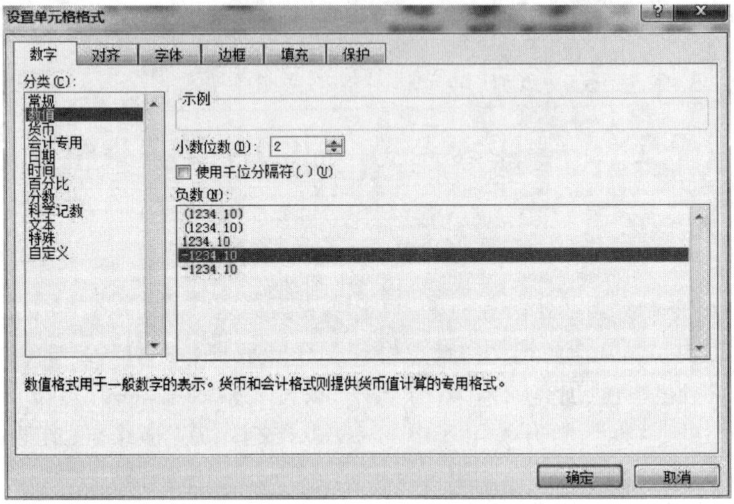

图 3-7-3　数字选项卡对话框

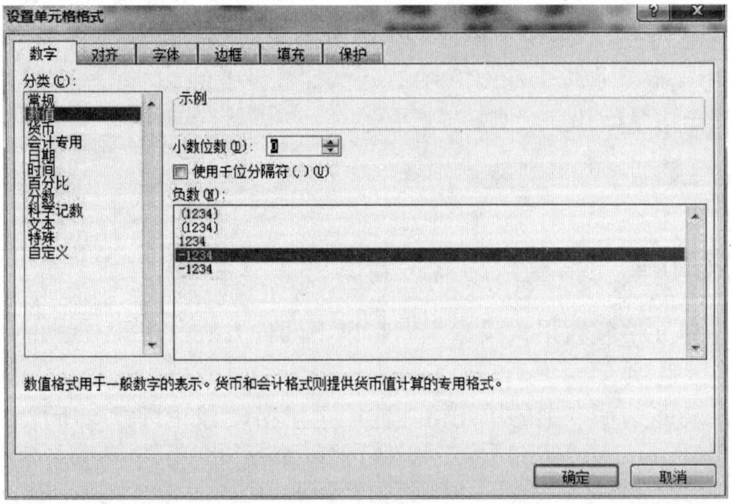

图 3-7-4　小数位数设置完成

温馨提示：小数位数设置为 0 即为整数格式，小数位数为 2 则表示有两位小数，具体一定要根据题目要求设置！

二、单元格整数设置

在完成项目五任务一的基础上，打开练习 1 中的 ex. xlsx 文件，在“销售明细”工作表中，设置表格区域 F3:F14 为整数格式。具体操作步骤如下：

(1)打开练习 1 中的 ex. xlsx 文件，选择“销售明细”工作表，选中 F3 单元格，如图 3-7-5 所示。

(2)鼠标左键单击开始功能选项卡中单元格功能区的“格式”选项，在弹出的菜单栏中选择设置单元格格式，如图 3-7-2 所示。

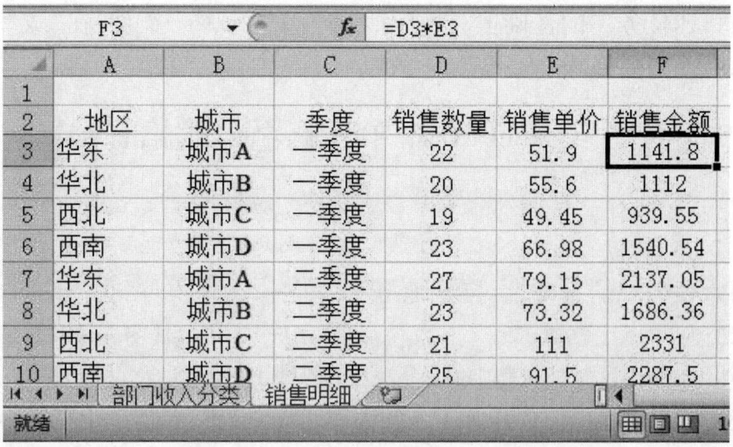

F3 | =D3*E3

	A	B	C	D	E	F
1						
2	地区	城市	季度	销售数量	销售单价	销售金额
3	华东	城市A	一季度	22	51.9	1141.8
4	华北	城市B	一季度	20	55.6	1112
5	西北	城市C	一季度	19	49.45	939.55
6	西南	城市D	一季度	23	66.98	1540.54
7	华东	城市A	二季度	27	79.15	2137.05
8	华北	城市B	二季度	23	73.32	1686.36
9	西北	城市C	二季度	21	111	2331
10	西南	城市D	二季度	25	91.5	2287.5

图 3-7-5　练习 1Excel 选中指定单元格

(3)在弹出的对话框中选择数字选项卡中的数值选项,设置小数位数为 0,如图 3-7-3 所示。

(4)单击确定,完成 F3 单元格整数格式设置,如图 3-7-6 所示。

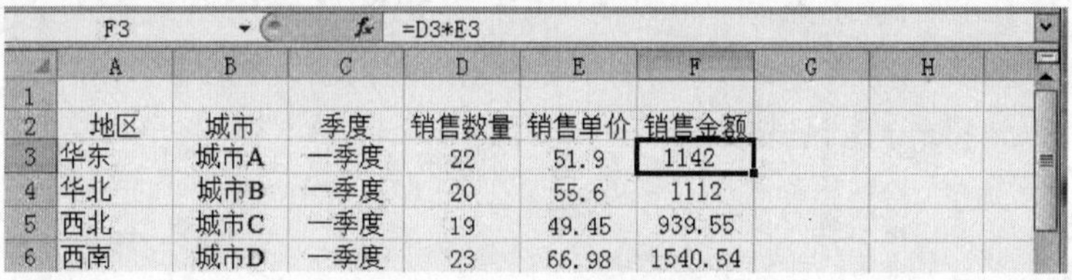

F3 | =D3*E3

	A	B	C	D	E	F	G	H
1								
2	地区	城市	季度	销售数量	销售单价	销售金额		
3	华东	城市A	一季度	22	51.9	1142		
4	华北	城市B	一季度	20	55.6	1112		
5	西北	城市C	一季度	19	49.45	939.55		
6	西南	城市D	一季度	23	66.98	1540.54		

图 3-7-6　F3 单元格完成单元格整数设置

(5)重复(2)~(4)步操作,完成 F4-F14 单元格整数格式设置,完成后如图 3-7-7 所示。

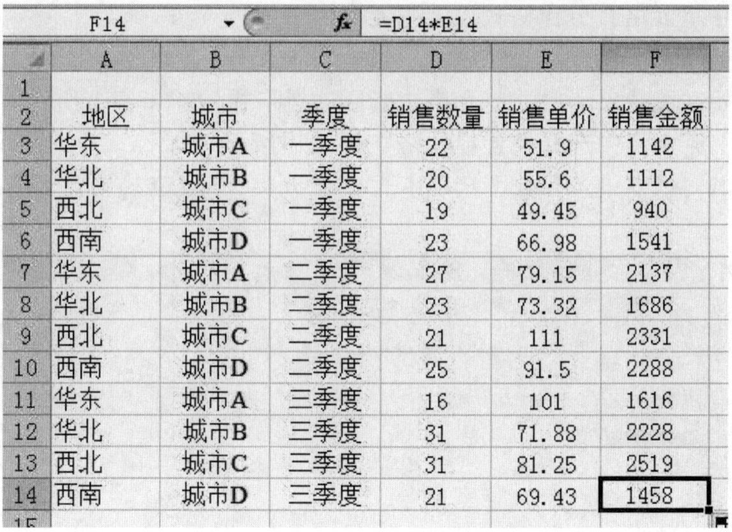

F14 | =D14*E14

	A	B	C	D	E	F
1						
2	地区	城市	季度	销售数量	销售单价	销售金额
3	华东	城市A	一季度	22	51.9	1142
4	华北	城市B	一季度	20	55.6	1112
5	西北	城市C	一季度	19	49.45	940
6	西南	城市D	一季度	23	66.98	1541
7	华东	城市A	二季度	27	79.15	2137
8	华北	城市B	二季度	23	73.32	1686
9	西北	城市C	二季度	21	111	2331
10	西南	城市D	二季度	25	91.5	2288
11	华东	城市A	三季度	16	101	1616
12	华北	城市B	三季度	31	71.88	2228
13	西北	城市C	三季度	31	81.25	2519
14	西南	城市D	三季度	21	69.43	1458

图 3-7-7　F4-F14 单元格整数格式设置完成

温馨提示:一定要看清题目要求,按照题目要求设置小数位数!

拓展练习

1. 在完成项目六任务一的基础上,打开练习 5 中的 ex. xlsx 文件,在“一般预算收入”工作表中,设置表格区域 B4 到 B10 为整数格式。

2. 在完成项目四任务二的基础上，打开练习 8 中的 ex. xlsx 文件，在“成绩”工作表中，设置 H3：H36 单元格为整数格式。

任务二　Excel 2010 单元格百分比格式设置

任务描述

在完成项目六任务二的基础上，打开练习 3 中的 ex. xlsx 文件，在“比重”工作表中，设置表格区域 B4：C23 为百分比格式，2 位小数位。在完成项目六任务二的基础上，打开练习 4 中的 ex. xlsx 文件，在“比重”工作表中，设置表格区域 C4：D23 为百分比格式，2 位小数位。在完成项目五任务二的基础上，打开练习 6 中的 ex. xlsx 文件，在“学生营养状况”工作表中，设置 H3：H8 单元格为百分比格式，2 位小数位。

任务分析

任务二的重点在于让学生熟悉 Excel 2010 中单元格百分比格式设置的基本方法，并通过相应的练习使学生彻底掌握 Excel 2010 中单元格百分比设置的基本方法。

技能要点：单元格百分比格式设置。

任务实施

一、Excel 2010 单元格百分比格式设置方法

Excel 2010 中单元格百分比格式设置主要有以下两种方法：

方法一：功能区选项卡。

（1）应用开始功能选项卡中的单元格功能区选择格式，如图 3-7-1 所示。

（2）在弹出的菜单栏中选择设置单元格格式，如图 3-7-2 所示。

（3）在弹出的对话框中选择数字选项卡百分比分类，小数位数按要求选择（默认为 2），如图 3-7-8 所示。

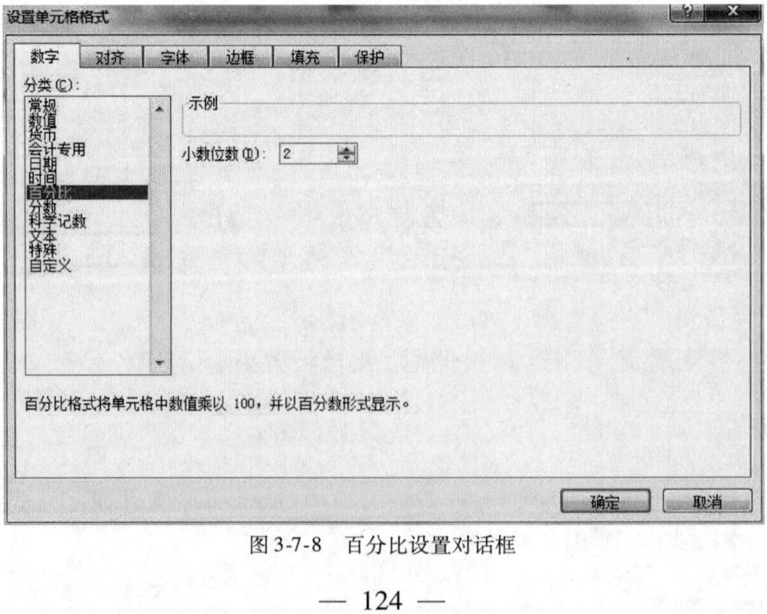

图 3-7-8　百分比设置对话框

（4）按照题目要求设置小数位数，完毕后单击确定，完成单元格百分比格式设置。

方法二：快捷菜单法。

鼠标右键单击目标单元格，在弹出的右键菜单栏中选择“设置单元格格式”，然后按照方法一中（3）~（4）步完成。

温馨提示：小数位数设置为0则表示百分比为整数显示，小数位数为2则表示百分比后有两位小数，具体一定要根据要求进行设置！

二、单元格百分比设置

在完成项目六任务二的基础上，打开练习3中的ex.xlsx文件，在“比重”工作表中，设置表格区域B4:C23为百分比格式，2位小数位。具体操作步骤如下：

（1）打开练习3中的ex.xlsx文件，选择“比重”工作表，选中B4单元格，如图3-7-9所示。

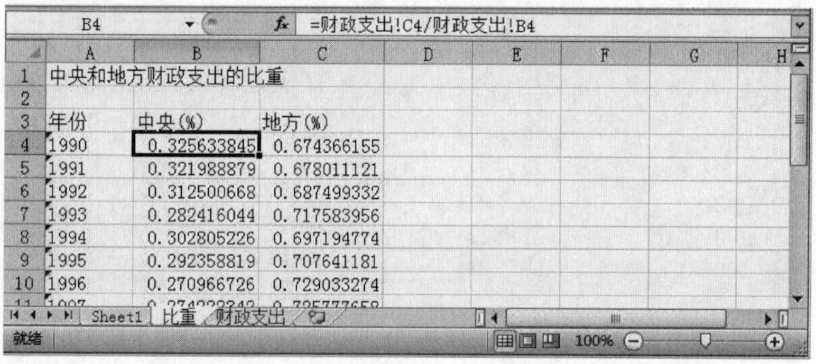

图3-7-9　练习3Excel选中指定单元格

（2）鼠标左键单击开始功能选项卡中单元格功能区的“格式”选项，在弹出的菜单栏中选择设置单元格格式，如图3-7-2所示。

（3）在弹出的对话框中选择数字选项卡中的百分比选项，按要求设置小数位数为2，如图3-7-8所示。

（4）单击确定，完成B4单元格百分比格式设置，如图3-7-10所示。

图3-7-10　B4单元格完成单元格百分比设置

（5）重复（2）~（4）步操作，完成B5-B23以及C4-C23单元格百分比格式设置，完成后如图3-7-11所示。

C23　=财政支出!D23/财政支出!B23

	A	B	C	D	E
1	中央和地方财政支出的比重				
2					
3	年份	中央(%)	地方(%)		
4	1990	32.56%	67.44%		
5	1991	32.20%	67.80%		
6	1992	31.25%	68.75%		
7	1993	28.24%	71.76%		
8	1994	30.28%	69.72%		
9	1995	29.24%	70.76%		
10	1996	27.10%	72.90%		
11	1997	27.42%	72.58%		
12	1998	28.94%	71.06%		
13	1999	31.48%	68.52%		
14	2000	34.74%	65.26%		
15	2001	30.51%	69.49%		
16	2002	30.70%	69.30%		
17	2003	30.11%	69.89%		
18	2004	27.71%	72.29%		
19	2005	25.86%	74.14%		
20	2006	24.72%	75.28%		
21	2007	22.98%	77.02%		
22	2008	21.32%	78.68%		
23	2009	19.99%	80.01%		

图 3-7-11　B5:C23 单元格百分比格式设置完成

温馨提示:一定要看清题目要求,按照题目要求设置小数位数!

拓展练习

1. 在完成项目六任务二的基础上,打开练习 4 中的 ex.xlsx 文件,在“比重”工作表中,设置表格区域 C4:D23 为百分比格式,2 位小数位。

2. 在完成项目五任务二的基础上,打开练习 6 中的 ex.xlsx 文件,在“学生营养状况”工作表中,设置 H3: H8 单元格为百分比格式,2 位小数位。

任务三　Excel 2010 单元格对齐格式设置

任务描述

在完成项目六任务一的基础上,打开练习 7 中的 ex.xlsx 文件,在“统计”工作表中,设置 A2:C9 单元格为水平居中格式。在完成项目六任务二的基础上,打开练习 9 中的 ex.xlsx 文件,在“女代表”工作表中,设置 B3:E14 单元格为水平居中格式。

任务分析

任务三的重点在于让学生熟悉 Excel 2010 中单元格对齐格式设置的基本方法,并通过相应的练习使学生彻底掌握 Excel 2010 中单元格对齐设置的基本方法。

技能要点:单元格对齐格式设置。

任务实施

一、Excel 2010 单元格对齐格式设置方法

Excel 2010 中单元格对齐格式设置主要有以下两种方法:

方法一:功能区选项卡。

(1)应用开始功能选项卡中的单元格功能区选择格式,如图 3-7-1 所示。

(2)在弹出的菜单栏中选择设置单元格格式,如图 3-7-2 所示。

(3)在弹出的对话框中选择对齐选项卡,水平对齐选项选择居中则代表水平居中,垂直对齐一般为默认,若题目有特别要求再按要求更改,如图 3-7-12 所示。

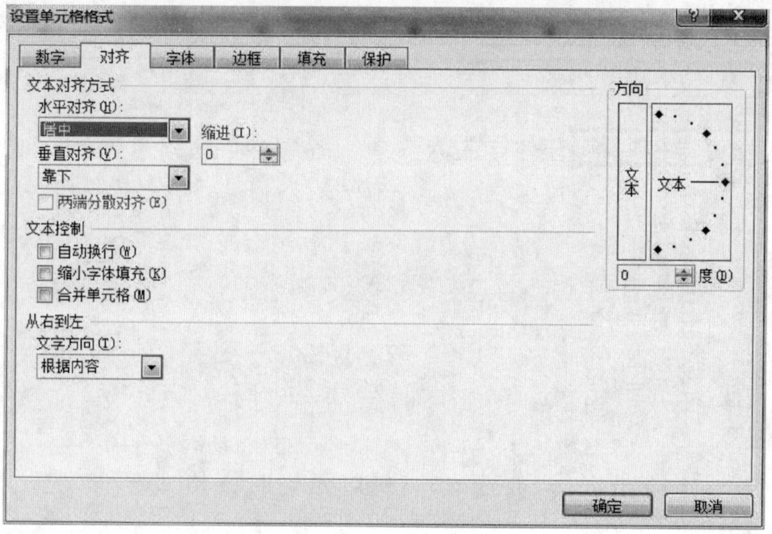

图 3-7-12　对齐格式设置

(4)单击确定,完成对目标单元格对齐格式设置。

方法二:快捷菜单法。

鼠标右键单击目标单元格,在弹出的右键菜单栏中选择“设置单元格格式”,然后按照方法一中(3)~(4)步完成。

温馨提示:垂直对齐如果题目没有要求就选择默认就好,切忌随意选择!

二、单元格对齐设置

在完成项目六任务一的基础上,打开练习 7 中的 ex. xlsx 文件,在“统计”工作表中,设置 A2:C9 单元格为水平居中格式。具体操作步骤如下:

(1)打开练习 7 中的 ex. xlsx 文件,选择“统计”工作表,选中 A2 单元格,如图 3-7-13 所示。

(2)鼠标左键单击开始功能选项卡中单元格功能区的“格式”选项,在弹出的菜单栏中选择设置单元格格式,如图 3-7-2 所示。

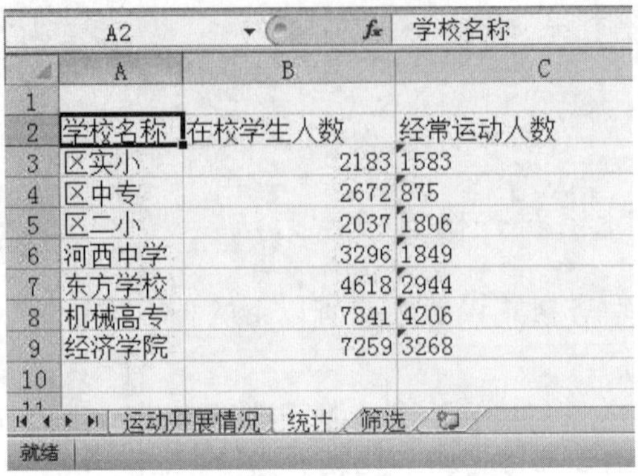

图 3-7-13　练习 7Excel 选中指定单元格

(3)在弹出的对话框中选择对齐选项卡,水平对齐选项选择居中,垂直对齐选择默认,如图 3-7-12 所示。

(4)单击确定,完成 A2 单元格对齐格式设置,如图 3-7-14 所示。

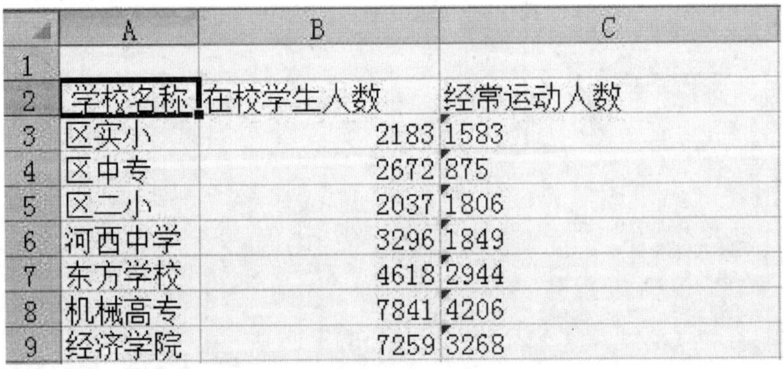

图 3-7-14　A2 单元格完成单元格对齐设置

(5)重复(2)~(4)步操作,完成 A3:C9 单元格对齐格式设置,完成后如图 3-7-15 所示。

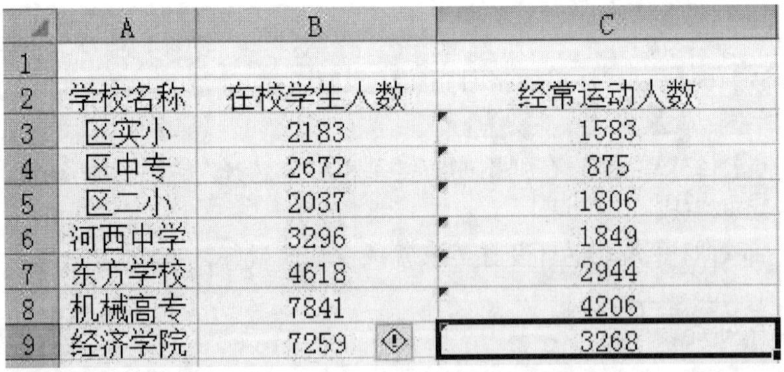

图 3-7-15　A3:C9 单元格对齐格式设置完成

温馨提示:一定要看清题目要求,按照题目要求选择设置区域!

拓展练习

在完成项目六任务二的基础上,打开练习 9 中的 ex.xlsx 文件,在“女代表”工作表中,设置 B3:E14 单元格为水平居中格式。

项目八　Excel 2010 的单元格填充序列

项目描述

灵活应用 Excel 2010 中的单元格格式设置方法，对单元格格式进行填充序列编辑，使学生能按照要求对工作表单元格进行序列号进行自动填充，简化操作，大大缩短编辑时间提高工作效率。

学习目标

1. 掌握 Excel 2010 单元格填充序列的基本方法。
2. 能按要求对 Excel 2010 单元格进行填充序列操作。

任务　Excel 2010 单元格填充序列设置

任务描述

在完成项目一任务二的基础上，打开练习 2 中的 ex. xlsx 文件，在“积分榜”工作表 A 列中填充序号，形如 1，2，3，…。

任务分析

任务的重点在于让学生熟悉 Excel 2010 中单元格如何填充序列的基本方法，并通过相应的练习使学生彻底掌握 Excel 2010 中单元格进行填充序列的基本方法。

技能要点：单元格填充序列设置。

任务实施

一、Excel 2010 单元格填充序列设置方法

Excel 2010 中单元格填充序列设置主要有以下几个步骤：

（1）要求在“Sheet1”工作表 A1-A20 列中填充序号，形如 1，2，3，…，则首先选择起始单元格 A1 并输入数字 1，如图 3-8-1 所示。

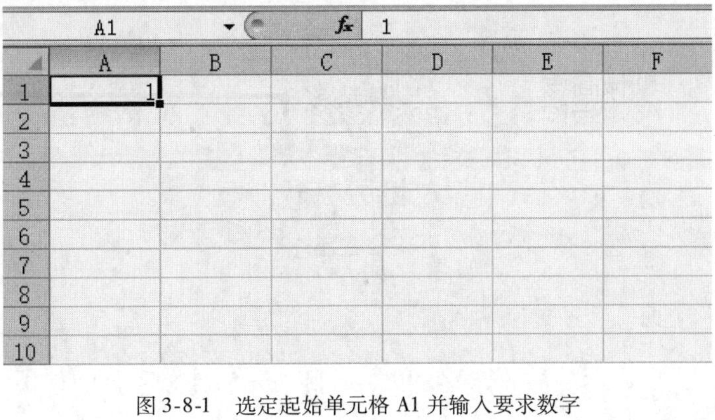

图 3-8-1　选定起始单元格 A1 并输入要求数字

（2）鼠标移动至 A1 单元格右下角小黑方框位置，如图 3-8-2 中红框表示位置。

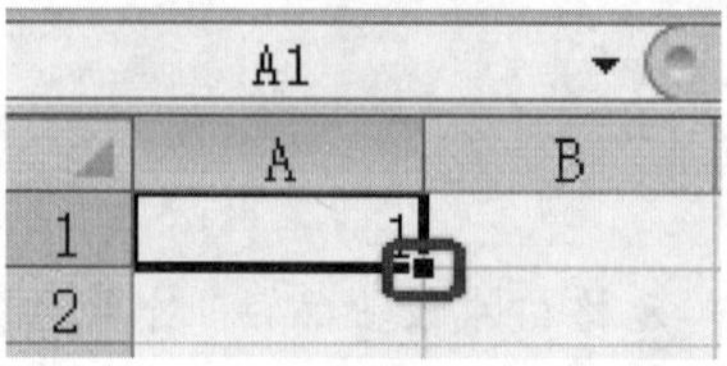

图 3-8-2　选定 A1 单元格右下角黑方框

（3）鼠标左键点击该黑方框并向下拉至 A20 单元格后松开鼠标左键，结果如图 3-8-3 所示。

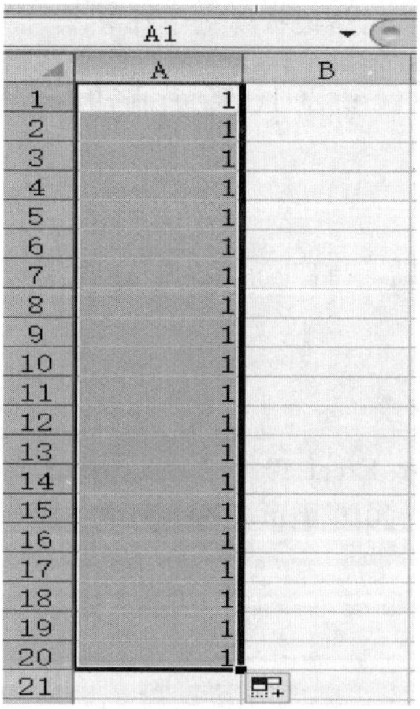

图 3-8-3　A1-A20 单元格数据输入

（4）鼠标左键单击上图 A20 单元格右下角处图标，在弹出对话框中选择“填充序列”，如图 3-8-4 所示。

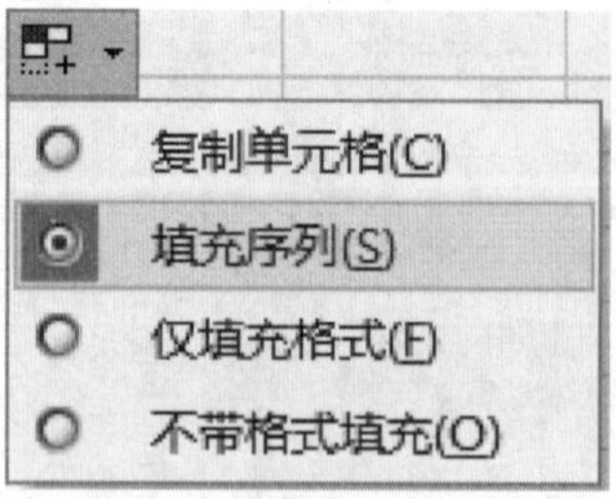

图 3-8-4　填充序列对话框

（5）选定“填充序列”选项后 A1-A20 单元格自动完成序列填充，如图 3-8-5 所示。

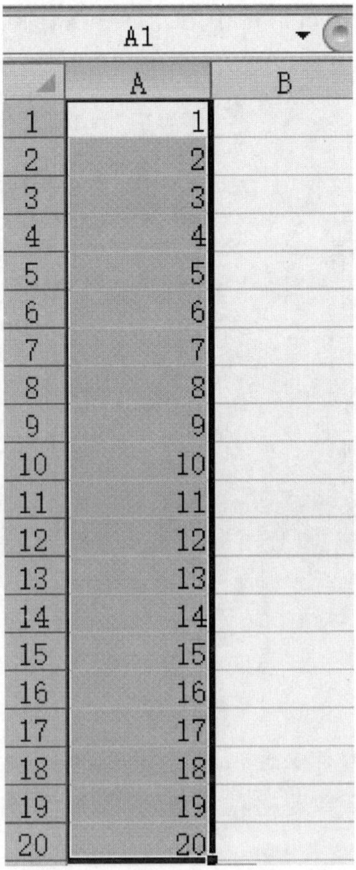

A1

	A	B
1	1	
2	2	
3	3	
4	4	
5	5	
6	6	
7	7	
8	8	
9	9	
10	10	
11	11	
12	12	
13	13	
14	14	
15	15	
16	16	
17	17	
18	18	
19	19	
20	20	

图 3-8-5　A1-A20 单元格填充序列完成

温馨提示：填充序列时一定要注意题目要求，并按照题目要求选择起止单元格！

二、单元格填充序列设置

在完成项目一任务二的基础上，打开练习 2 中的 ex. xlsx 文件，在“积分榜”工作表 A 列中填充序号，形如 1，2，3，…。具体操作步骤如下：

(1)打开练习 2 中的 ex. xlsx 文件，选择“积分榜”工作表，选中“序列”单元格列下 A3 单元格并输入数字“1”，如图 3-8-6 所示。

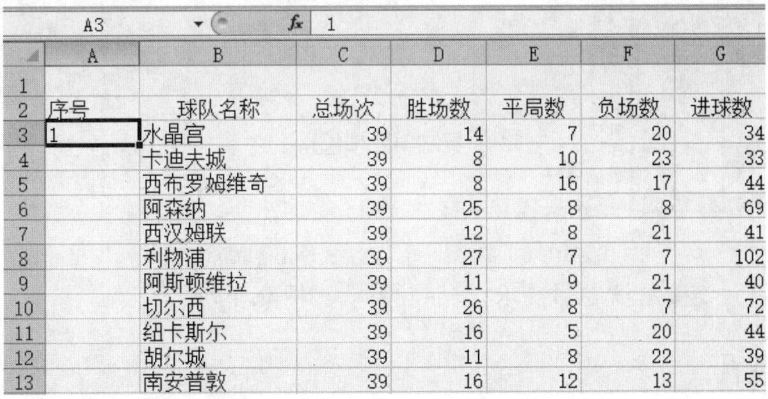

A3　fx 1

	A	B	C	D	E	F	G
1							
2	序号	球队名称	总场次	胜场数	平局数	负场数	进球数
3	1	水晶宫	39	14	7	20	34
4		卡迪夫城	39	8	10	23	33
5		西布罗姆维奇	39	8	16	17	44
6		阿森纳	39	25	8	8	69
7		西汉姆联	39	12	8	21	41
8		利物浦	39	27	7	7	102
9		阿斯顿维拉	39	11	9	21	40
10		切尔西	39	26	8	7	72
11		纽卡斯尔	39	16	5	20	44
12		胡尔城	39	11	8	22	39
13		南安普敦	39	16	12	13	55

图 3-8-6　练习 2Excel 选中指定单元格并输入数据

(2)鼠标左键单击 A3 单元格右下角小黑方框并按住鼠标左键向下拉至 A22 单元格后松开鼠标左键,结果如图 3-8-7 所示。

A3 fx 1

	A	B	C	D	E	F	G
1							
2	序号	球队名称	总场次	胜场数	平局数	负场数	进球数
3	1	水晶宫	39	14	7	20	34
4	1	卡迪夫城	39	8	10	23	33
5	1	西布罗姆维奇	39	8	16	17	44
6	1	阿森纳	39	25	8	8	69
7	1	西汉姆联	39	12	8	21	41
8	1	利物浦	39	27	7	7	102
9	1	阿斯顿维拉	39	11	9	21	40
10	1	切尔西	39	26	8	7	72
11	1	纽卡斯尔	39	16	5	20	44
12	1	胡尔城	39	11	8	22	39
13	1	南安普敦	39	16	12	13	55
14	1	热刺	39	22	7	12	56
15	1	埃弗顿	39	22	10	9	62
16	1	曼城	39	28	6	7	103
17	1	桑德兰	39	11	9	21	42
18	1	诺维奇	39	9	10	22	29
19	1	斯旺西	39	12	10	19	55
20	1	曼联	39	20	8	13	65
21	1	斯托克城	39	14	12	15	46
22	1	富勒姆	39	10	6	25	41
23							

图 3-8-7　练习 2Excel 指定单元格输入数据

(3)鼠标左键单击上图 A22 单元格右下角处图标,在弹出对话框中选择“填充序列”选项,如图 3-8-4 所示。

(4)选定该选项后 A3-A22 单元格自动完成序列填充,如图 3-8-8 所示。

2	序号	球队名称	总场次	胜场数	平局数	负场数	进球数
3	1	水晶宫	39	14	7	20	34
4	2	卡迪夫城	39	8	10	23	33
5	3	西布罗姆维奇	39	8	16	17	44
6	4	阿森纳	39	25	8	8	69
7	5	西汉姆联	39	12	8	21	41
8	6	利物浦	39	27	7	7	102
9	7	阿斯顿维拉	39	11	9	21	40
10	8	切尔西	39	26	8	7	72
11	9	纽卡斯尔	39	16	5	20	44
12	10	胡尔城	39	11	8	22	39
13	11	南安普敦	39	16	12	13	55
14	12	热刺	39	22	7	12	56
15	13	埃弗顿	39	22	10	9	62
16	14	曼城	39	28	6	7	103
17	15	桑德兰	39	11	9	21	42
18	16	诺维奇	39	9	10	22	29
19	17	斯旺西	39	12	10	19	55
20	18	曼联	39	20	8	13	65
21	19	斯托克城	39	14	12	15	46
22	20	富勒姆	39	10	6	25	41

图 3-8-8　A3-A22 单元格完成单元格填充序列

温馨提示:一定要看清题目要求,按照题目要求填充序列!

拓展练习

请结合本任务讲解将练习 2 独立完成一遍,做到又快又好。

项目九　Excel 2010 的单元格边框设置

项目描述

灵活应用 Excel 2010 中的单元格边框设置方法，对单元格边框的内框、外框进行编辑美化，使学生能按照要求对工作表单元格边框进行相应调整、修饰，使工作表表格美观大方、重点突出。

学习目标

1. 掌握 Excel 2010 单元格边框的内框编辑方法。
2. 掌握 Excel 2010 单元格边框的外框编辑方法。

任务一　Excel 2010 单元格边框内框设置

任务描述

打开练习 6 中的 ex. xlsx 文件，在“学生营养状况”工作表中，设置表格区域 A2:H8 内框线为最细单线、标准色-蓝色。打开练习 7 中的 ex. xlsx 文件，在“统计”工作表中，设置表格区域 A2:C9 内框线为最细单线。打开练习 8 中的 ex. xlsx 文件，在“成绩”工作表中，设置表格区域 A2:H36 内框线为最细单线。打开练习 9 中的 ex. xlsx 文件，在“女代表”工作表中，设置表格区域 B3:E14 内框线为最细单线。

任务分析

任务的重点在于让学生熟悉 Excel 2010 中单元格内外框格式中内框设置的基本方法，并通过相应的练习使学生彻底掌握 Excel 2010 中单元格的内框设置方法。

技能要点：单元格边框内框设置。

任务实施

一、Excel 2010 单元格边框内框设置方法

Excel 2010 中单元格边框内框设置主要有以下两种方法：

方法一：功能区选项卡。

(1)应用开始功能选项卡中的单元格功能区选择格式，如图 3-9-1 所示。

图 3-9-1　单元格功能区

(2)在弹出的菜单栏中选择设置单元格格式，如图 3-9-2 所示。

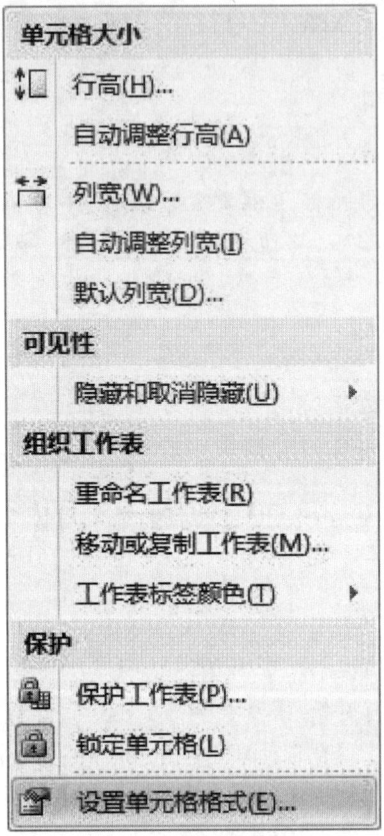

图 3-9-2　设置单元格格式菜单栏

(3)在弹出的对话框中选择边框选项卡,如图 3-9-3 所示。

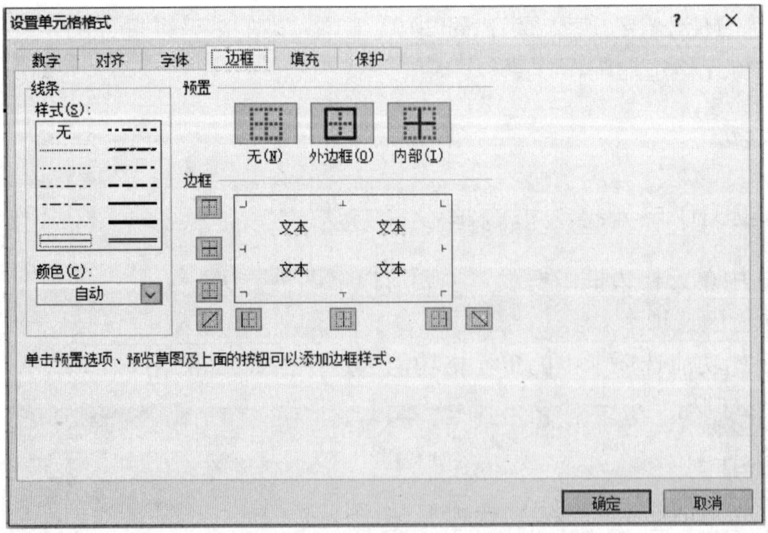

图 3-9-3　边框选项卡对话框

(4)首先对边框线条的样式和颜色按照题目要求进行设置,最后预置选择“内部”,完成如图 3-9-4 所示。

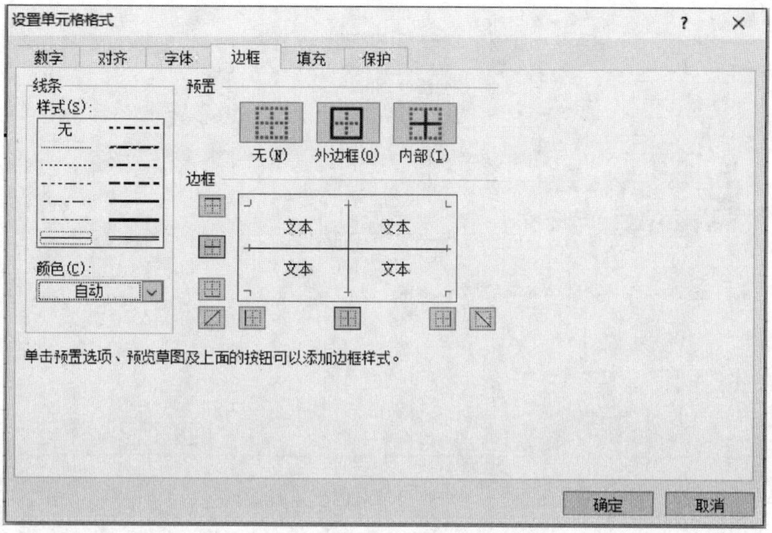

图 3-9-4　预置选择内部

(5)单击确定,完成单元格边框内框设置。

方法二:快捷菜单法。

鼠标右键目标单元格,在弹出的右键菜单栏中选择“设置单元格格式”,然后按照方法一中(3)~(5)步完成。

温馨提示:在进行内边框设置时一定要先对线条和颜色进行设置然后再对预置进行设置,否则设置是无效的!

二、单元格边框内框设置

打开练习 6 中的 ex. xlsx 文件,在“学生营养状况”工作表中,设置表格区域 A2:H8 内框线为最细单线、标准色-蓝色。具体操作步骤如下:

(1)打开练习 6 中的 ex. xlsx 文件,选择“学生营养状况”工作表,选中“表格区域 A2:H8”,如图 3-9-5 所示。

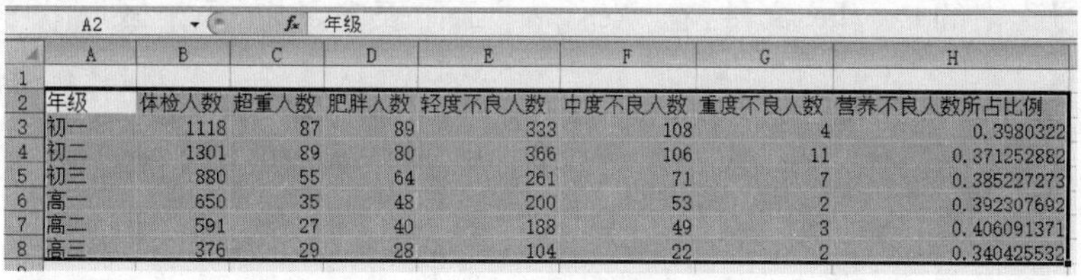

年级	体检人数	超重人数	肥胖人数	轻度不良人数	中度不良人数	重度不良人数	营养不良人数所占比例
初一	1118	87	89	333	108	4	0.3980322
初二	1301	89	80	366	106	11	0.371252882
初三	880	55	64	261	71	7	0.385227273
高一	650	35	48	200	53	2	0.392307692
高二	591	27	40	188	49	3	0.406091371
高三	376	29	28	104	22	2	0.340425532

图 3-9-5　练习 6Excel 选中 A2:H8 区域

(2)鼠标左键单击开始功能选项卡中单元格功能区的“格式”选项,在弹出的菜单栏中选择设置单元格格式,如图 3-9-2 所示。

(3)在弹出的对话框中选择边框选项卡,如图 3-9-3 所示。

(4)按照题目要求线条样式选择“最细单线”、线条颜色选择“标准色-蓝色”、预置选择“内部”,如图 3-9-6 所示。

(5)单击确定,完成对单元格区域 A2:H8 边框内框设置,如图 3-9-7 所示。

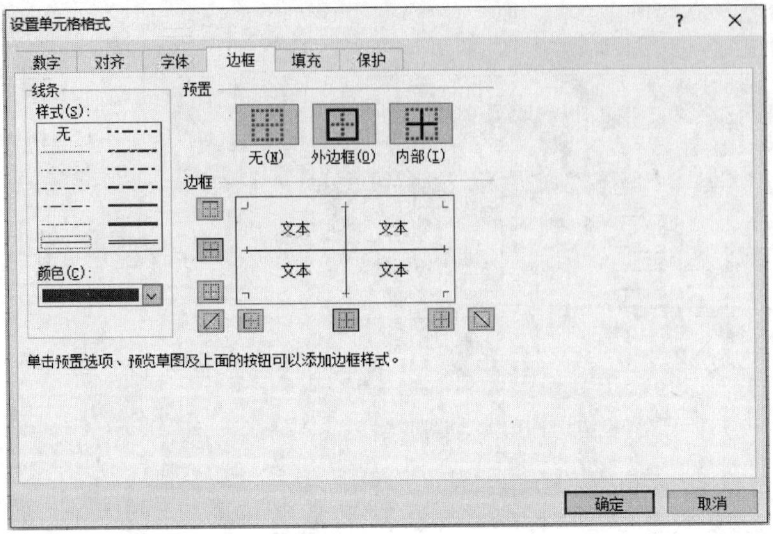

图 3-9-6　按照要求对内框进行设置

	A	B	C	D	E	F	G	H
1								
2	年级	体检人数	超重人数	肥胖人数	轻度不良人数	中度不良人数	重度不良人数	营养不良人数所占比例
3	初一	1118	87	89	333	108	4	0.3980322
4	初二	1301	89	80	366	106	11	0.371252882
5	初三	880	55	64	261	71	7	0.385227273
6	高一	650	35	48	200	53	2	0.392307692
7	高二	591	27	40	188	49	3	0.406091371
8	高三	376	29	28	104	22	2	0.340425532

图 3-9-7　A2:H8 单元格区域内框设置完成

温馨提示:请对照步骤将本任务中所提的两种方法都练习下,找到最适合自己的方法,以便在考场上节约时间!

拓展练习

1. 打开练习 7 中的 ex. xlsx 文件,在“统计”工作表中,设置表格区域 A2:C9 内框线为最细单线。

2. 打开练习 8 中的 ex. xlsx 文件,在“成绩”工作表中,设置表格区域 A2:H36 内框线为最细单线。

3. 打开练习 9 中的 ex. xlsx 文件,在“女代表”工作表中,设置表格区域 B3:E14 内框线为最细单线。

任务二　Excel 2010 单元格边框外框设置

任务描述

请在完成任务一的基础下完成本次任务:打开练习 6 中的 ex. xlsx 文件,在“学生营养状况”工作表中,设置表格区域 A2:H8 外框线为最粗单线、标准色-红色。打开练习 7 中的 ex. xlsx 文件,在“统计”工作表中,设置表格区域 A2:C9 外框线为双线、标准色-蓝色。打开练习 8 中的 ex. xlsx 文件,在“成绩”工作表中,设置表格区域 A2:H36 外框线为最粗单线。打开练习 9 中的 ex. xlsx 文件,在“女代表”工作表中,设置表格区域 B3:E14 外框线为最粗单线、标准色-蓝色。

任务分析

任务的重点在于让学生熟悉 Excel 2010 中单元格内外框格式中外框设置的基本方法，并通过相应的练习使学生彻底掌握 Excel 2010 中单元格的外框设置方法。

技能要点：单元格边框外框设置。

任务实施

一、Excel 2010 单元格边框外框设置方法

Excel 2010 中单元格边框外框设置主要有以下两种方法：

方法一：功能区选项卡。

(1)应用开始功能选项卡中的单元格功能区选择格式，如图 3-9-1 所示。

(2)在弹出的菜单栏中选择设置单元格格式，如图 3-9-2 所示。

(3)在弹出的对话框中选择边框选项卡，如图 3-9-3 所示。

(4)首先对边框线条的样式和颜色按照题目要求进行设置，最后预置选择“外边框”，完成如图 3-9-8 所示。

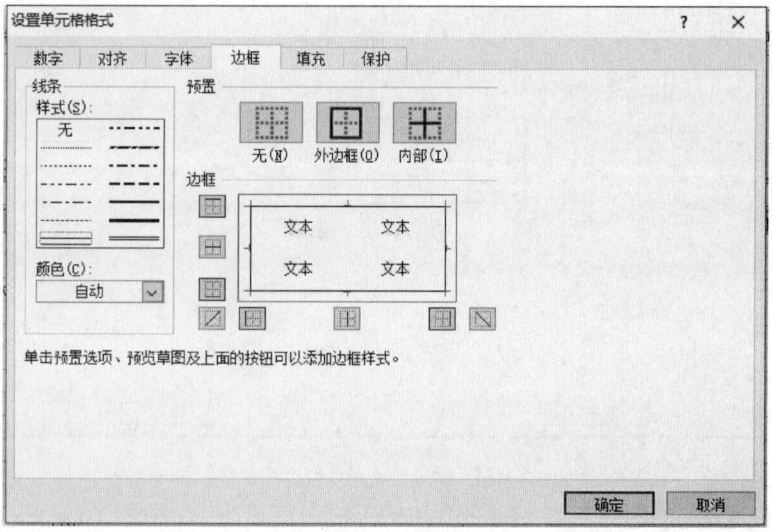

图 3-9-8　预置选择外边框

(5)单击确定，完成单元格边框外框设置。

方法二：快捷菜单法。

鼠标右键目标单元格，在弹出的右键菜单栏中选择“设置单元格格式”，然后按照方法一中(3)~(5)步完成。

温馨提示：在进行外边框设置时一定要先对线条和颜色进行设置然后再对预置进行设置，否则设置是无效的！

二、单元格边框外框设置

请在完成本项目任务一的基础下完成本次任务：打开练习 6 中的 ex. xlsx 文件，在“学生营养状况”工作表中，设置表格区域 A2:H8 外框线为最粗单线、标准色-红色。具体操作步

骤如下：

（1）打开练习 6 中的 ex. xlsx 文件，选择“学生营养状况”工作表，选中“表格区域 A2：H8”，如图 3-9-9 所示。

A2 年级

	A	B	C	D	E	F	G	H
1								
2	年级	体检人数	超重人数	肥胖人数	轻度不良人数	中度不良人数	重度不良人数	营养不良人数所占比例
3	初一	1118	87	89	333	108	4	0.3980322
4	初二	1301	89	80	366	106	11	0.371252882
5	初三	880	55	64	261	71	7	0.385227273
6	高一	650	35	48	200	53	2	0.392307692
7	高二	591	27	40	188	49	3	0.406091371
8	高三	376	29	28	104	22	2	0.340425532

图 3-9-9 练习 6Excel 选中 A2：H8 区域

（2）鼠标左键单击开始功能选项卡中单元格功能区的“格式”选项，在弹出的菜单栏中选择设置单元格格式，如图 3-9-2 所示。

（3）在弹出的对话框中选择边框选项卡，如图 3-9-3 所示。

（4）按照题目要求线条样式选择“最粗单线”、线条颜色选择“标准色-红色”、预置选择“外边框”，如图 3-9-10 所示。

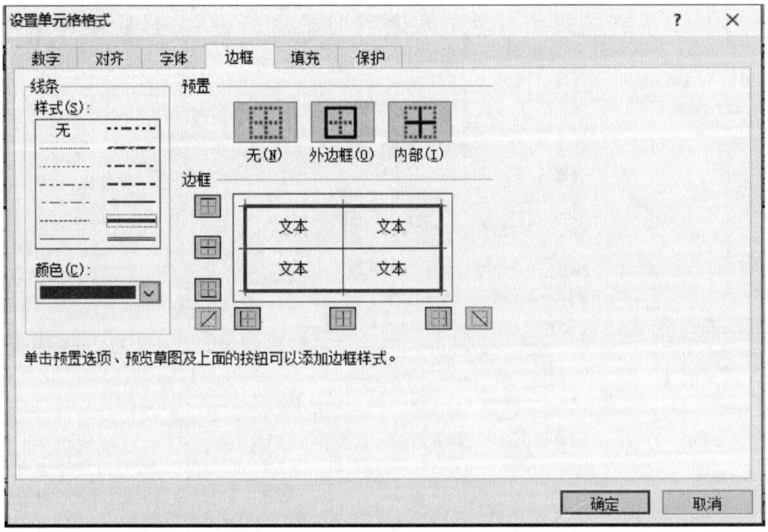

图 3-9-10 按照要求对外框进行设置

（5）单击确定，完成对单元格区域 A2：H8 边框内框设置，如图 3-9-11 所示。

2	年级	体检人数	超重人数	肥胖人数	轻度不良人数	中度不良人数	重度不良人数	营养不良人数所占比例
3	初一	1118	87	89	333	108	4	0.3980322
4	初二	1301	89	80	366	106	11	0.371252882
5	初三	880	55	64	261	71	7	0.385227273
6	高一	650	35	48	200	53	2	0.392307692
7	高二	591	27	40	188	49	3	0.406091371
8	高三	376	29	28	104	22	2	0.340425532

图 3-9-11 A2：H8 单元格区域外框设置完成

温馨提示：在练习时请一定注意题目要求，内外边框要区分清楚，否则操作就是无效的！

拓展练习

1. 打开练习 7 中的 ex. xlsx 文件，在“统计”工作表中，设置表格区域 A2：C9 外框线为双线、标准色-蓝色。

2. 打开练习 8 中的 ex. xlsx 文件，在“成绩”工作表中，设置表格区域 A2：H36 外框线为最粗单线。

3. 打开练习 9 中的 ex. xlsx 文件，在“女代表”工作表中，设置表格区域 B3:E14 外框线为最粗单线、标准色-蓝色。

项目十　Excel 2010 的单元格排序设置

项目描述

灵活应用 Excel 2010 中的单元格排序方法，对单元格中内容进行升序及降序编辑排列，使目标单元格区域整洁清楚、一目了然，同时学生能按照要求对工作表单元格进行相应排序调整、修饰，使工作表美观大方、重点突出。

学习目标

1. 掌握 Excel 2010 单元格升序排序的设置方法。
2. 掌握 Excel 2010 单元格降序排序的设置方法。

任务一　Excel 2010 单元格升序排序设置

任务描述

打开练习 9 中的 ex. xlsx 文件，在“少数民族代表”工作表中按“少数民族代表”进行升序排序。

任务分析

任务的重点在于让学生熟悉 Excel 2010 中单元格排序中升序设置的基本方法，并通过相应的练习使学生彻底掌握 Excel 2010 中单元格的升序设置方法。

技能要点：单元格升序排序设置。

任务实施

一、Excel 2010 单元格升序排序设置方法

Excel 2010 中单元格升序排序设置主要有以下两种方法：

方法一：功能区选项卡。

（1）应用开始功能选项卡中的编辑功能区选择“排序和筛选”，如图 3-10-1 所示。

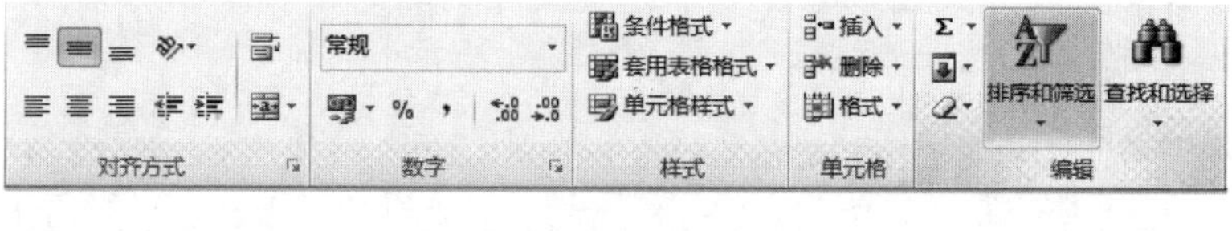

图 3-10-1　编辑功能区

（2）在弹出的菜单栏中选择“升序”，如图 3-10-2 所示。

（3）选择后即完成单元格升序排序设置。

方法二:快捷菜单法。

鼠标右键目标单元格,在弹出的右键菜单栏中选择“排序”,然后在弹出的二级菜单中选择“升序”。

温馨提示:进行排序前一定要准确选择需要排序的目标单元格,否则设置的结果将大相径庭!

二、单元格升序排序设置

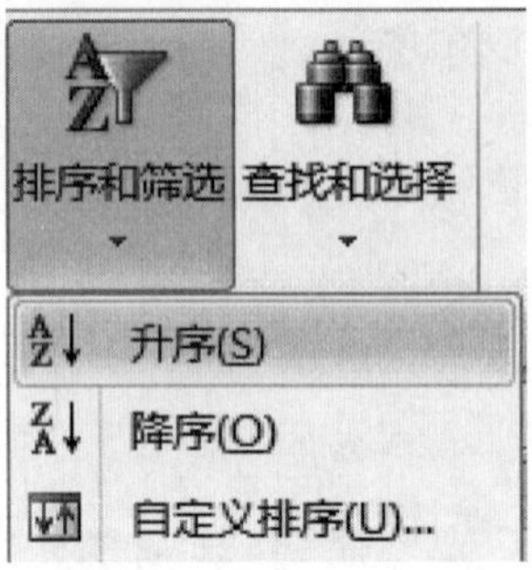

图 3-10-2　排序菜单栏选择升序

打开练习 9 中的 ex. xlsx 文件,在“少数民族代表”工作表中按“少数民族代表”进行升序排序。具体操作步骤如下:

(1)打开练习 9 中的 ex. xlsx 文件,选择“学生营养状况”工作表,选中“少数民族代表”单元格,如图 3-10-3 所示。

D3　f_x　少数民族代表

	A	B	C	D
1				
2		单位:人		
3		届别	年份	少数民族代表
4		一届	1954	178
5		二届	1959	181
6		三届	1964	374
7		四届	1975	271
8		五届	1978	382
9		六届	1983	405
10		七届	1988	446
11		八届	1993	440
12		九届	1998	429
13		十届	2003	416
14		十一届	2008	412

代表人数　女代表　Sheet1

图 3-10-3　练习 9Excel 选中目标单元格

(2)鼠标左键单击开始功能选项卡中编辑功能区的“排序和筛选”选项,如图 3-10-1 所示。

(3)在弹出的菜单栏中选择“升序”完成对目标单元格排序,如图 3-10-4 所示。

D3　f_x　少数民族代表

	A	B	C	D
1				
2		单位:人		
3		届别	年份	少数民族代表
4		一届	1954	178
5		二届	1959	181
6		四届	1975	271
7		三届	1964	374
8		五届	1978	382
9		六届	1983	405
10		十一届	2008	412
11		十届	2003	416
12		九届	1998	429
13		八届	1993	440
14		七届	1988	446

图 3-10-4　练习 9 升序排序完成

温馨提示:请对照步骤将本任务中所提的两种方法都练习下,找到最适合自己的方法,以便在考场上节约时间!

拓展练习

请结合本任务讲解将练习 9 独立完成一遍,熟练掌握单元格升序排序的设置方法。

任务二　Excel 2010 单元格降序排序设置

任务描述

打开练习 4 中的 ex. xlsx 文件,在“各地区收入”工作表中按“税收收入”进行降序排序。

任务分析

任务的重点在于让学生熟悉 Excel 2010 中单元格排序中降序设置的基本方法,并通过相应的练习使学生彻底掌握 Excel 2010 中单元格的降序设置方法。

技能要点:单元格降序排序设置。

任务实施

一、Excel 2010 单元格降序排序设置方法

Excel 2010 中单元格降序排序设置主要有以下两种方法:

方法一:功能区选项卡。

(1)应用开始功能选项卡中的编辑功能区选择“排序和筛选”,如图 3-10-1 所示。

(2)在弹出的菜单栏中选择“降序”,如图 3-10-5 所示。

(3)选择后即完成单元格降序排序设置。

方法二:快捷菜单法。

鼠标右键目标单元格,在弹出的右键菜单栏中选择“排序”,然后在弹出的二级菜单中选择“降序”。

温馨提示:进行降序设置时一定要看清题目选择对应的单元格,否则设置是无效的!

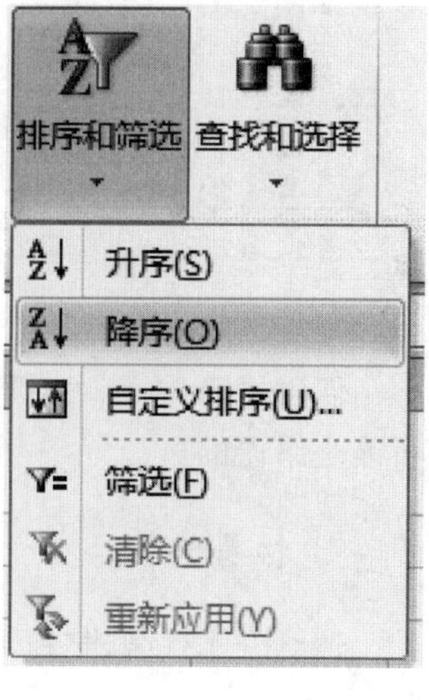

图 3-10-5　排序菜单栏选择降序

二、单元格降序排序设置

打开练习 4 中的 ex. xlsx 文件,在“各地区收入”工作表中按“税收收入”进行降序排序。具体操作步骤如下:

(1)打开练习 4 中的 ex. xlsx 文件,选择“各地区收入”工作表,选中“税收收入”单元格,如图 3-10-6 所示。

(2)鼠标左键单击开始功能选项卡中编辑功能区的“排序和筛选”选项,如图 3-10-1 所示。

(3)在弹出的菜单栏中选择“降序”,如图 3-10-5 所示。

（4）完成对目标单元格降序排序设置，如图 3-10-7 所示。

C1　fx 税收收入

	A	B	C	D
1	地区	一般预算收入	税收收入	
2	北京	2025.809	1912.97	
3	天津	822.9916	613.2718	
4	河北	1066.123	837.3286	
5	山西	804.8279	582.9108	
6	内蒙古	851.8588	574.8306	
7	辽宁	1592.22	1182.982	
8	吉林	486.0943	362.1132	
9	黑龙江	642.6627	443.3132	
10	上海	2541.298	2367.453	
11	江苏	3227.78	2653.749	
12	浙江	2141.513	1982.815	
13	安徽	862.9175	628.3236	
14	福建	931.4282	774.144	
15	江西	582.3012	431.0204	
16	山东	2197.632	1721.346	
17	河南	1125.064	822.5047	
18	湖北	813.8653	615.0604	
19	湖南	846.6178	566.2748	
20	广东	3647.811	3131.612	
21	广西	621.9888	416.682	
22	海南	177.242	152.2437	
23	重庆	654.1701	434.6228	
24	四川	1173.593	885.6725	
25	贵州	415.4761	312.7071	
26	云南	697.2525	547.1063	
27	西藏	31.0894	16.5065	
28	陕西	734.2704	531.7984	
29	甘肃	285.5898	175.0411	
30	青海	86.7381	71.1653	
31	宁夏	112.5755	91.7389	
32	新疆	387.7848	302.1283	

各地区收入　比重　财政收入

图 3-10-6　练习 4Excel 选中目标单元格

C1　fx 税收收入

	A	B	C	D
1	地区	一般预算收入	税收收入	
2	广东	3647.811	3131.612	
3	江苏	3227.78	2653.749	
4	上海	2541.298	2367.453	
5	浙江	2141.513	1982.815	
6	北京	2025.809	1912.97	
7	山东	2197.632	1721.346	
8	辽宁	1592.22	1182.982	
9	四川	1173.593	885.6725	
10	河北	1066.123	837.3286	
11	河南	1125.064	822.5047	
12	福建	931.4282	774.144	
13	安徽	862.9175	628.3236	
14	湖北	813.8653	615.0604	
15	天津	822.9916	613.2718	
16	山西	804.8279	582.9108	
17	内蒙古	851.8588	574.8306	
18	湖南	846.6178	566.2748	
19	云南	697.2525	547.1063	
20	陕西	734.2704	531.7984	
21	黑龙江	642.6627	443.3132	
22	重庆	654.1701	434.6228	
23	江西	582.3012	431.0204	
24	广西	621.9888	416.682	
25	吉林	486.0943	362.1132	
26	贵州	415.4761	312.7071	
27	新疆	387.7848	302.1283	
28	甘肃	285.5898	175.0411	
29	海南	177.242	152.2437	
30	宁夏	112.5755	91.7389	
31	青海	86.7381	71.1653	
32	西藏	31.0894	16.5065	

各地区收入　比重　财政收入

图 3-10-7　练习 4 目标单元格完成降序排序

温馨提示：在练习时请一定注意题目要求，升降序要区分清楚，否则操作的结果就很有可能是错误的！

拓展练习

请结合本任务讲解将练习 4 独立完成一遍，熟练掌握单元格降序排序的设置方法。

项目十一　Excel 2010 的单元格分类汇总设置

项目描述

灵活应用 Excel 2010 中的单元格分类汇总的方法，对单元格中内容进行分类汇总编辑整理，使目标单元格区域内容通过整理后整洁清楚、一目了然，达到重点突出、结构清晰的效果。

学习目标

1. 掌握 Excel 2010 单元格分类汇总的基本知识点。
2. 掌握 Excel 2010 单元格分类汇总的设置方法。

任务　Excel 2010 单元格分类汇总设置

任务描述

打开练习 1 中的 ex. xlsx 文件,在“部门收入分类”工作表中按“年度”进行分类汇总,求出不同年度的收入合计,要求汇总结果显示在数据下方。

任务分析

任务的重点在于让学生熟悉并了解 Excel 2010 中单元格分类汇总的基本知识点,并通过相应的习题讲解与练习使学生彻底掌握 Excel 2010 中单元格的分类汇总设置方法。

技能要点:单元格分类汇总设置。

任务实施

一、Excel 2010 单元格分类汇总设置方法

Excel 2010 中单元格分类汇总主要有以下几个步骤:

(1)首先选中题目要求的目标字段,选择“开始”功能选项卡中的“编辑”功能区中的“排序和筛选”,在弹出的菜单栏中选择“升序”,对目标字段进行排序处理,如图 3-11-1 所示。

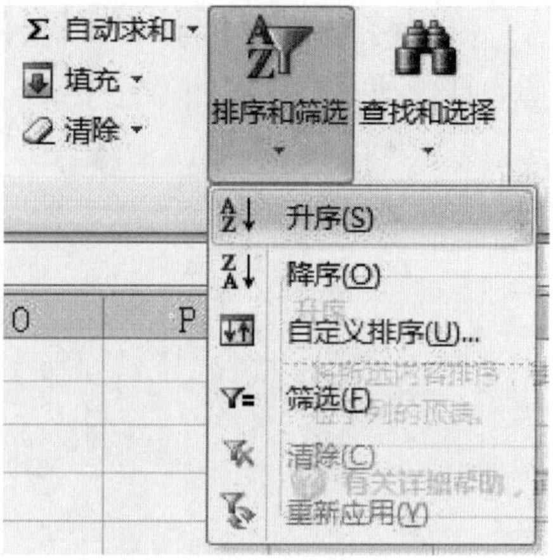

图 3-11-1　目标字段排序

(2)选中目标区域,在“数据”功能选项卡中的“分级显示”功能区选择“分类汇总”,如图 3-11-2 所示。

(3)在弹出的对话框中“分类字段”即题目中要求的目标字段(图例中为“季度”),在“汇总方式”中选择某种汇总方式,可供选择的汇总方式有“求和”、“计数”、“平均值”等(图例中为“求和”),“选定汇总项”是指需要进行“汇总方式”处理的目标字段(图例中为“销售金额”),如图 3-11-3 所示。

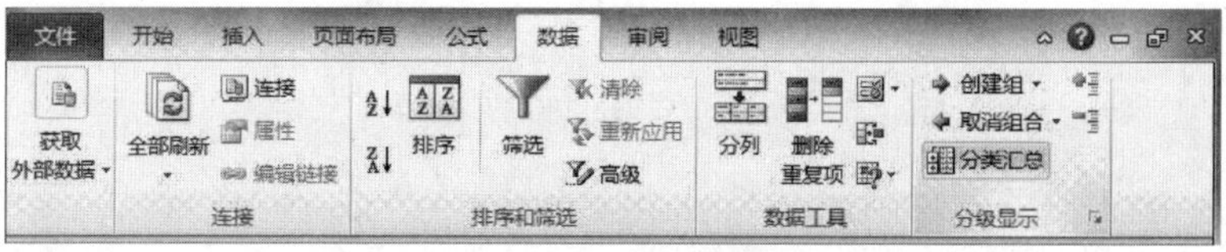

图 3-11-2　分级显示功能区

(4)选定上图选项后点击“确定”即可完成按“季度”进行分类汇总,求出不同季度的销售金额之和,同时汇总结果显示在数据下方。

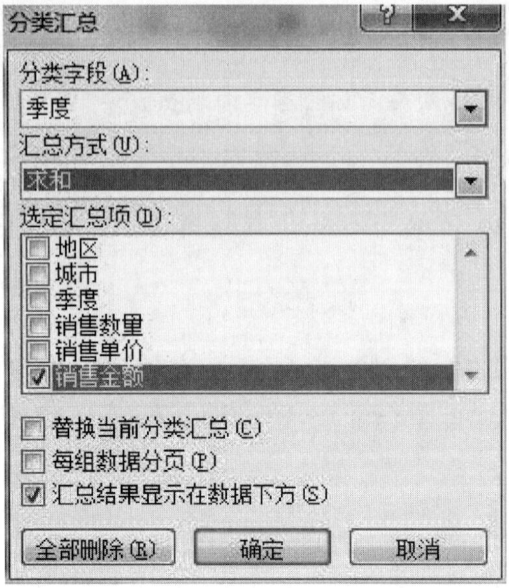

图 3-11-3　分类汇总对话框

温馨提示:进行分类汇总前一定对目标字段进行一次排序,否则分类汇总很可能失败!

二、单元格分类汇总设置

打开练习 1 中的 ex. xlsx 文件,在“部门收入分类”工作表中按“年度”进行分类汇总,求出不同年度的收入合计,要求汇总结果显示在数据下方。具体操作步骤如下:

(1)打开练习 1 中的 ex. xlsx 文件,选择“部门收入分类”工作表,选中“年度”单元格,如图 3-11-4 所示。

	A	B	C	D	E
1	部门	年度	项目	收入	
2	部门A	2000	销售收入	2200	
3	部门A	2000	售后服务	700	
4	部门A	2000	技术咨询	280	
5	部门B	2000	销售收入	4500	
6	部门B	2000	售后服务	1000	
7	部门B	2000	技术咨询	200	
8	部门C	2000	销售收入	3700	
9	部门C	2000	售后服务	800	
10	部门C	2000	技术咨询	200	
11	部门D	2000	销售收入	4000	
12	部门D	2000	售后服务	600	
13	部门D	2000	技术咨询	400	
14	部门A	2001	销售收入	2600	
15	部门A	2001	售后服务	1000	
16	部门A	2001	技术咨询	400	
17	部门B	2001	销售收入	7000	
18	部门B	2001	售后服务	1100	
19	部门B	2001	技术咨询	240	
20	部门C	2001	销售收入	4200	
21	部门C	2001	售后服务	700	
22	部门C	2001	技术咨询	256	
23	部门D	2001	销售收入	3800	

图 3-11-4　练习 1Excel 选中目标单元格

（2）选择“开始”功能选项卡中的“编辑”功能区中的“排序和筛选”，在弹出的菜单栏中选择“升序”，对目标字段进行排序处理，如图 3-11-1 所示。

（3）在“数据”功能选项卡中的“分级显示”功能区选择“分类汇总”，如图 3-11-2 所示。

（4）在弹出的对话框中“分类字段”选择“年度”，“汇总方式”选择 “求和”，“选定汇总项”选择“收入”，点选“汇总结果显示在数据下方”选项，如图 3-11-5 所示。

（5）点击确定完成对“部门收入分类”工作表中按“年度”的分类汇总，汇总结果显示在数据下方，如图 3-11-6 所示。

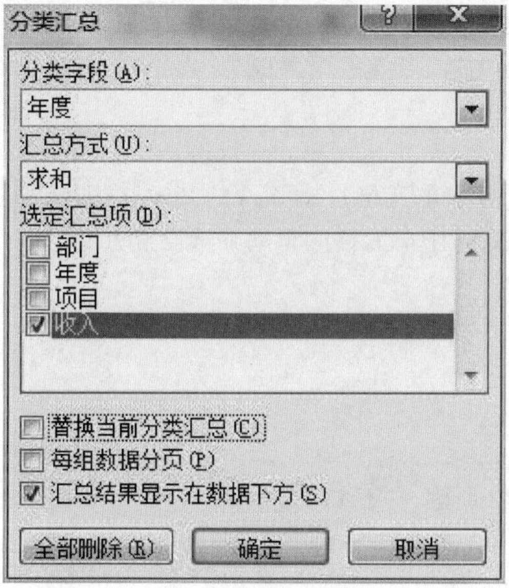

图 3-11-5　分类汇总设定

	A	B	C	D	E
1	部门	年度	项目	收入	
2	部门A	2000	销售收入	2200	
3	部门A	2000	售后服务	700	
4	部门A	2000	技术咨询	280	
5	部门B	2000	销售收入	4500	
6	部门B	2000	售后服务	1000	
7	部门B	2000	技术咨询	200	
8	部门C	2000	销售收入	3700	
9	部门C	2000	售后服务	800	
10	部门C	2000	技术咨询	200	
11	部门D	2000	销售收入	4000	
12	部门D	2000	售后服务	600	
13	部门D	2000	技术咨询	400	
14		2000 汇总		18580	
15	部门A	2001	销售收入	2600	
16	部门A	2001	售后服务	1000	
17	部门A	2001	技术咨询	400	
18	部门B	2001	销售收入	7000	
19	部门B	2001	售后服务	1100	
20	部门B	2001	技术咨询	240	
21	部门C	2001	销售收入	4200	
22	部门C	2001	售后服务	700	
23	部门C	2001	技术咨询	256	

图 3-11-6　练习 1Excel 目标单元格完成分类汇总设置

温馨提示：在进行分类汇总时一定要看清题目，按照题目要求选择目标单元格！

拓展练习

请结合本任务讲解将练习 1 独立完成一遍，尝试总结方法的运用技巧，熟练掌握单元格分类汇总的设置方法。

项目十二　Excel 2010 的单元格自动筛选设置

项目描述

灵活应用 Excel 2010 中的单元格自动筛选方法，对单元格中内容按一定的要求进行自动筛选操作，将需要操作的数据筛选出来，减小数据计算时需要查找的范围，提高操作速度与准确性。

学习目标

1. 掌握 Excel 2010 单元格自动筛选的基本知识点。
2. 掌握 Excel 2010 单元格自动筛选的设置方法。

任务　Excel 2010 单元格自动筛选设置

任务描述

打开练习 2 中的 ex. xlsx 文件，在“射手榜”工作表中，利用自动筛选功能，筛选出球队名称为“曼联”的数据。打开练习 5 中的 ex. xlsx 文件，在“财政收入”工作表中，利用自动筛选功能筛选出地方收入大于等于 10000 的记录。打开练习 7 中的 ex. xlsx 文件，在“筛选”工作表中，利用自动筛选功能筛选出运动项目为足球的记录。打开练习 8 中的 ex. xlsx 文件，在“成绩”工作表中，利用自动筛选功能筛选出“古典文献”专业的全部记录。

任务分析

任务的重点在于让学生熟悉并了解 Excel 2010 中单元格自动筛选的基本知识点，并通过相应的习题讲解与练习使学生彻底掌握 Excel 2010 中单元格的自动筛选设置方法。

技能要点：单元格自动筛选设置。

任务实施

一、Excel 2010 单元格自动筛选设置方法

Excel 2010 中单元格自动筛选主要有以下几个步骤：

（1）首先选中题目要求的目标字段，选择“数据”功能选项卡中的“排序和筛选”功能区中的“筛选”，对目标字段行启动筛选（目标字段行右边出现▼符号，图例中为“销售金额”字段行启动筛选），如图 3-12-1 所示。

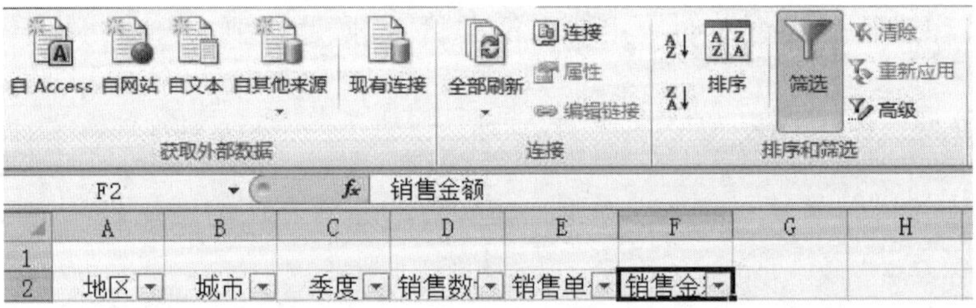

图 3-12-1　目标字段启动筛选

（2）选中目标单元格右边▼符号，出现二级菜单，如图 3-12-2 所示。

图 3-12-2　筛选二级菜单选项

（3）在弹出的菜单中选择“数字筛选”，在弹出的三级菜单中按照题目要求选择相对应的筛选条件，可供选择的筛选方式有“等于”“不等于”“大于”“大于或等于”“小于”等选项（图例中为“大于”），若是“文本筛选”则方式较“数字筛选”稍有不同，如图3-12-3所示。

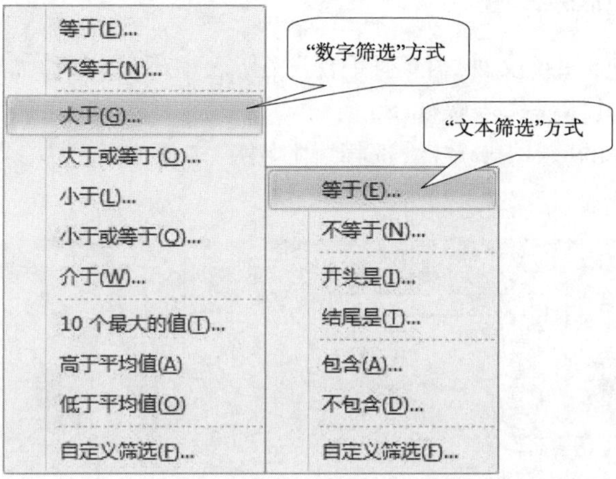

图3-12-3　筛选条件菜单

（4）选择“大于”筛选条件，在弹出的对话框中的“大于”后手动输入筛选条件（图例中为“1000”），如图3-12-4所示。

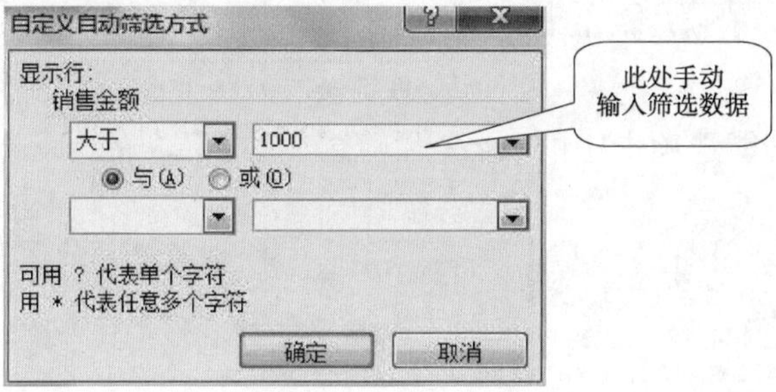

图3-12-4　筛选条件设置

（5）单击“确定”，完成对目标列数据的筛选（图例中筛选出“销售金额”大于1000的数据），完成后目标列右边原符号会变成符号，如图3-12-5所示。

	A	B	C	D	E	F
1						
2	地区	城市	季度	销售数	销售单	销售金
3	华东	城市A	一季度	22	51.9	1142
4	华北	城市B	一季度	20	55.6	1112
6	西南	城市D	一季度	23	66.98	1541
7	华东	城市A	二季度	27	79.15	2137
8	华北	城市B	二季度	23	73.32	1686
9	西北	城市C	二季度	21	111	2331
10	西南	城市D	二季度	25	91.5	2288
11	华东	城市A	三季度	16	101	1616
12	华北	城市B	三季度	31	71.88	2228
13	西北	城市C	三季度	31	81.25	2519
14	西南	城市D	三季度	21	69.43	1458

图3-12-5　目标列按要求筛选完成

温馨提示:进行筛选前要先确定需要筛选的目标列以及题目要求的筛选条件,特别是条件一定要看仔细,不要误把“大于”当成“小于”!

二、单元格自动筛选设置

打开练习 2 中的 ex. xlsx 文件,在“射手榜”工作表中,利用自动筛选功能,筛选出球队名称为“曼联”的数据。具体操作步骤如下:

(1)打开练习 2 中的 ex. xlsx 文件,选择“射手榜”工作表,选中“球队名称”单元格,如图 3-12-6 所示。

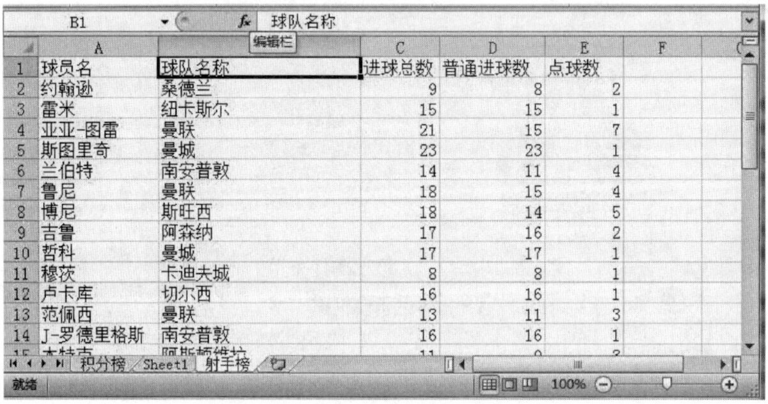

图 3-12-6 练习 2Excel 选中目标单元格

(2)选择“数据”功能选项卡中的“排序和筛选”功能区中的“筛选”,对目标字段行启动筛选,如图 3-12-7 所示。

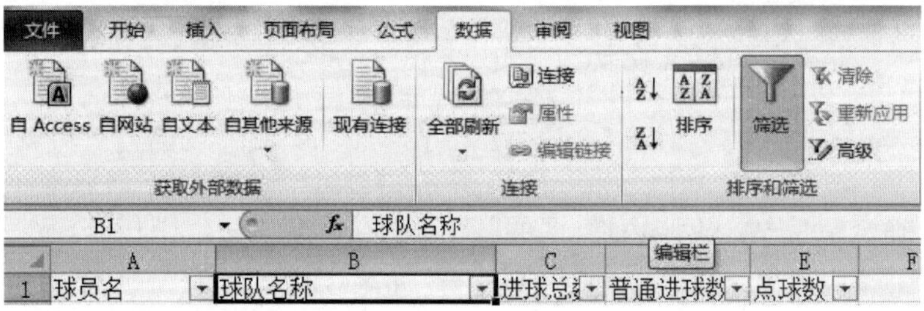

图 3-12-7 练习 2Excel 目标单元格启动筛选

(3)选中目标单元格右边▾符号,出现二级菜单,选择“文本筛选”→“等于”如图 3-12-8 所示。

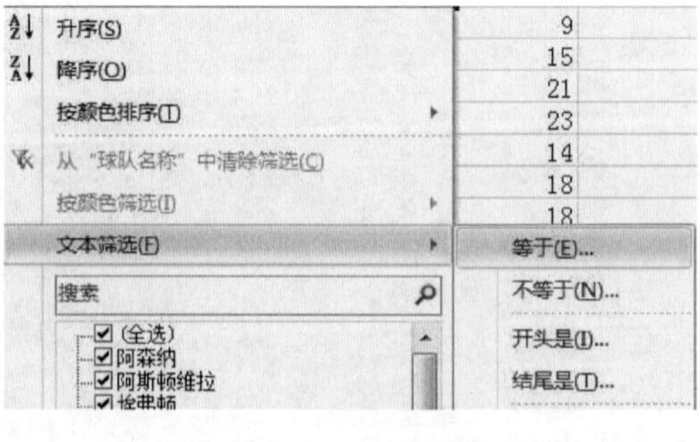

图 3-12-8 目标列选择筛选方式

(4)在弹出的对话框中的“等于”后手动输入筛选条件“曼联”,如图 3-12-9 所示。

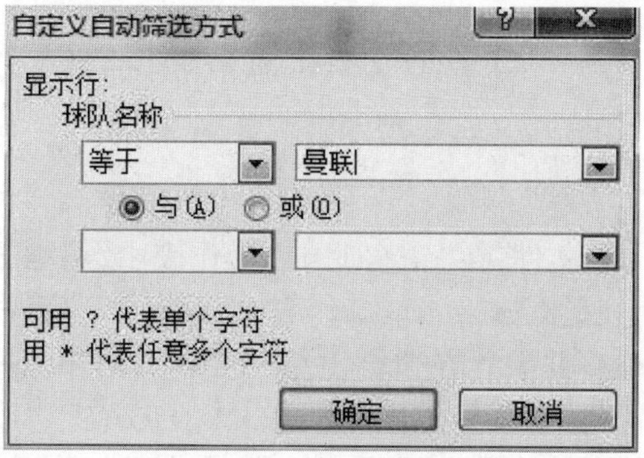

图 3-12-9　筛选条件设定

(5)点击确定完成对在“射手榜”工作表中，利用自动筛选功能，筛选出球队名称为“曼联”的数据，如图 3-12-10 所示。

	A	B	C	D	E	F
1	球员名	球队名称	进球总数	普通进球数	点球数	
4	亚亚-图雷	曼联	21	15	7	
7	鲁尼	曼联	18	15	4	
13	范佩西	曼联	13	11	3	
17	维尔贝克	曼联	10	10	1	
37						

图 3-12-10　练习 2Excel 目标单元格完成筛选

温馨提示：在进行筛选时一定要看清题目，选准目标单元格！

拓展练习

1. 打开练习 5 中的 ex. xlsx 文件，在“财政收入”工作表中，利用自动筛选功能筛选出地方收入大于等于 10000 的记录。

2. 打开练习 7 中的 ex. xlsx 文件，在“筛选”工作表中，利用自动筛选功能筛选出运动项目为足球的记录。

3. 打开练习 8 中的 ex. xlsx 文件，在“成绩”工作表中，利用自动筛选功能筛选出“古典文献”专业的全部记录。

项目十三　Excel 2010 的图表制作

项目描述

灵活应用 Excel 2010 中的图表制作方法，对工作表中的内容按一定的要求制作成图表，图表可以图形化、更直观地显示数据，使数据的比较或趋势变得一目了然，从而更容易表达我们的观点。图表可以用来表现数据间的某种相对关系，其在数据统计中占有非常重要的地位。

学习目标

1. 掌握 Excel 2010 簇状图制作方法。
2. 掌握 Excel 2010 折线图制作方法。

任务一　Excel 2010 簇状图制作方法

任务描述

打开练习 1 中的 ex. xlsx 文件,在“销售明细”工作表中,根据三季度的“城市”和“销售数量”数据,生成一张簇状柱形图嵌入当前工作表中,图表上方标题为“三季度各城市销售数量图”,无图例,显示数据标签并放置在数据点结尾之外。打开练习 2 中的 ex. xlsx 文件,在“射手榜”工作表中,根据筛选出的球员名和进球总数,生成一张“簇状柱形图”,嵌入当前工作表中,图表上方标题为“曼联球员进球总数统计”,无图例,显示数据标签并放置在数据点结尾之外。打开练习 3 中的 ex. xlsx 文件,在“比重”工作表中,根据中央 2005-2009 年的比重数据,生成一张簇状圆柱图嵌入当前工作表中,水平分类(X)轴标签为年份数据,图表上方标题为“中央财政支出比重图”,无图例,显示数据标签。

任务分析

任务的重点在于让学生熟悉并了解 Excel 2010 中簇状图制作的基本知识点,并通过相应的习题讲解与练习使学生彻底掌握 Excel 2010 中簇状图的制作方法。

技能要点:簇状图制作。

任务实施

一、Excel 2010 簇状图制作方法

Excel 2010 中簇状图制作主要有以下几个步骤:

(1)观察题目中给定的参考样图。题目中给定的参考样图的样式是制作图表的最终标准,在制作图表的过程中必须处处对照样图制作,力求制作出的图表样式与参考样图高度一致,本演示实例中给定的参考样图如图 3-13-1 所示。

(2)首先选中目标工作表,然后按题目中要求柱状图所表示的内容选择相应单元格(如题目中要求“根据各地区一般预算收入数据,生成一张簇状柱形图”,则选择“一般预算收入数据”)如图 3-13-2 所示。

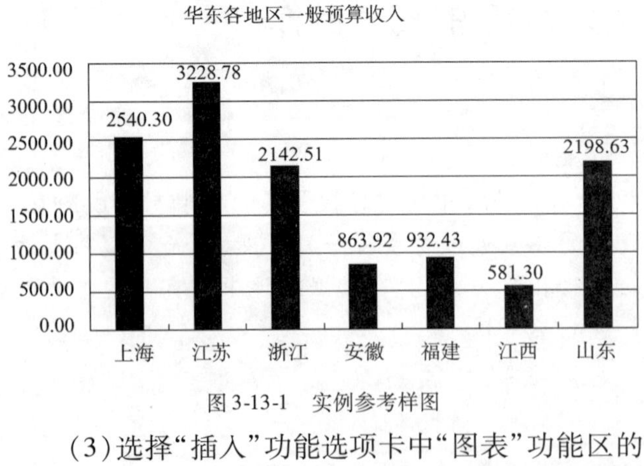

图 3-13-1　实例参考样图

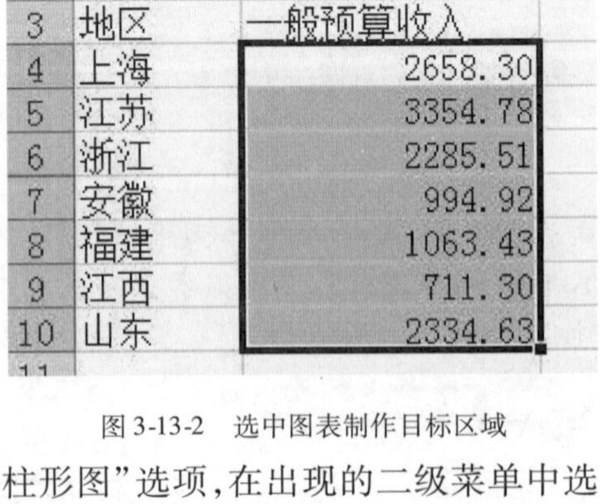

图 3-13-2　选中图表制作目标区域

(3)选择“插入”功能选项卡中“图表”功能区的“柱形图”选项,在出现的二级菜单中选择“二维柱形图”中第一个“簇状柱形图”,如图 3-13-3 所示。

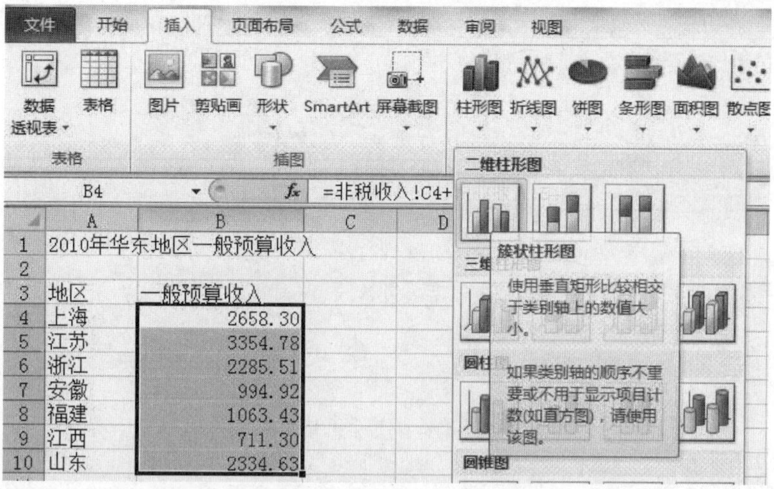

图 3-13-3　选择簇状柱形图

(4)完成第(3)步得到图表初稿,如图 3-13-4 所示。

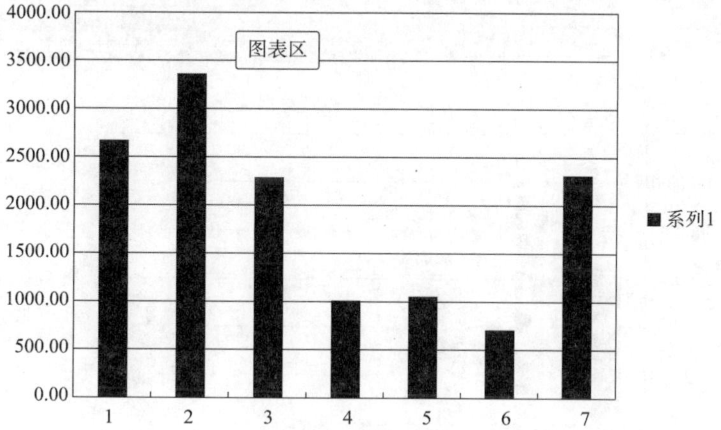

图 3-13-4　图表初稿

(5)参照参考样图更改水平轴标签(本例中水平轴标签为省份)。选择"图表工具"功能选项卡下"设计"选项卡中"数据"功能区的"选择数据",如图 3-13-5 所示。

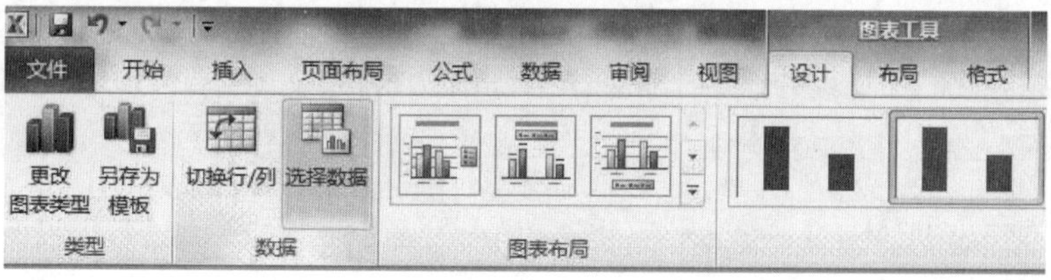

图 3-13-5　选择数据

(6)在弹出的对话框中选择"水平(分类)轴标签"下的"编辑",如图 3-13-6 所示。

(7)在弹出的对话框中选择需要设置的"水平轴标签"数据(本例中为各省省份名称),如图 3-13-7 所示。

(8)点击确定发现图表初稿中的水平轴数据已经变化,如图 3-13-8 所示。

(9)设置图表标题。参照参考样图选择"图表工具"功能选项卡下"布局"选项卡中"标签"功能区的"图表标题",在弹出的二级菜单中选择"图表上方"选项,如图 3-13-9 所示。

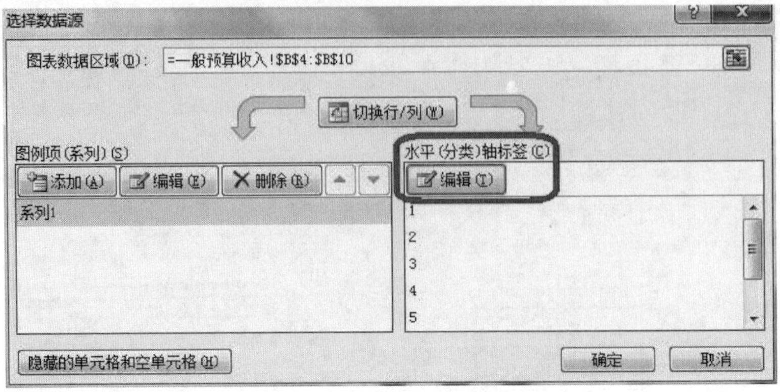

图 3-13-6　设置水平轴标签

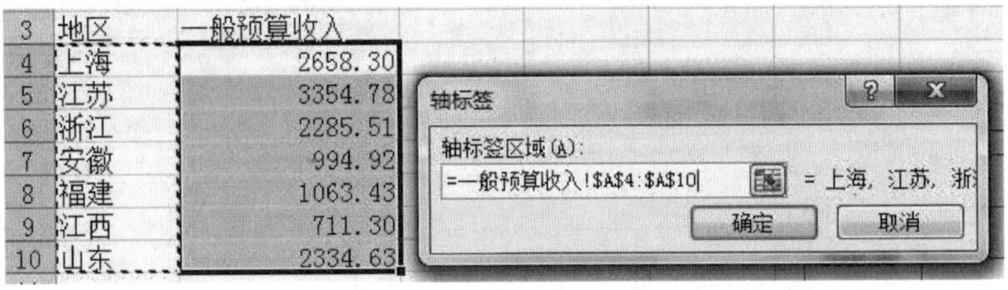

图 3-13-7　水平轴标签数据选择

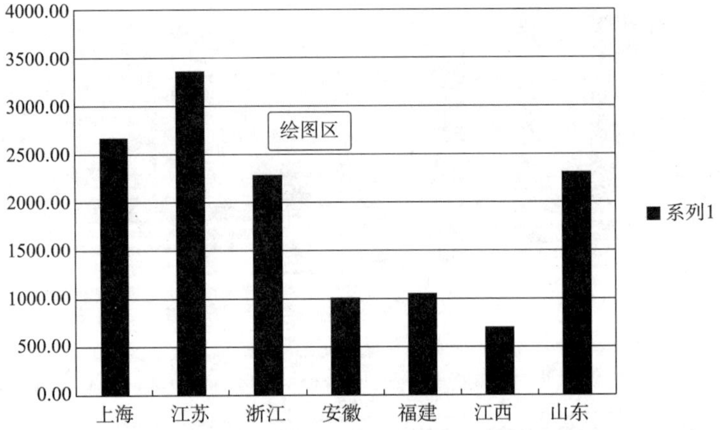

图 3-13-8　水平轴标签设置完成

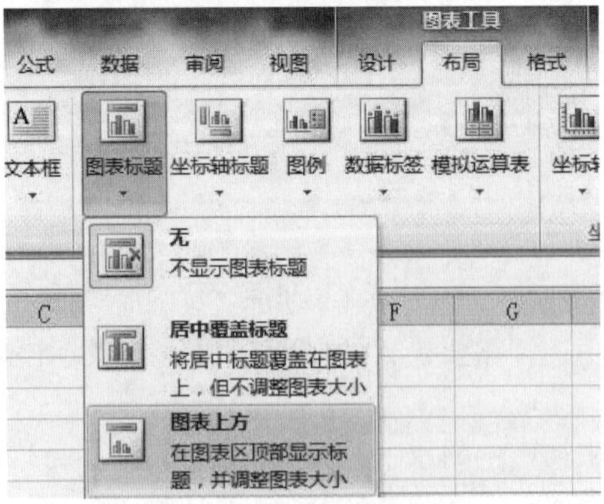

图 3-13-9　图表标题设置

（10）点击在图表初稿中出现的“图表标题”字样，参照样图输入标题（本例中标题为“华东各地区一般预算收入”），如图 3-13-10 所示。

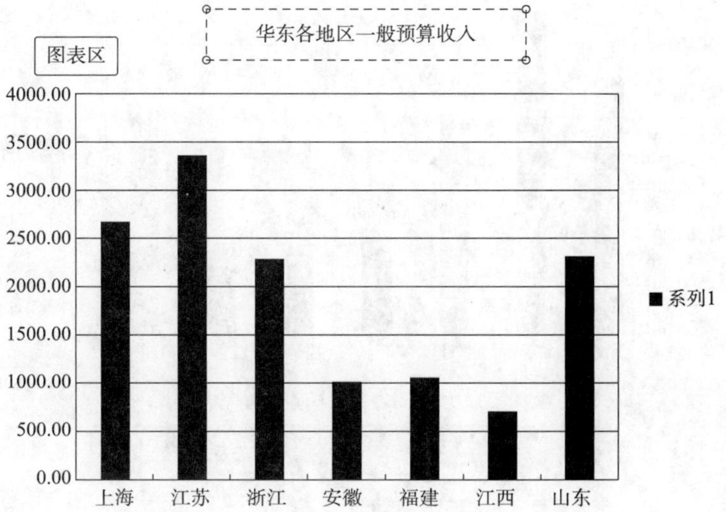

图 3-13-10　图表标题设置完成

（11）显示数据标签。选择“图表工具”功能选项卡下“布局”选项卡中“标签”功能区的“数据标签”，在弹出的二级菜单中选择“数据标签外”选项，如图 3-13-11 所示。

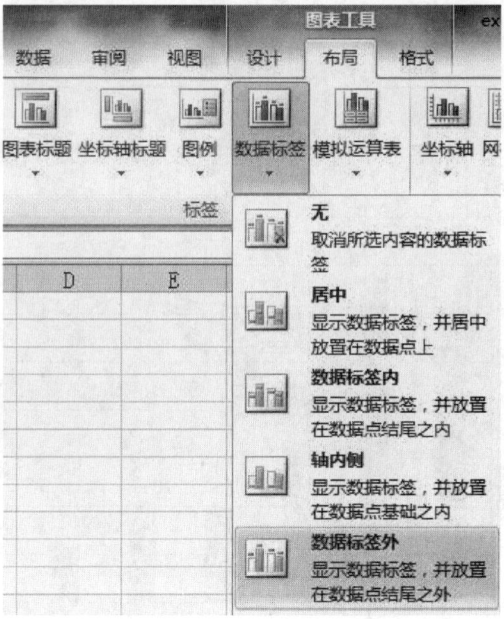

图 3-13-11　图表数据标签设置

（12）完成第（11）步后数据标签设置完成，如图 3-13-12 所示。

（13）关闭图例。选择“图表工具”功能选项卡下“布局”选项卡中“标签”功能区的“图例”，在弹出的二级菜单中选择“无”选项，如图 3-13-13 所示。

（14）关闭图例后，本例图表制作完成，如图 3-13-14 所示。

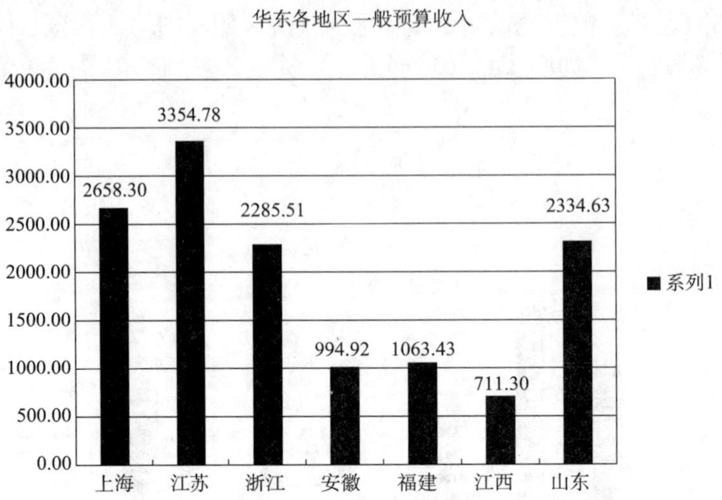

图 3-13-12　图表数据标签设置完成

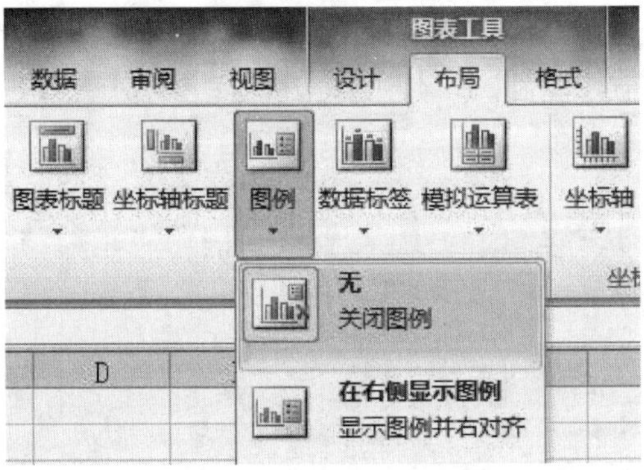

图 3-13-13　关闭图例

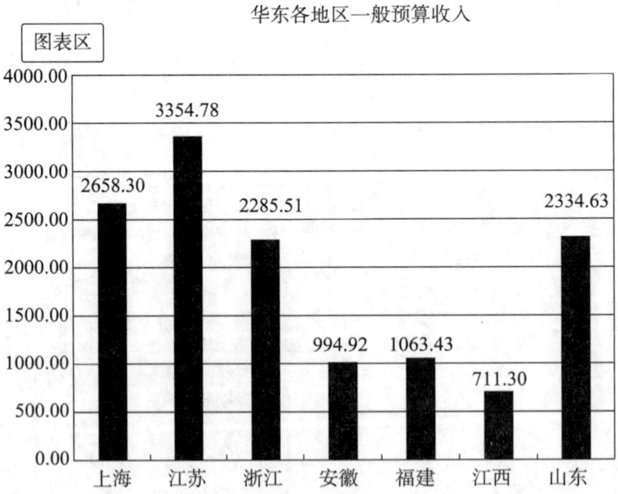

图 3-13-14　图表完成

温馨提示:在进行图表设置时一定要对照给定图样进行编辑设置!

二、Excel 2010 簇状图实例

打开练习 1 中的 ex. xlsx 文件,在“销售明细”工作表中,根据三季度的“城市”和“销售

数量”数据，生成一张簇状柱形图嵌入当前工作表中，图表上方标题为“三季度各城市销售数量图”，无图例，显示数据标签、并放置在数据点结尾之外。具体操作步骤如下：

(1)打开练习 1 中的 ex. xlsx 文件，选择“销售明细”工作表，参照样图，选中“销售数量”单元格列下的三季度数据，选择“插入”功能选项卡中“图表”功能区的“柱形图”选项，在出现的二级菜单中选择“二维柱形图”中第一个“簇状柱形图”，如图 3-13-15 所示。

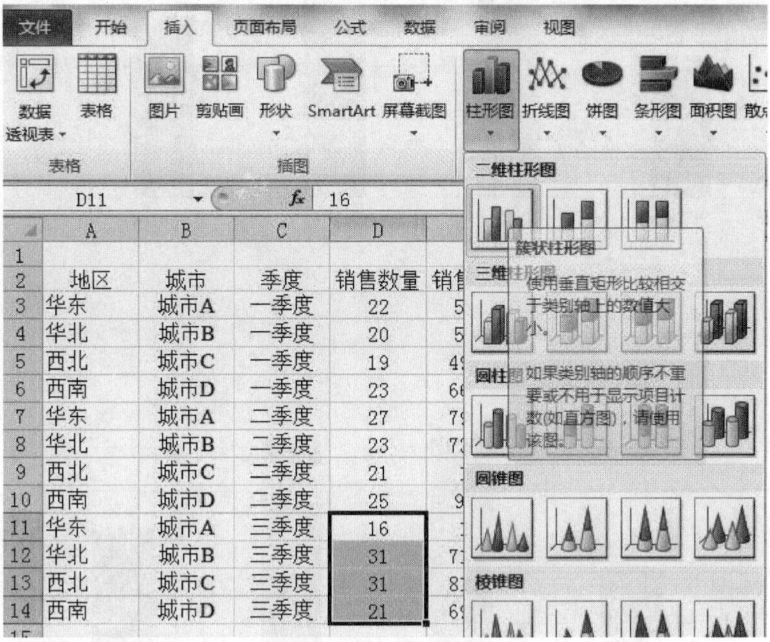

图 3-13-15　练习 1Excel 选中目标数据

(2)参照样图，选择“图表工具”功能选项卡下“设计”选项卡中“数据”功能区的“选择数据”，在弹出的对话框中选择“水平(分类)轴标签”下的“编辑”，如图 3-13-6 所示。

(3)在弹出的对话框中选择“水平轴标签”数据为“城市”列下的三季度城市，如图 3-13-16 所示。

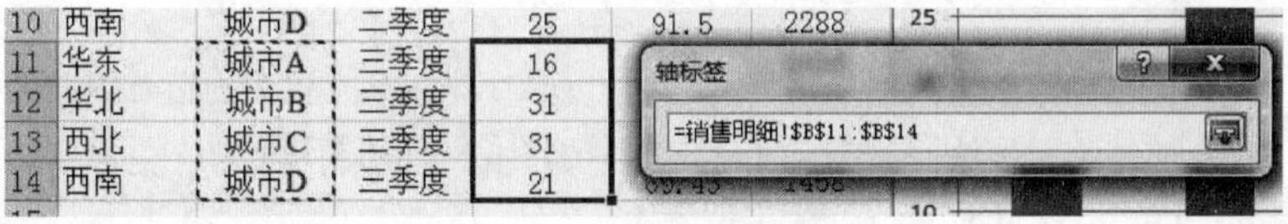

图 3-13-16　水平轴标签设置

(4)参照样图，选择“图表工具”功能选项卡下“布局”选项卡中“标签”功能区的“图表标题”，在弹出的二级菜单中选择“图表上方”选项，点击图表初稿中出现的“图表标题”字样输入标题如样图，如图 3-13-17 所示。

(5)参照样图，选择“图表工具”功能选项卡下“布局”选项卡中“标签”功能区的“数据标签”，在弹出的二级菜单中选择“数据标签外”选项，选择“图表工具”功能选项卡下“布局”选项卡中“标签”功能区的“图例”，在弹出的二级菜单中选择“无”选项，完成本例题图表设置，如图 3-13-18 所示。

温馨提示：在制作图表的过程中横坐标轴和纵坐标轴的顺序一定要注意，切记参照样图不能颠倒！

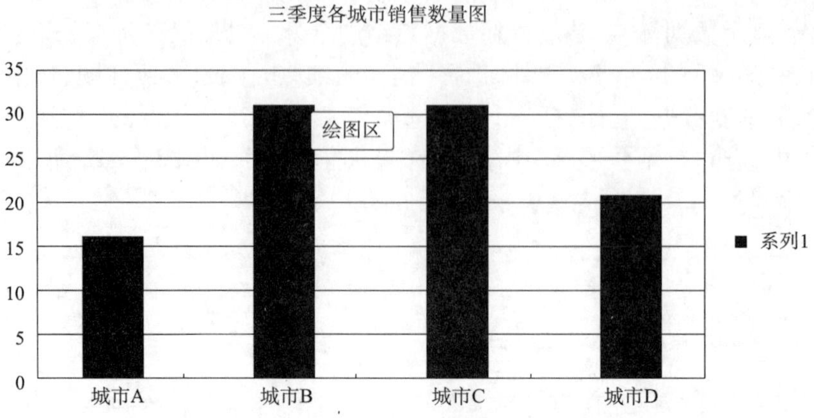

图 3-13-17　图表标题设置完成

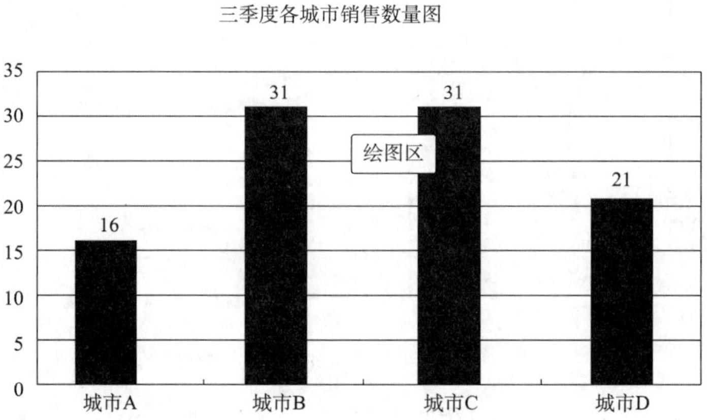

图 3-13-18　练习 1Excel 图表完成

拓展练习

1. 打开练习 2 中的 ex. xlsx 文件，在“射手榜”工作表中，根据筛选出的球员名和进球总数，生成一张“簇状柱形图”，嵌入当前工作表中，图表上方标题为“曼联球员进球总数统计”，无图例，显示数据标签并放置在数据点结尾之外。

2. 打开练习 3 中的 ex. xlsx 文件，在“比重”工作表中，根据中央 2005-2009 年的比重数据，生成一张簇状圆柱图嵌入当前工作表中，水平分类(X)轴标签为年份数据，图表上方标题为“中央财政支出比重图”，无图例，显示数据标签。

任务二　Excel 2010 折线图制作方法

任务描述

参考样图，在“比重”工作表中，根据中央和地方 1995-2000 年的比重数据，生成一张数据点折线图嵌入当前工作表中，图表上方标题为“中央和地方财政收入比重趋势图”，图例在底部，显示数据标签并放置在数据点上方。

任务分析

任务的重点在于让学生熟悉并了解 Excel 2010 中折线图制作的基本知识点，并通过相应的习题讲解与练习使学生彻底掌握 Excel 2010 中折线图的制作方法。

技能要点：折线图制作。

任务实施

一、Excel 2010 折线图制作方法

Excel 2010 中折线图制作主要有以下几个步骤：

（1）观察题目中给定的参考样图。题目中给定的参考样图的样式是制作图表的最终标准，在制作图表的过程中必须处处对照样图制作，力求制作出的图表样式与参考样图高度一致，本演示实例中给定的参考样图如图 3-13-19 所示。

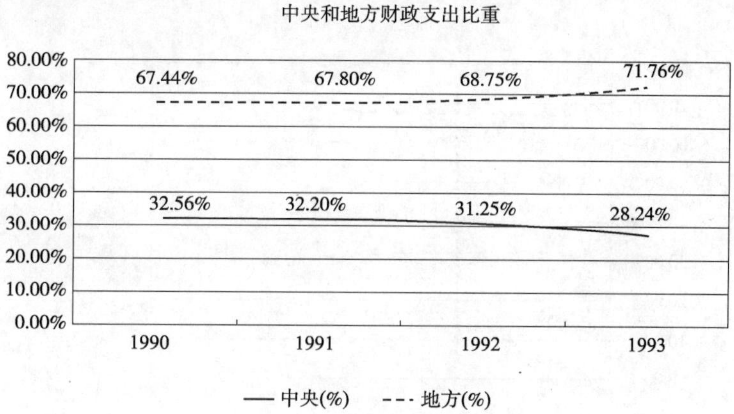

图 3-13-19　实例参考样图

（2）首先选中目标工作表，然后按题目中要求选择相应单元格（如题目中要求“中央和地方 1990-1993 年的财政支出比重数据，生成一张数据点折线图”，则选择“中央”“地方”相应年份财政数据），如图 3-13-20 所示。

	A	B	C
1	中央和地方财政支出的比重		
2			
3	年份	中央(%)	地方(%)
4	1990	32.56%	67.44%
5	1991	32.20%	67.80%
6	1992	31.25%	68.75%
7	1993	28.24%	71.76%
8	1994	30.28%	69.72%

图 3-13-20　选中图表制作目标区域

（3）选择“插入”功能选项卡中“图表”功能区的“折线图”选项，在出现的二级菜单中选择第一个“折线图”，如图 3-13-21 所示。

（4）完成第（3）步得到图表初稿，如图 3-13-22 所示。

（5）参照参考样图更改水平轴标签和图例（本例中水平轴标签为年份，图例系列 1 为中央，系列 2 为地方）。选择“图表工具”功能选项卡下“设计”选项卡中“数据”功能区的“选择

数据”，如图 3-13-5 所示。

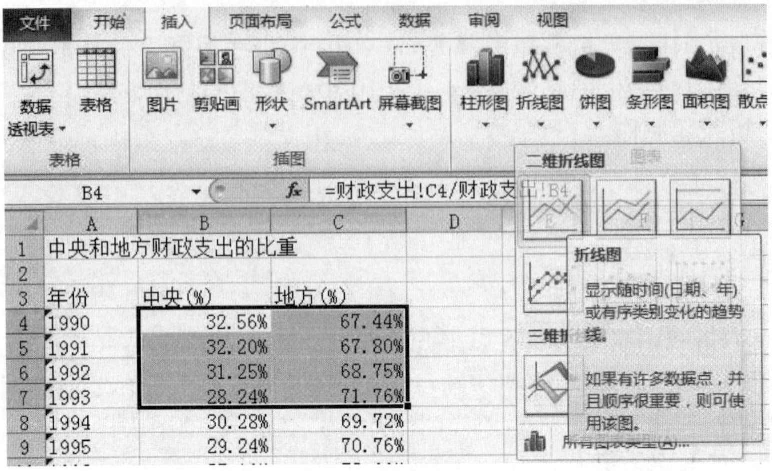

图 3-13-21 选择折线图

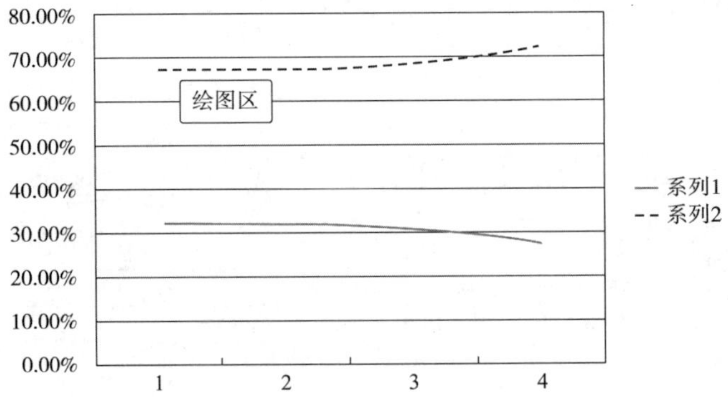

图 3-13-22 图表初稿

（6）在弹出的对话框中选择“水平（分类）轴标签”下的“编辑”设置水平轴，“图例项（系列）”设置“系列 1”、“系列 2”，如图 3-13-23 所示。

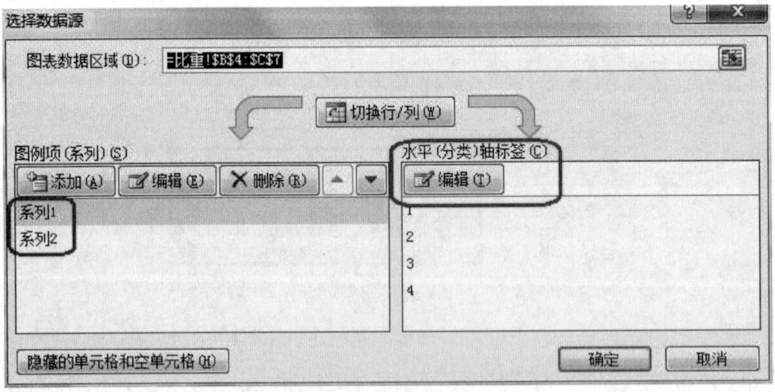

图 3-13-23 图例和水平轴设置

（7）在弹出的对话框中选择需要设置的“水平轴标签”及“系列 1”“系列 2”数据（本例中水平轴为年份、系列 1 为中央、系列 2 为地方），如图 3-13-24 所示。

（8）点击确定，图表初稿中水平轴数据及系列 1、2 已经变化，如图 3-13-25 所示。

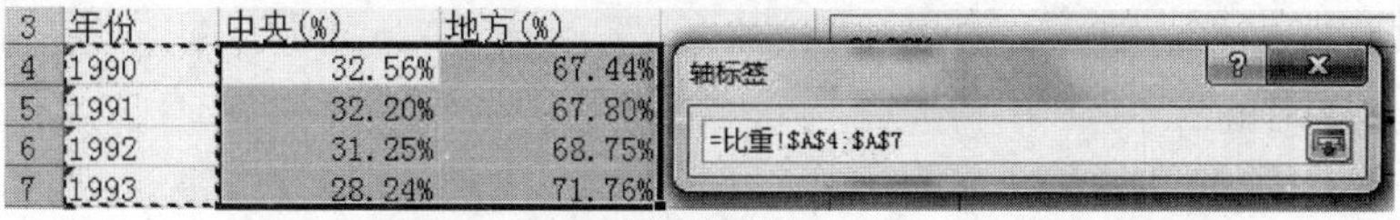

水平轴标签

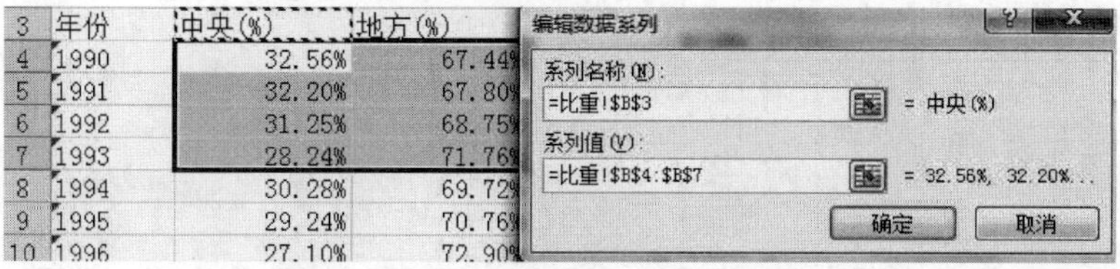

系列1

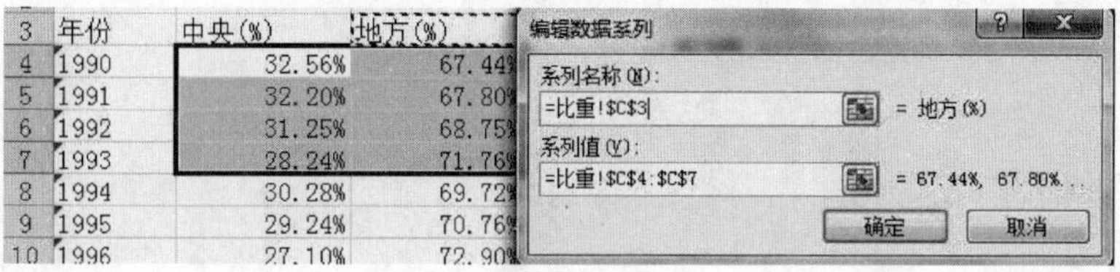

系列2

图 3-13-24 水平轴标签数据及系列 1、2 设置

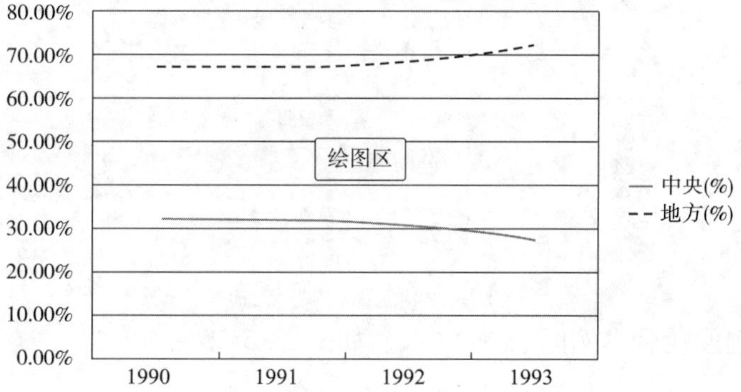

图 3-13-25 水平轴标签及系列 1、2 设置完成

(9)设置图表标题。参照参考样图选择“图表工具”功能选项卡下“布局”选项卡中“标签”功能区的“图表标题”，在弹出的二级菜单中选择“图表上方”选项，如图 3-13-9 所示。

(10)点击图表初稿中出现的“图表标题”字样参照样图输入标题(本例中标题为“中央和地方财政支出比重”)，如图 3-13-26 所示。

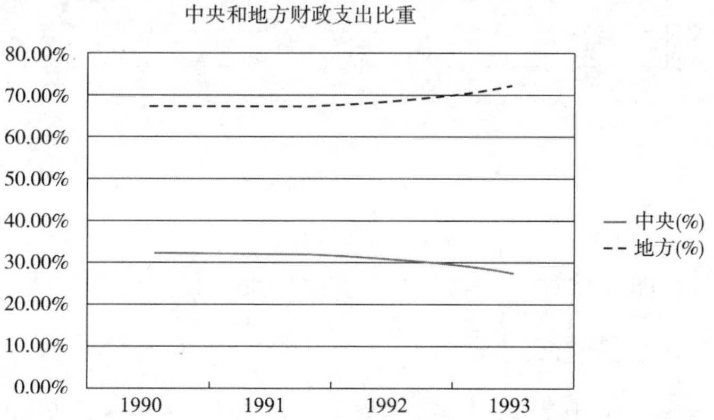

图 3-13-26 图表标题设置完成

(11)显示数据标签。选择“图表工具”功能选项卡下“布局”选项卡中“标签”功能区的“数据标签”,在弹出的二级菜单中选择“数据标签外”选项,如图 3-13-11 所示。

(12)设置图例位置。选择“图表工具”功能选项卡下“布局”选项卡中“标签”功能区的“图例”,在弹出的二级菜单中选择“在底部显示图例”选项,如图 3-13-27 所示。

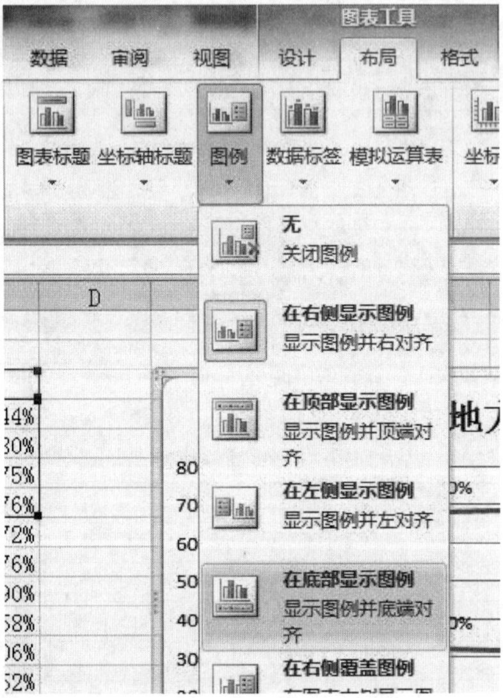

图 3-13-27　设置底部显示图例

(13)设置图例位置后本例图表制作完成,如图 3-13-28 所示。

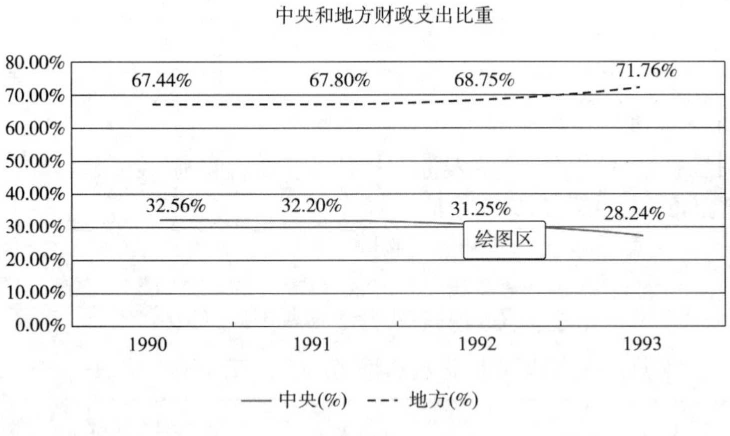

图 3-13-28　图表完成

温馨提示:在进行图表设置时一定要看清题目给定的图表类型再做!

二、Excel 2010 折线图实例

参照样图,打开练习 4 中的 ex. xlsx 文件,在“比重”工作表中,根据中央和地方 1995-2000 年的比重数据,生成一张数据点折线图嵌入当前工作表中,图表上方标题为“中央和地

方财政收入比重趋势图”，图例在底部，显示数据标签并放置在数据点上方。具体操作步骤如下：

(1)打开练习 4 中的 ex. xlsx 文件，选择“比重”工作表，参照样图，选中“中央”、“地方”单元格列下的 1995-2000 年数据，选择“插入”功能选项卡中“图表”功能区的“折线图”选项，在出现的二级菜单中选择第一个“折线图”，如图 3-13-29 所示。

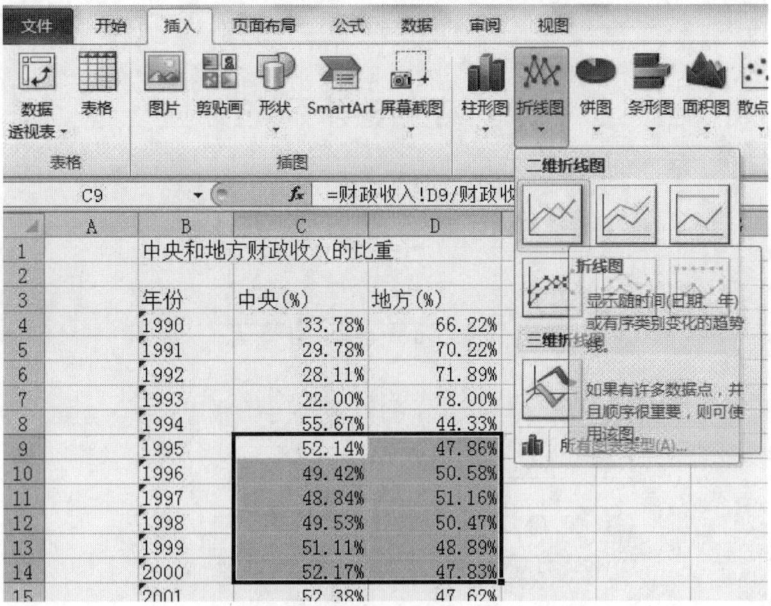

图 3-13-29　练习 4Excel 选中目标数据

(2)得到图表初稿，如图 3-13-30 所示。

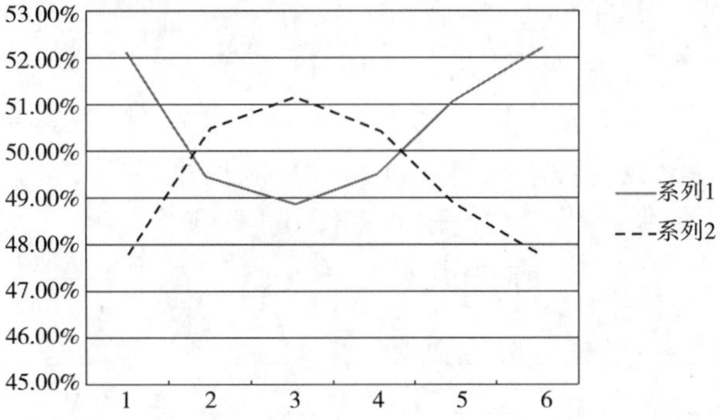

图 3-13-30　折线图表初稿

(3)选择“图表工具”功能选项卡下“设计”选项卡中“数据”功能区的“选择数据”，在弹出的对话框中选择“水平(分类)轴标签”下的“编辑”设置水平轴为“年份”单元格列下 1995-2000 年，“图例项(系列)”设置“系列 1”、“系列 2”分别为“中央(%)”、“地方(%)”，选择完成后，如图 3-13-31 所示。

(4)点击确定，图表初稿中水平轴数据及系列 1、2 已经设置完成，如图 3-13-32 所示。

(5)选择“图表工具”功能选项卡下“布局”选项卡中“标签”功能区的“图表标题”，在弹出的二级菜单中选择“图表上方”选项，如图 3-13-9 所示。

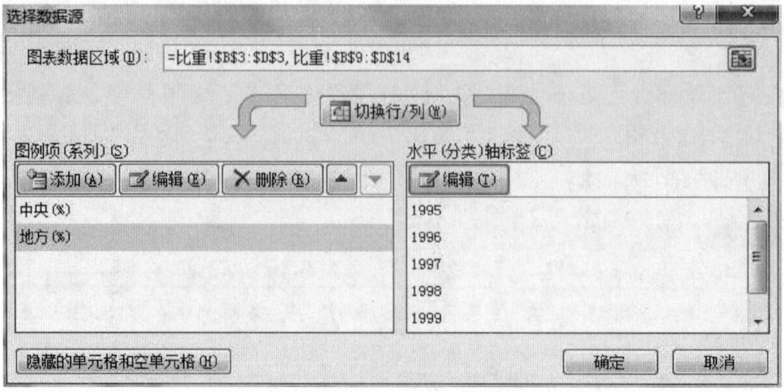

图 3-13-31 水平轴及图例设置

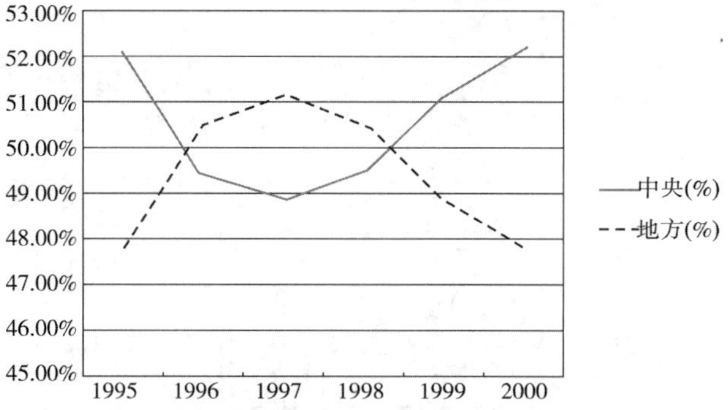

图 3-13-32 图表水平轴及图例设置完成

(6)点击图表初稿中出现的“图表标题”字样输入标题“中央和地方财政收入比重趋势图”。

(7)选择“图表工具”功能选项卡下“布局”选项卡中“标签”功能区的“数据标签”，在弹出的二级菜单中选择“数据标签外”选项，如图 3-13-11 所示。

(8)选择“图表工具”功能选项卡下“布局”选项卡中“标签”功能区的“图例”，在弹出的二级菜单中选择“在底部显示图例”选项，如图 3-13-27 所示。

(9)设置图例位置后本例图表制作完成，如图 3-13-33 所示。

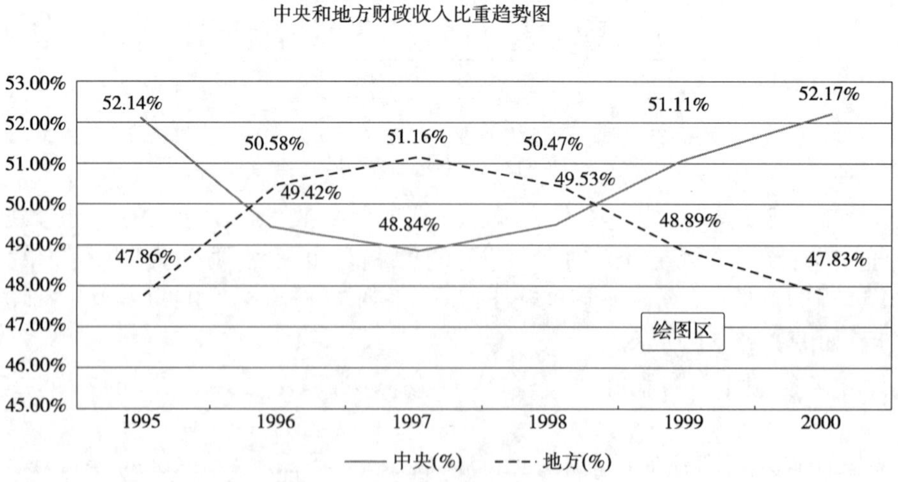

图 3-13-33 图表设置完成

温馨提示:在制作图表的过程中系列 1 和系列 2 一定要分清,如果弄反了那么图表所代表的意义也就反了!

拓展练习

请结合本任务讲解将练习 4 独立完成一遍,熟练掌握图表中折线图的设置方法。

模块四　PowerPoint 2010

项目一　PowerPoint 2010 的基本操作

项目描述

灵活应用 PowerPoint 2010 演示文稿版式选择、背景样式设置方法，通过对幻灯片、版式设置等的基本操作完成 PowerPoint 2010 演示文稿的基本操作。

学习目标

1. 熟悉 PowerPoint 2010 的启动与关闭及操作界面、学会幻灯片的管理。
2. 掌握 PowerPoint 2010 幻灯片版式的基本操作。

任务一　启动和关闭 PowerPoint 2010、熟悉操作界面

任务描述

掌握 PowerPoint 2010 的启动和关闭方法，认识软件的操作界面，掌握新建、保存文件的方法。

任务分析

任务一的重点在于对新版 PowerPoint 2010 操作界面的认识，为以后正确使用打下基础。

技能要点：启动与关闭、菜单栏、常用工具栏、任务窗格、工作表区。

任务实施

一、PowerPoint 2010 的启动与关闭

1. 启动 PowerPoint 2010

启动 PowerPoint 2010 应用程序主要有以下两种方法：

方法一：单击“开始”按钮→“所有程序”“Microsoft Office”→“Microsoft PowerPoint 2010”，启动后界面如图 4-1-1 所示。

方法二：鼠标双击桌面快捷方式

，即可启动程序。

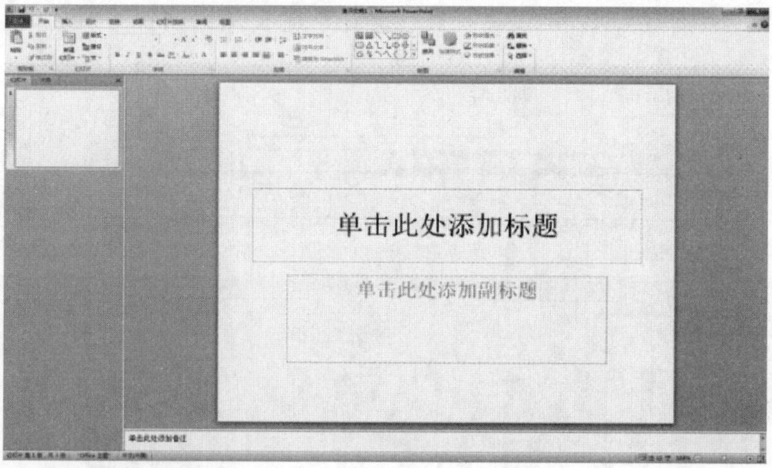

图 4-1-1　PowerPoint 2010 界面

2. 关闭 PowerPoint 2010

关闭 PowerPoint 2010 应用程序主要有以下几种方法：

方法一：单击“文件”菜单中的“退出”按钮，可关闭并退出，如图 4-1-2 所示。

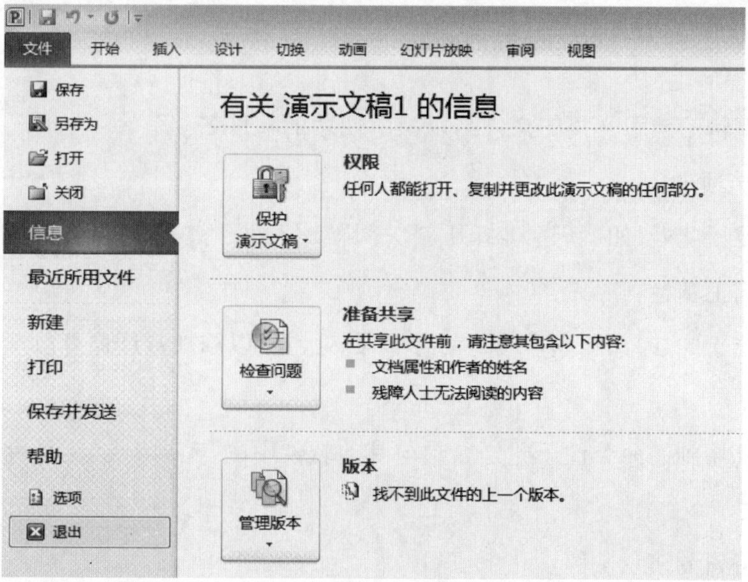

图 4-1-2　文件菜单界面

方法二：单击窗口右上角的“关闭”按钮，如果 4-1-3 所示。

图 4-1-3　快捷关闭栏

方法三：使用快捷键组合“Alt + F4”。

温馨提示：以后操作过程中，在关闭退出之前一定要做好保存！

二、PowerPoint 2010 的操作界面

PowerPoint 2010 操作界面主要由标题栏、“文件”菜单、功能选项卡、快速访问工具列、功

能区、工作表区、名称框、数据编辑区和状态栏等元素组成，如图 4-1-4 所示。

图 4-1-4　PowerPoint 2010 界面区域功能图

1. 标题栏

显示正在编辑的演示文稿的文件名以及所使用的软件名。

2. "文件"选项卡

基本命令位于此处，如"新建""打开""关闭""另存为"和"打印"。

3. 快速访问工具栏

常用命令位于此处，如"保存"和"撤销"。此处也可以添加常用命令。

4. 功能区

工作时需要用到的命令位于此处。它与其他软件中的"菜单"或"工具栏"相同。

5. 编辑窗口

显示正在编辑的演示文稿。

6. 显示按钮

可根据自己的要求更改正在编辑的演示文稿的显示模式。

7. 滚动条

可以更改正在编辑的演示文稿的显示位置。

8. 缩放滑块

可以更改正在编辑的文档的缩放设置。

9. 状态栏

显示正在编辑的演示文稿的相关信息。

三、PowerPoint 2010 的管理

1. 新建演示文稿

在 PowerPoint 2010 中,新建演示文稿主要有以下两种方法。

方法一:桌面空白处单击鼠标右键"新建"→"Microsoft PowerPoint",如图 4-1-5 所示。

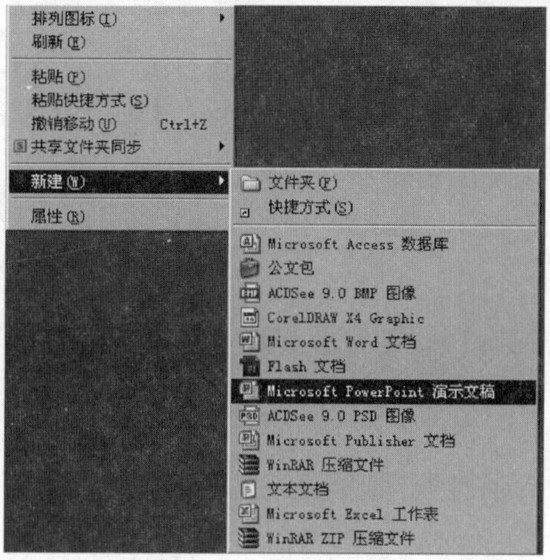

图 4-1-5 桌面创建演示文稿

方法二:单击"文件"菜单→"新建"→"空白演示文稿"→,"创建"如图 4-1-6 所示。

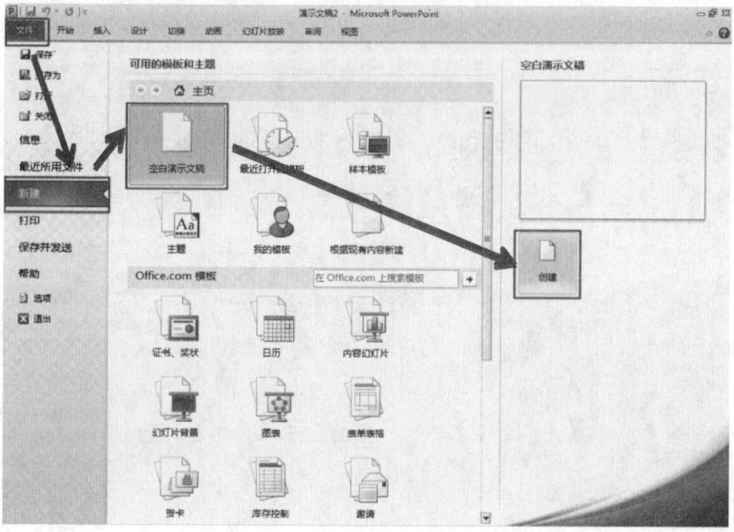

图 4-1-6 文件菜单创建演示文稿

2. 保存演示文稿

在制作演示文稿的过程中,为避免发生遗失、误操作或死机、断电等突发情况使辛苦完成的文稿毁于一旦,需要及时对文稿进行保存。在 PowerPoint 2010 中,保存演示文稿主要有以下几种方法。

方法一:单击"文件"菜单→"保存"。

方法二:单击快速访问工具栏中的"保存"按钮。

方法三:单击"文件"菜单→"另存为"→输入要保存的文件名→"保存"。

3. 打开并修复演示文稿

为最大程度的减少因断电、死机或误操作而未对演示文稿及时保存导致的演示文稿丢失、损坏等情况，PowerPoint 2010 的“打开并修复”功能可以一定程度的恢复异常产生前的演示文稿状态。

方法是：单击“文件”菜单→“打开”→选择要打开的演示文稿→单击“打开”按钮右侧下拉三角按钮→选择“打开并修复”。

任务二　PowerPoint 2010 幻灯片基本操作

任务描述

打开练习 1 中的“营养学问. pptx”文件，在“营养学问”演示文稿中添加幻灯片 9；将幻灯片 8 的版式设置为“空白”；为所有幻灯片添加“节”，将“节”命名为“营养学问”。

任务分析

任务内容：添加幻灯片一张；将幻灯片的版式进行改变；利用“节”来管理幻灯片，使幻灯片层次性更强。

技能要点：幻灯片的添加、幻灯片版式编辑、幻灯片的“节”管理。

任务实施

一、幻灯片的添加

(1) 打开练习 1 中的“营养学问. pptx”文件，出现界面如图 4-1-7 所示。

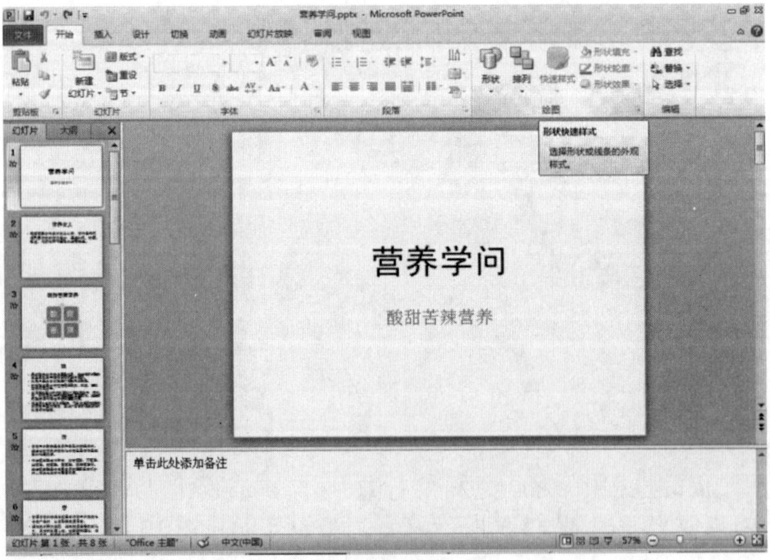

图 4-1-7　《营养学问》文件界面

(2) 为“营养学问. pptx”文件添加幻灯片 9，主要有以下几种方法：

方法一：工具栏中直接点击“新建幻灯片”，如图 4-1-8 所示。

方法二:图中空白处,单击鼠标右键,选择“新建幻灯片”,如图 4-1-9 所示。

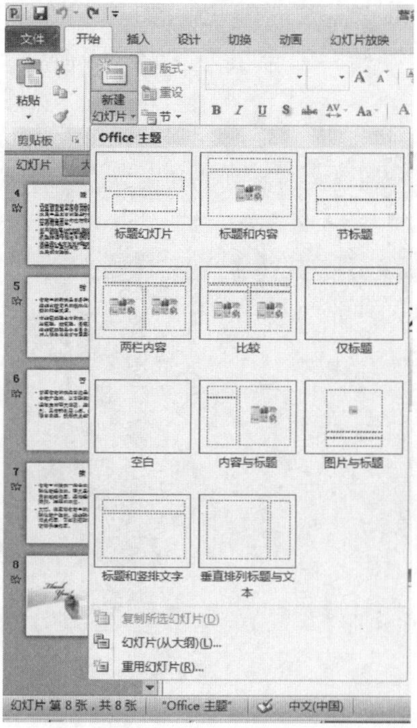

图 4-1-8　工具栏创建

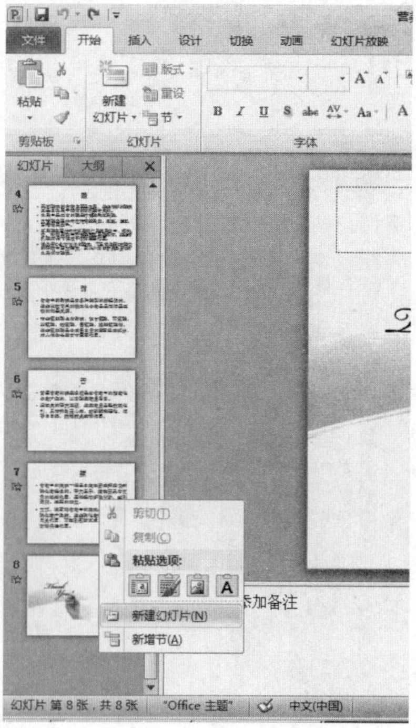

图 4-1-9　大纲空白创建

方法三:在幻灯片 8 后点击单击鼠标,按下键盘上 Enter 键,如图 4-1-10 所示。

方法四:使用快捷键,选中幻灯片 8,按下键盘上的 Ctrl + M 键,完成新建幻灯片,如图 4-1-11所示。

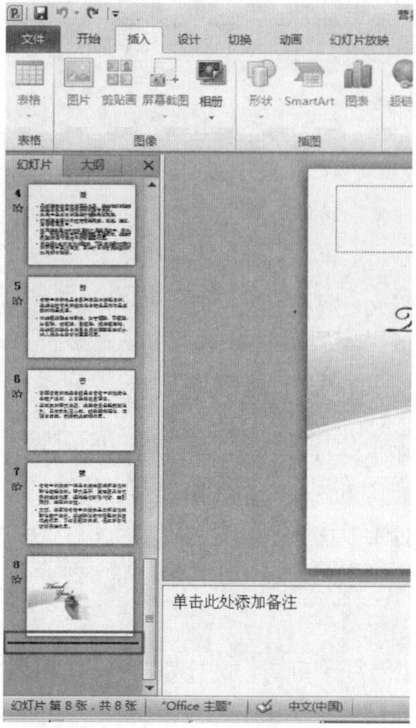

图 4-1-10　Enter 键快捷创建

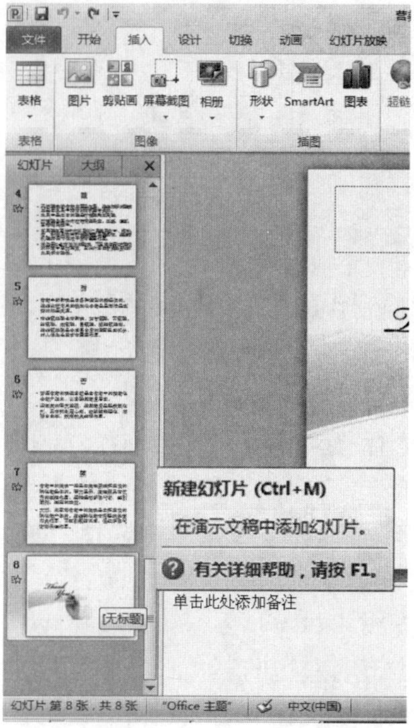

图 4-1-11　快捷键创建

二、幻灯片版式的编辑

(1)将幻灯片 8 的版式设置为“空白”;单击“开始”→“版式”→“空白”命令,如图 4-1-12 所示。

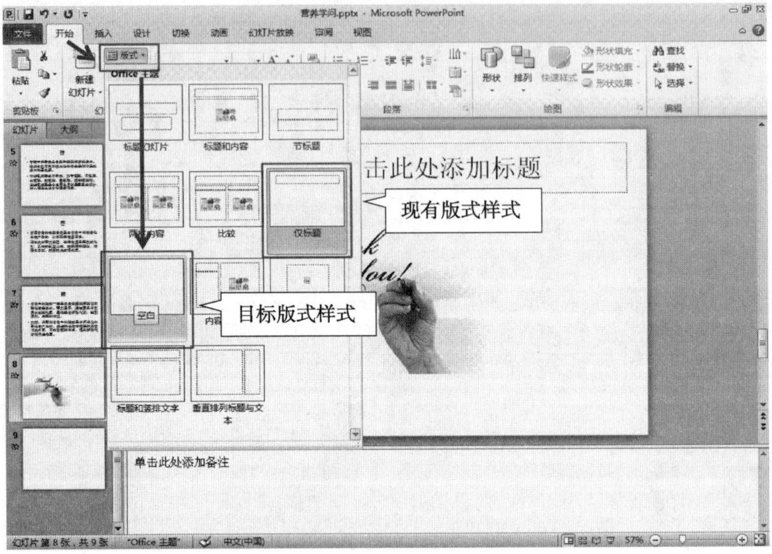

图 4-1-12　演示文稿改变版式样式

(2)幻灯片版式重设:将幻灯片占位符的位置,大小和格式重设为其默认设置,如图 4-1-13所示。

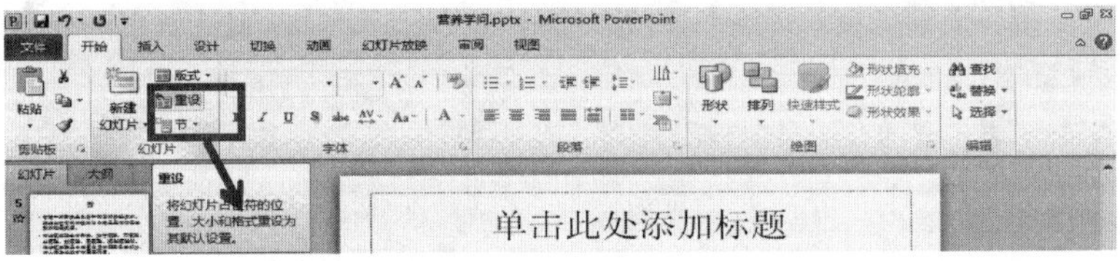

图 4-1-13　幻灯片版式重设

三、使用“节”功能管理幻灯片

如果我们制作的 PowerPoint 的幻灯片很多,那么,当我们演示的时候如何让观众更清晰的了解我们的思路和逻辑就非常重要了。使用“节”可以让我们更轻松地管理我们的 PowerPoint,让观众更容易理解我们的意思。

(1)将光标移动到新增节的位置,点击鼠标右键选择“新增节”,如图 4-1-14 所示。

(2)我们选择“新增节”后,节的标题默认为“无标题节”,用光标选中“无标题节”,点击功能区的“节”可以在下拉菜单中选择“重命名”对节标题进行命名,如图 4-1-15 所示。

(3)选择“重命名”后弹出“重命名节”对话框,在对话框中输入节的“营养学问”即可点击“确定”,如图 4-1-16 所示。

(4)点击节名左边的三角形符号可以折叠展开该节的幻灯片,如图 4-1-17 所示。

(5)将光标定位在节名上点击右键可以选择删除该节和节下面的幻灯片,还可以选择只删除所有节,如图 4-1-18 所示。

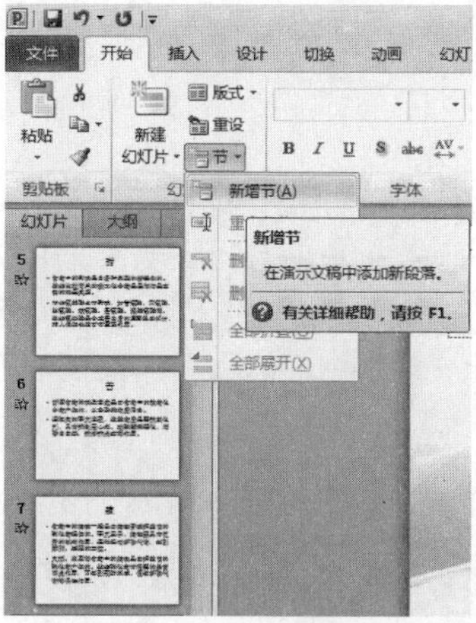

图 4-1-14　新增节图

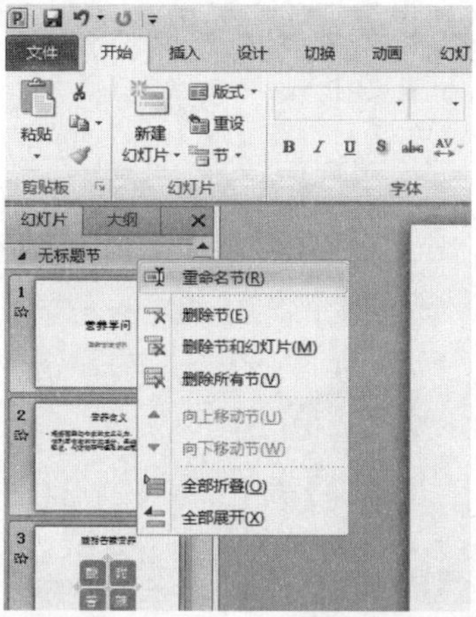

图 4-1-15　重命名图

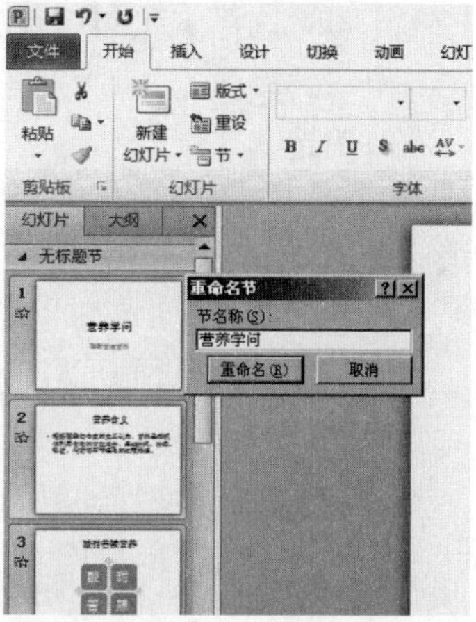

图 4-1-16　节命名图

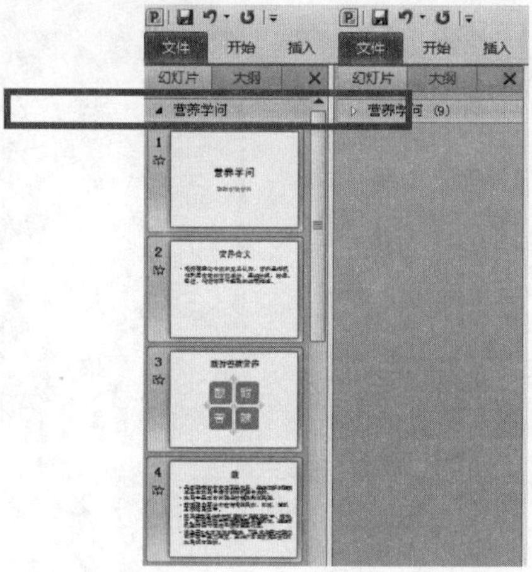

图 4-1-17　展开节幻灯片

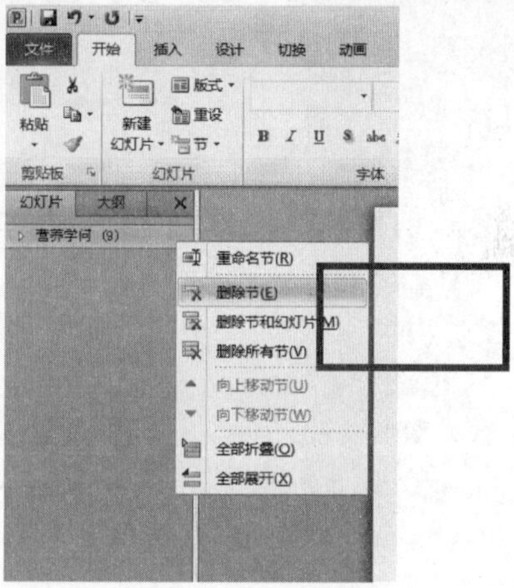

图 4-1-18　节的管理

任务三　PowerPoint 2010 幻灯片编辑操作

任务描述

打开练习 1 中的“营养学问. pptx”文件，在“营养学问”演示文稿中删除幻灯片 9；移动幻灯片 4 放置于幻灯片 6 之后；复制幻灯片 8，放置于幻灯片 7 之后。

任务分析

任务内容：删除幻灯片一张；移动幻灯片在演示文稿中的位置；选择、复制幻灯片并将其放置在特定位置。

技能要点：幻灯片的选择、删除、移动和复制编辑操作。

任务实施

一、幻灯片的选择

有许多操作的前提都要求先选择幻灯片，对幻灯片的选择包括单选（选择一张幻灯片）

和多选(同时选择多张幻灯片),其中多选又包括连续多选(相邻的多张幻灯片)和非连续多选(不相邻的多张幻灯片),操作方法如下:

(1)单选

单击需要选定的幻灯片缩略图,缩略图出现黄色边框,该幻灯片被称作“当前幻灯片”,如图 4-1-19 所示。

(2)连续多选

先单击相邻多张幻灯片的第一张,然后按住 Shift 键,单击最后一张,如图 4-1-20 所示。

(3)非连续多选

先单击某张幻灯片,然后按住 Ctrl 键,单击需要选择的幻灯片,如图 4-1-21 所示。

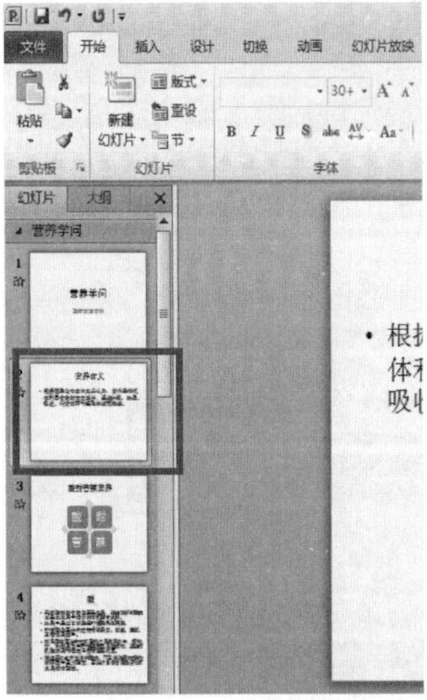

图 4-1-19 单选

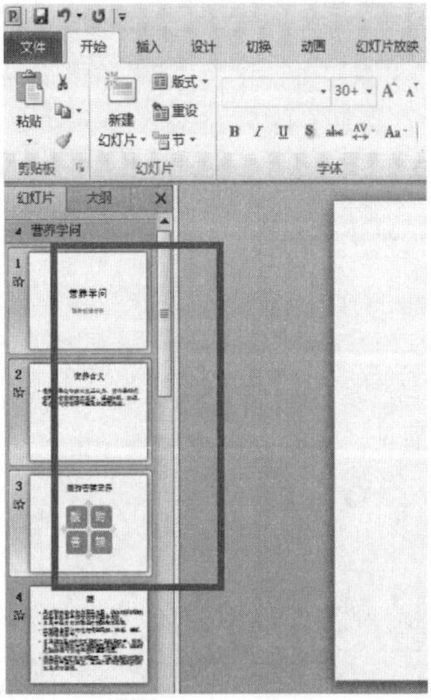

图 4-1-20 连续多选

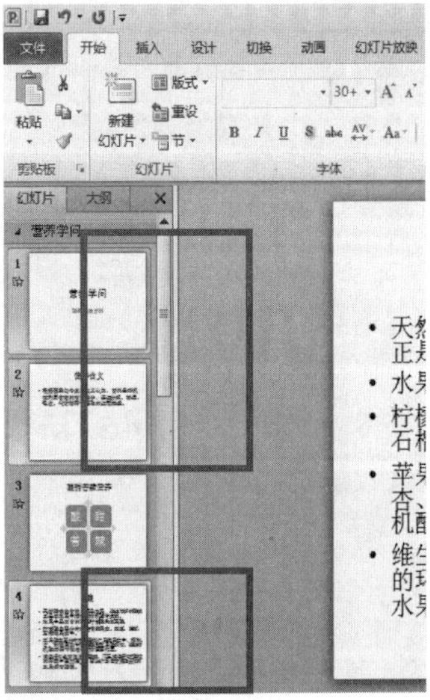

图 4-1-21 非连续多选

二、幻灯片的删除—删除幻灯片 9

若某张(些)幻灯片不再有用,就需要删除幻灯片。删除幻灯片有三种方法,分别是:

方法一:选择欲删除幻灯片(可以多选),然后按键盘上的“Delete”键,被选幻灯片被删除,其余幻灯片将顺序上移,如图 4-1-22 所示。

方法二:选择欲删除幻灯片(可以多选),然后选择菜单“编辑”→“剪切”,被选幻灯片被删除,其余幻灯片将顺序上移,如图 4-1-23 所示。

方法三:右击欲删除幻灯片(可以多选),然后选择弹出菜单中的“删除幻灯片”项,被选幻灯片被删除,其余幻灯片将顺序上移,如图 4-1-24 所示。

三、幻灯片的移动—移动幻灯片 4 放置于幻灯片 6 之后

幻灯片的播放顺序不合要求,就需要移动幻灯片的位置,调整幻灯片的顺序。移动幻灯片有两种方法,分别是:

方法一:拖动的方法。

选择幻灯片 4,用鼠标左键将它拖动到幻灯片 6 之后,在拖动过程中,有一条黑色横线随之移动,黑色横线的位置决定了幻灯片移动到的位置,当松开左键时,幻灯片就被移动到了

黑色横线所在的位置,如图 4-1-25 所示。

方法二:剪切的方法。

选择幻灯片 4,然后选择菜单“编辑”→“剪切”,被选幻灯片消失,单击幻灯片 6,会有一条黑色横线闪动指示该位置,然后选择菜单“编辑”→“粘贴选项-保留原格式”,幻灯片就移动到了幻灯片 6 后,如图 4-1-26 所示。

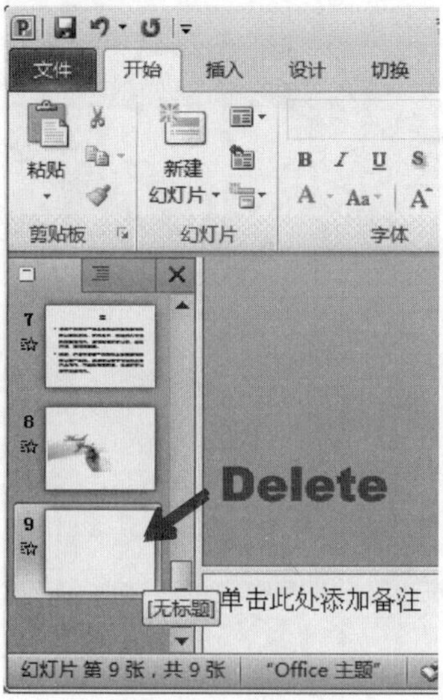

图 4-1-22　按键删除

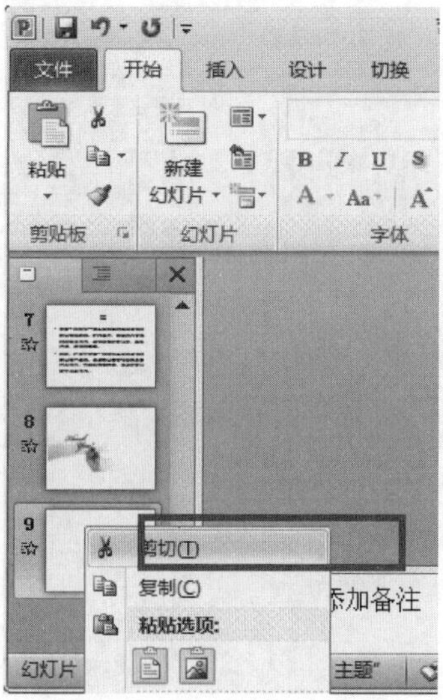

图 4-1-23　剪切删除

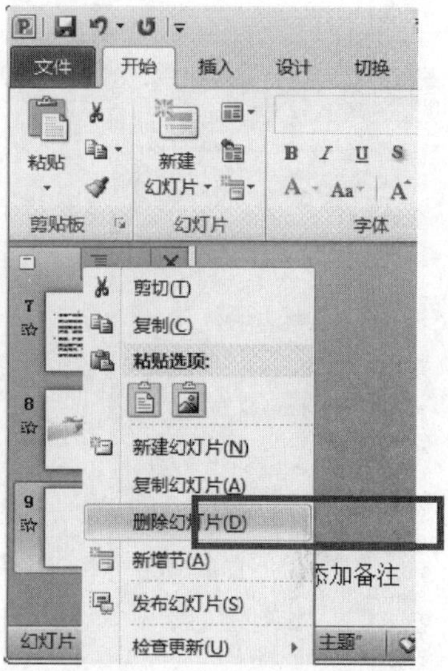

图 4-1-24　右击删除

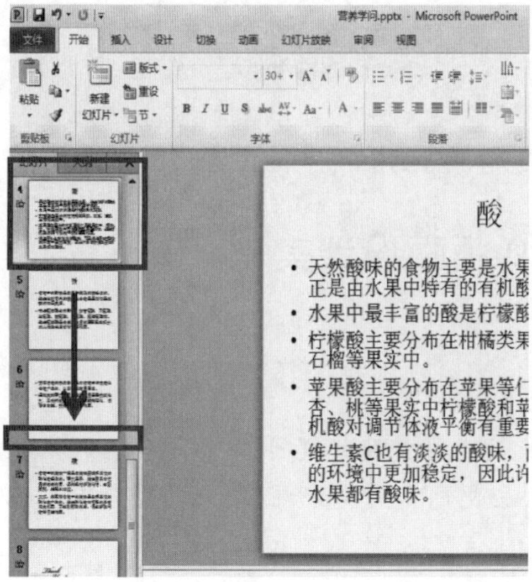

图 4-1-25　拖动式移动

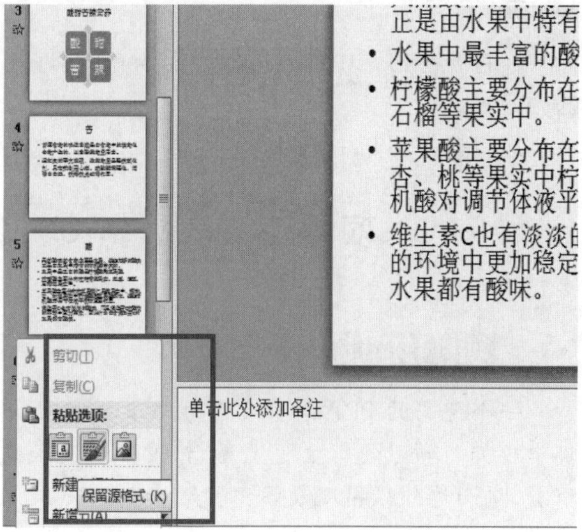

图 4-1-26　剪切式移动

温馨提示:在方法二中,幻灯片 4 剪切后,原幻灯片 6 变为新幻灯片 5,故粘贴在新幻灯片 5 之后。

四、幻灯片的复制—复制幻灯片 8,放置于幻灯片 7 之后

(1)选择幻灯片 8,右击选中的幻灯片 8,在弹出菜单中选择“复制”项,如图 4-1-27

所示。

(2)右击复制的目标位置—幻灯片七后,在弹出菜单中选择“粘贴-保留原格式”项,如图 4-1-28 所示。

图 4-1-27　幻灯片复制

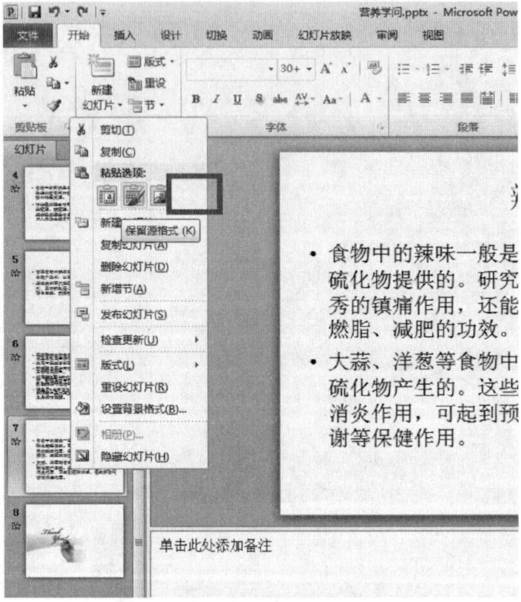

图 4-1-28　粘贴-保留原格式

拓展练习

1. 打开练习 9 中的“财政收支. pptx”文件,将第 4 张幻灯片中备注的文字复制到幻灯片的内容区。

2. 打开练习 9 中的“财政收支. pptx”文件,将幻灯片 5 与幻灯片 7 的位置进行交换。

项目二　PowerPoint 2010 版面设计美化

项目描述

一个优秀的 PPT 除了精彩的内容之外,优良的版面设计美化也是十分重要的。在本项目中我们将学习使用主题设置、背景样式及版式设置完成 PPT 的美化设计,使其符合人们的审美,从而达到吸引观众注意力的目的。

学习目标

1. 了解 PPT 主题种类及特点,掌握 PowerPoint 2010 主题设定及编辑操作。
2. 了解背景样式属性及编号特点,掌握背景样式设定及编辑操作。
3. 了解幻灯片版式种类及特点,掌握版式设定及编辑操作。

任务一　PowerPoint 2010 主题、背景样式

任务描述

使用统一的 PPT 主题可以突出 PPT 的整体性,且便于修改及更换操作。本教学内容用于承接练习四“财政支出”操作命令:所有幻灯片设置设计主题为“精装书”;背景样式设置为:样式 10。练习三“财政收入”操作命令:所有幻灯片设置设计主题为“精装书”。

任务分析

任务一的重点在于让学生熟悉 PowerPoint 2010 中主题、背景样式设置的常规操作,并通过相应的练习使学生彻底掌握 PowerPoint 2010 中主题、背景样式设置的相应常规操作。

技能要点:主题设置、背景样式设置。

任务实施

一、PowerPoint 2010 的主题设置

(1)最终样张效果展示,如图 4-2-1 所示。

图 4-2-1　“精装书”主题样张效果

(2)“精装书”主题设置操作步骤:

①鼠标选中“设计”栏,单机鼠标右键,进入“设计”属性面板,如图 4-2-2 所示。

图 4-2-2　“设计”属性面板

②在弹出的对话框中选择主题下拉菜单,得到主题选择界面,如图 4-2-3 所示。

图 4-2-3　主题选择界面

③选中“精装书”主题，点击鼠标左键选取，完成主题设置。

温馨提示：在属性面板中，主题数量比较多并没有显示相应的主题名称，如何准确选择主题，可按如下步骤进行寻找：

（1）参照样张选择颜色相近的主题；

（2）将鼠标放置于该主题上停留三秒，即可显示出该主题的名称。

二、背景样式设置

（1）背景样式是主题的扩展选项，针对主题进行进一步的设置，“背景样式”在属性面板中的位置如图 4-2-4 所示。

图 4-2-4　背景样式设置界面

（2）背景样式 10 设置操作步骤：

①点击“背景样式”旁的下拉菜单，显示所有背景样式，如图 4-2-5 所示。

②在背景样式面板中找到样式 10，鼠标点击，完成后如图 4-2-6 所示。

温馨提示：演示文稿默认携带 12 种不同的背景样式，从左至右、从上至下按序排列！

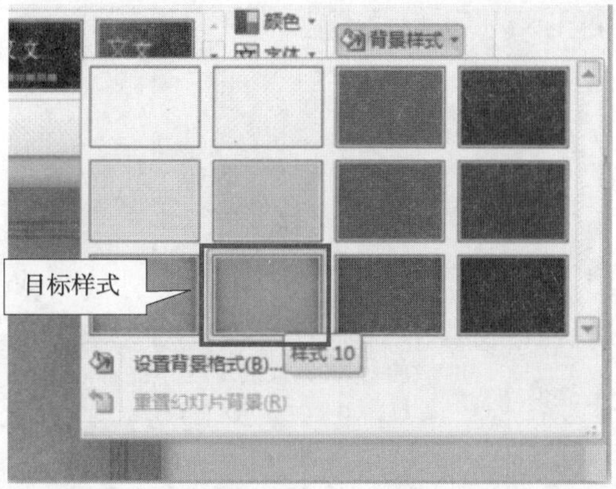

图 4-2-5　背景样式界面

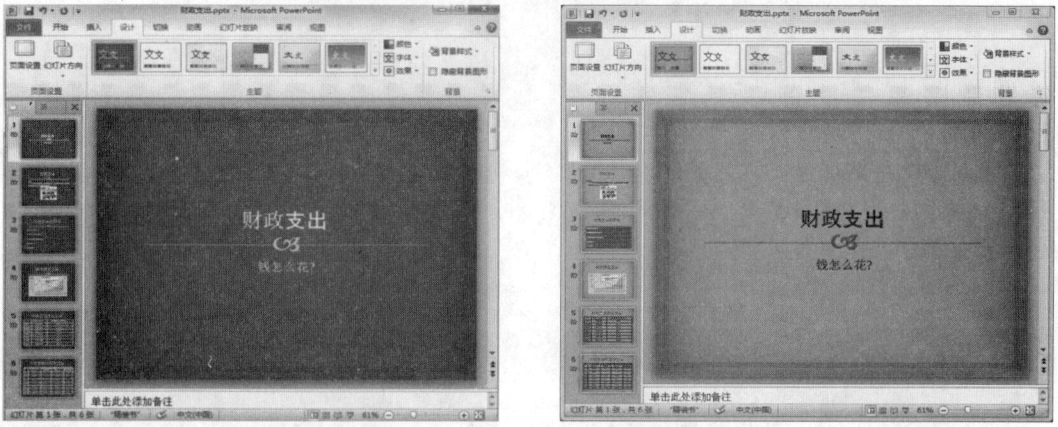

图 4-2-6　“背景样式 10”添加效果对比

拓展练习

1. 打开练习七中的“丽江. pptx”文件,按下列要求进行操作:所有幻灯片设置设计主题为“纸张”。

2. 打开练习八中的“营养食物. pptx”文件,按下列要求进行操作:为所有幻灯片设置设计主题为“华丽”。

任务二　PowerPoint 2010 背景图形、版式设置

任务描述

打开练习九中的“财政收入. pptx”文件,按下列要求进行操作:所有幻灯片设置设计主题为“精装书”,并显示背景图形;将第 6 张幻灯片的版式改为“两栏内容”。

任务分析

从任务内容我们可知,任务二 PowerPoint 2010 背景图形和版式设置是任务一的延伸,在主题设置完成之后对幻灯片进行美化,通过对幻灯片背景图像设置和版式设置提升 PPT 的美观度。

技能要点:幻灯片背景图形设置、版式设置。

任务实施

一、背景图形设置

(1)显示背景图像和隐藏背景图像是一对相对命令,使用于在添加主题之后,对于原有幻灯片中图形显示情况的选择,“隐藏背景图形”在属性面板中的位置如图 4-2-7 所示。

图 4-2-7　隐藏背景图形设置界面

(2)显示背景图形设置。

添加相应的主题之后,默认情况下背景图形为隐藏状态,显示背景图形,只需将“隐藏背景图形”命令前选项框中“√”去掉即可,效果对比如图 4-2-8 所示。

勾选“隐藏背景图形”命令效果

未勾选“隐藏背景图形”命令效果

图 4-2-8　隐藏背景图形设置效果对比

二、幻灯片版式设置

(1)打开幻灯片版式,有如下两种方法:

方法一:在幻灯片窗口选中第 6 张幻灯片,右击鼠标,在下拉菜单中找到“版式”命令,如图 4-2-9 所示。

方法二:在第 6 张幻灯片编辑界面的空白处,右击鼠标,在下拉菜单中找到“版式”命令,如图 4-2-10 所示。

(2)幻灯片版式设置操作步骤:

①打开“版式”属性面板,其中深色显示为现有版式类型,浅色为选中版式类型,如图 4-2-11所示。

②在“版式”属性对话框中,选中“两栏内容”版式类型,点击鼠标左键选中,即完成版式设定,操作前后对比如图 4-2-12 所示。

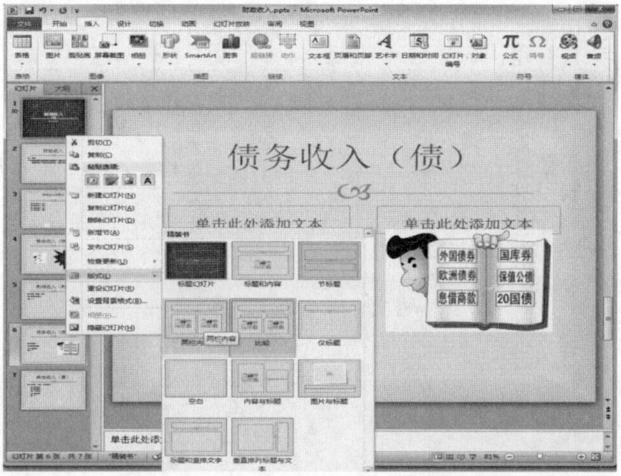

图 4-2-9　幻灯片窗口调取“版式”命令

图 4-2-10　幻灯片空白处调取“版式”命令

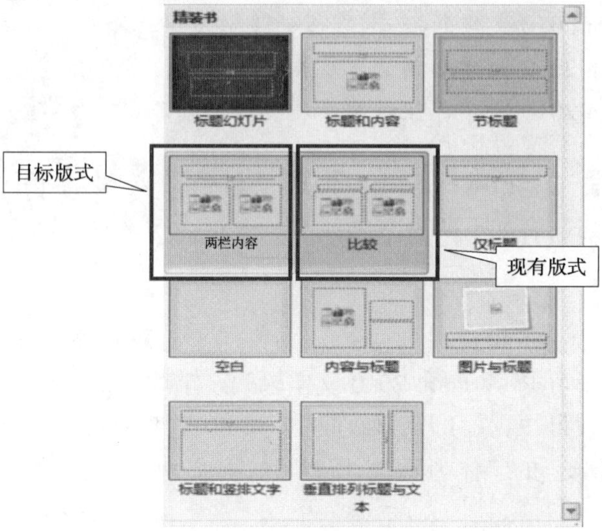

图 4-2-11　版式属性对话框

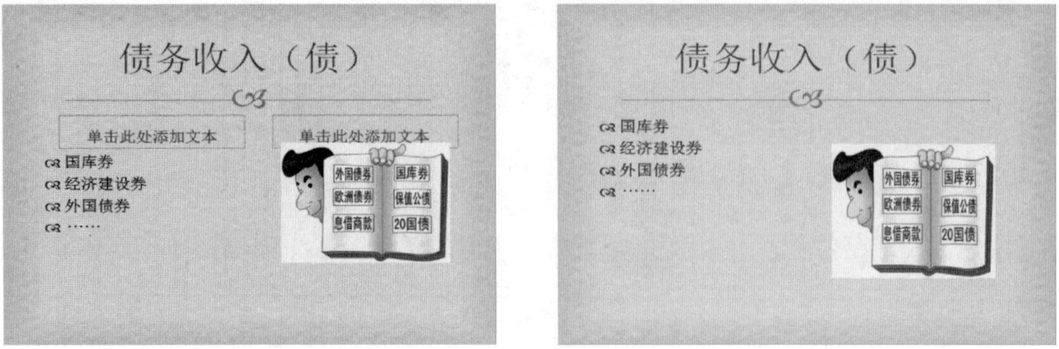

图 4-2-12 “两栏内容”版式效果

拓展练习

1. 打开练习五中的“营养学问. pptx”文件,按下列要求进行操作:将最后一张幻灯片的版式设置为“空白”。

2. 打开练习十中的“财政收支. pptx”文件,按下列要求进行操作:设置第 6 张幻灯片的版式为“两栏内容”。

项目三　PowerPoint 2010 文字操作及编辑

项目描述

灵活应用 PowerPoint 2010 中的字体、文字动画编辑方法,通过对工作表中字体、文字动画等的进一步学习与练习,实现与项目二的衔接。

学习目标

1. 掌握 PowerPoint 2010 文字的输入,字体的设定及编辑操作。
2. 掌握 PowerPoint 2010 文字动画类型及相应的编辑操作。
3. 掌握 PowerPoint 2010 文字备注概念及相应的操作。

任务一　PowerPoint 2010 文字输入及字体编辑

任务描述

文字在 PPT 制作中是不可或缺的要素,文字的字体、大小、排列都影响着 PPT 的优劣。在任务一中我们将要学习 PowerPoint 2010 文字输入及字体编辑方法。

本教学内容承接项目二:练习十“财政收支. pptx”文件,按下列要求进行操作:设置第 1 张幻灯片标题“财政收支”的字体为黑体、加粗、54 号。

任务分析

任务一的重点在于让学生熟悉 PowerPoint 2010 中文字的输入及字体设置的常规操作,

并通过相应的练习使学生彻底掌握 PowerPoint 2010 中字体设置的相应常规操作。

技能要点：文字输入、字体样式设置、字形设置、字号设置、备注文字编辑。

任务实施

一、PowerPoint 2010 文字输入

（1）PowerPoint 2010 中提供了两种不同的文字输入方法，它们分别是横排文本框和垂直文本框，如图 4-3-1 所示。

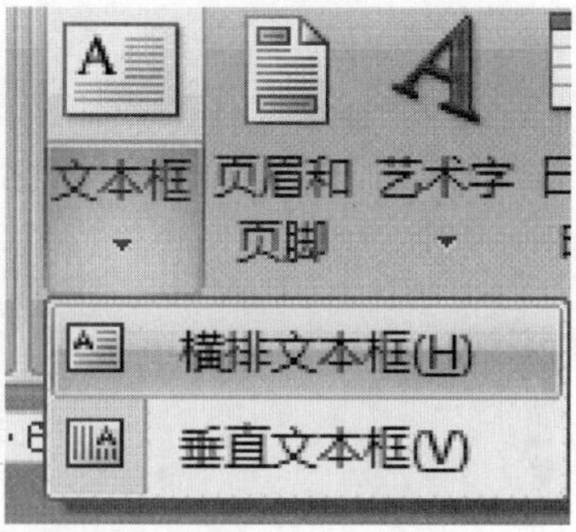

图 4-3-1　文本框选择界面

（2）PowerPoint 2010 文本输入操作步骤：

①鼠标选中“插入”栏，单击鼠标左键，进入“插入”属性面板，如图 4-3-2 所示。

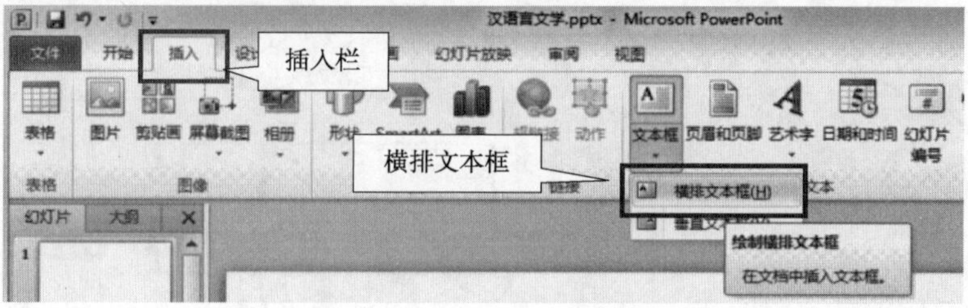

图 4-3-2　文字输入类型选择界面

②选择“横排文本框”命令，在编辑区按住鼠标左键从左上到右下拉出一个矩形框，在光标定位处输入文字，如图 4-3-3 所示。

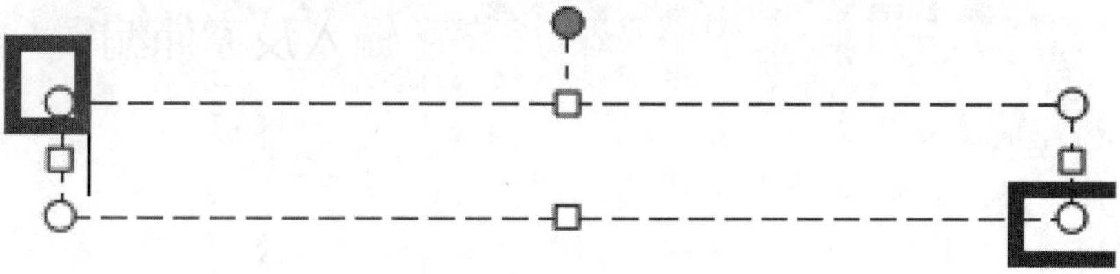

图 4-3-3　文字输入界面

③在编辑区中输入横排文字“PowerPoint 2010”，重复上述步骤在编辑区中输入垂直文字“PowerPoint 2010”，最终效果如图 4-3-4 所示。

二、PowerPoint 2010 的字体设置

PowerPoint 2010 字体设置主要有以下两种方法：

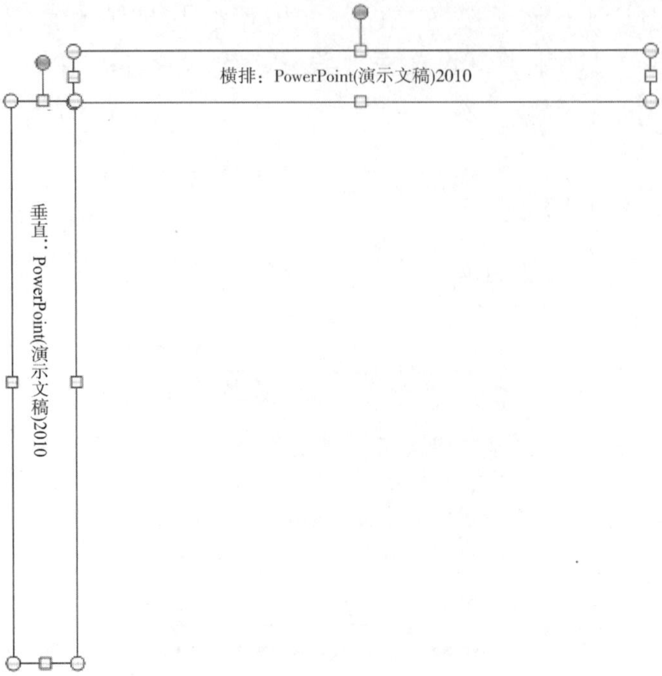

图 4-3-4　横排与垂直文字输入效果

方法一:应用开始功能选项卡中的字体功能区对目标文本框的字体进行设置,如图4-3-5所示。

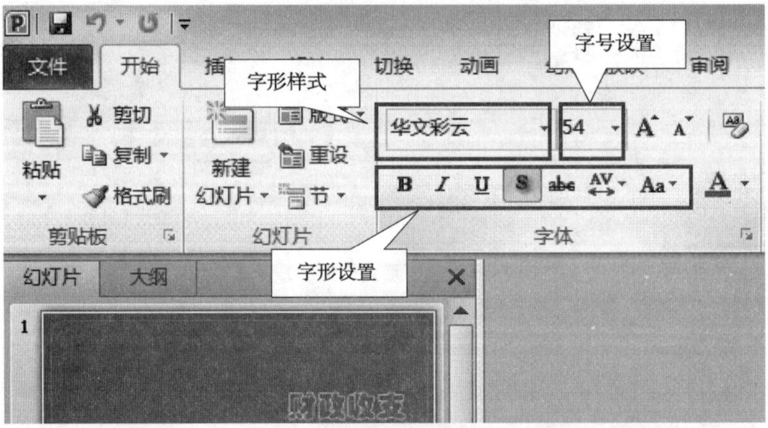

图 4-3-5　字体设置功能区

方法二:右键菜单命令。

①鼠标选中目标文本框,单击鼠标右键,如图 4-3-6 所示。

②在弹出的对话框中选择字体选项卡进行字体编辑设置,如图 4-3-7 所示。

三、字体编辑设置

完成练习九"财政收支. pptx"文件,按下列要求进行操作:设置第 1 张幻灯片标题"财政收支"的字体为黑体、加粗、54 号。具体操作步骤如下:

(1)打开练习九"财政收支. pptx"文件,选择第 1 张"财政收支"幻灯片,选中"财政收支"文本框,如图 4-3-8 所示。

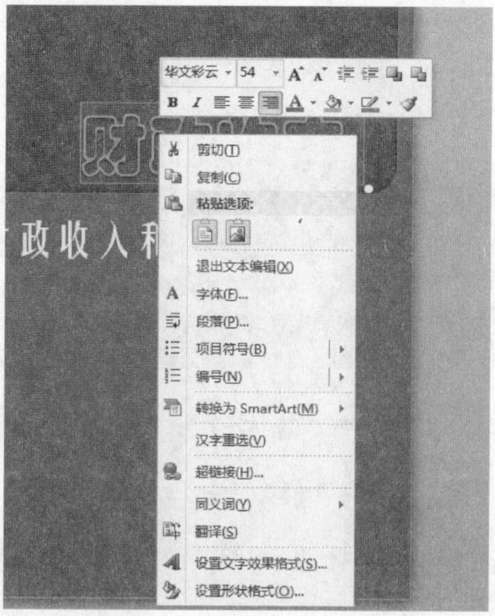

图 4-3-6　文本框右键菜单

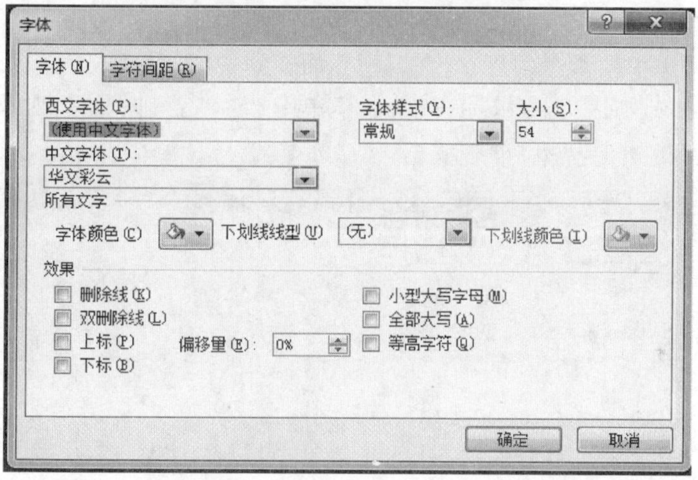

图 4-3-7　设置单元格格式对话框

图 4-3-8　练习九第 1 张幻灯片编辑界面

(2)在右上角的字体功能区设置字体为黑体、加粗、54 号,完成后如图 4-3-9 所示。

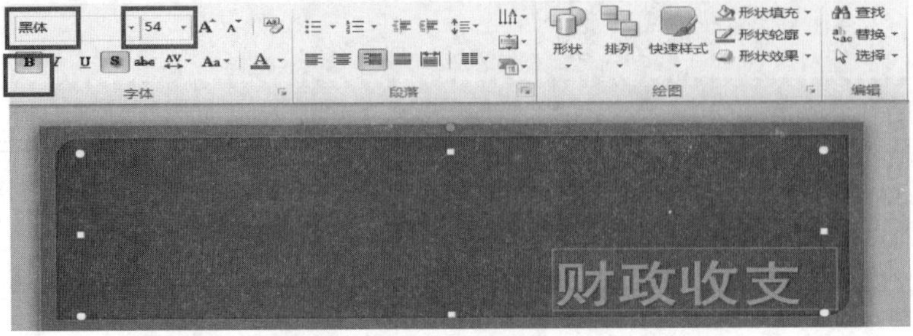

图 4-3-9　字体设置完成效果

四、PowerPoint 2010 备注文字编辑

(1)打开练习九"财政收支. pptx"文件,将第 4 张幻灯片中备注里文字复制到幻灯片的内容区。

(2)操作步骤:

①打开练习九"财政收支. pptx"文件。

②在大纲栏中选中第 4 张幻灯片,在编辑界面找到备注区域。

③选中备注区域文字,单击鼠标右键,在菜单中选择"复制"命令,如图 4-3-10 所示;也可使用复制快捷键(Ctrl + B)进行操作。

图 4-3-10　复制备注区域文字

④选中幻灯片内容区,单击鼠标右键,在菜单中选择"粘贴"命令,如图 4-3-11 所示;也可使用粘贴快捷键(Ctrl + V)进行操作。

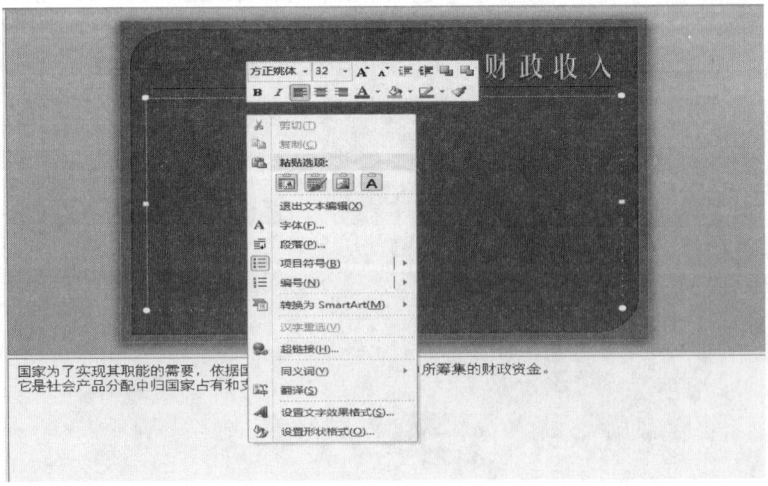

图 4-3-11　粘贴至幻灯片内容区

拓展练习

1. 打开练习一中的“古典音乐. pptx”文件,按下列要求进行操作:设置第 1 张幻灯片标题“古典音乐”的字体为隶书、60 号。

2. 打开练习二中的“汉语言文学. pptx”文件,按下列要求进行操作:设置第 1 张幻灯片标题“汉语言文学”的字体为黑体、加粗、60 号。

任务二　PowerPoint 2010 文字动画特效

任务描述

在 PowerPoint 2010 中提供了众多的文字动画类型,针对文字动画及特效的使用,可提升文档的艺术表现力,吸引观众注意。

本教学内容承接以下操作练习:打开练习二“汉语言文学. pptx”文件,按下列要求进行操作:第 1 张幻灯片的文字“专业介绍”设置“自右侧飞入”的动画效果,伴随“打字机”声音;打开练习六“摄影大师. pptx”文件,按下列要求进行操作:为第 2 张幻灯片的文字“布勒松作品”设置为“温和型上浮”效果,持续时间为 2 秒。

任务分析

任务二的重点在于掌握 PowerPoint 2010 为文字提供的动画类型,动画添加的操作方法以及动画特效编辑方法。

技能要点:动画类型、动画效果选择、动画时效设置。

任务实施

一、认识“动画”属性栏面板

(1)在属性面板中包括“动画”、“高级动画”和“计时”等相关命令选项,如图 4-3-12 所示。

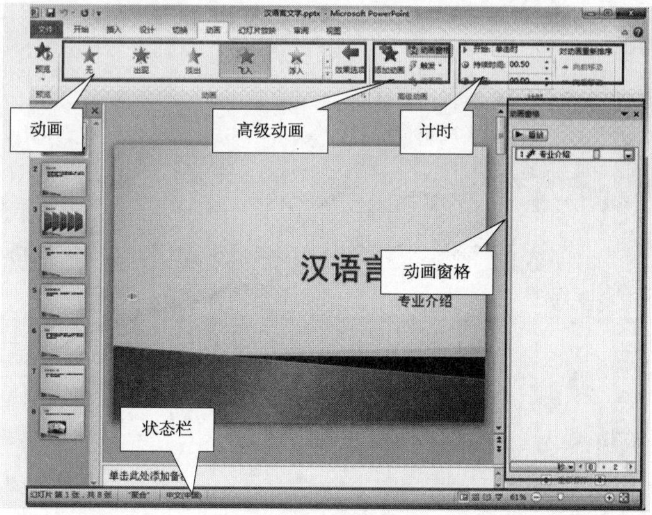

图 4-3-12　动画设置属性面板

(2)“动画”菜单包括两个子菜单:“动画样式”属性菜单及“效果选项”属性菜单。“动画样式”菜单包括“进入”、“强调”及“退出”三个不同选项,如图 4-3-13、图 4-3-14 所示。

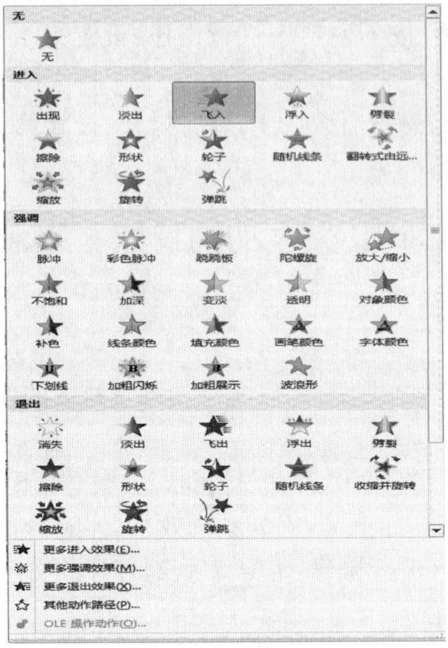

图 4-3-13　动画样式属性菜单　　　　图 4-3-14　“效果选项”属性菜单

同时为了进一步的增加演示文稿动画类型,在“动画样式”属性菜单还提供了“更多进入效果”、“更多强调效果”和“更多退出效果”选项命令,其中又分为“基本型”、“细微型”、“温和型”和“华丽型”四个不同类型选项,如图 4-3-15 ~ 图 4-3-17 所示。

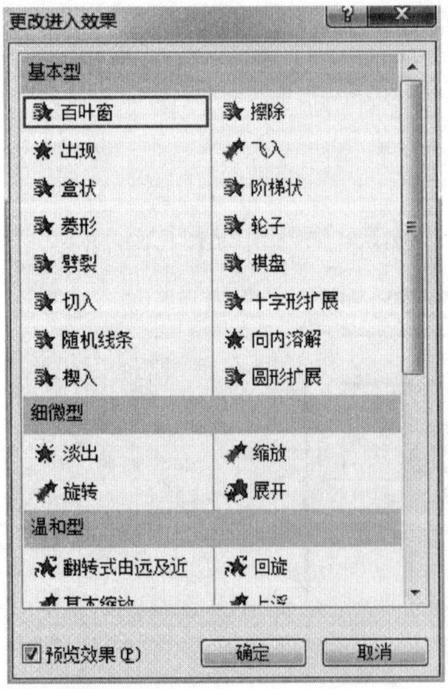

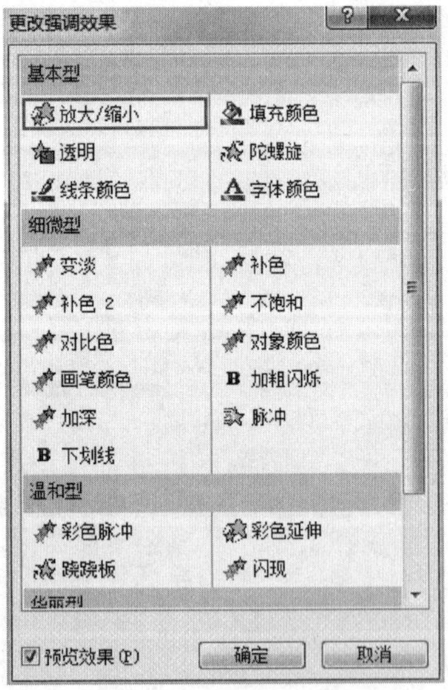

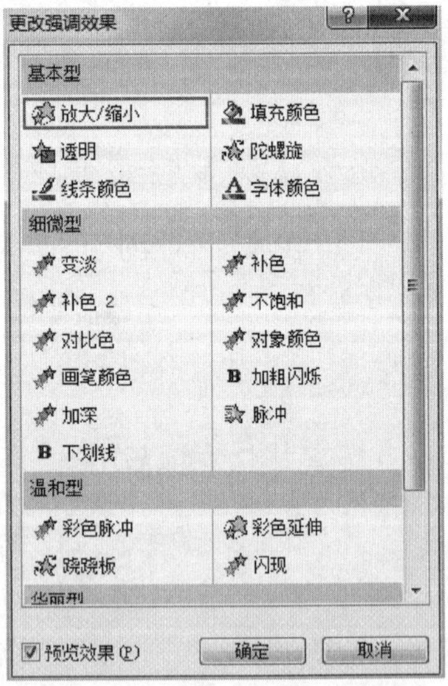

图 4-3-15　更多进入效果　　　　图 4-3-16　更多强调效果　　　　图 4-3-17　更多退出效果

二、操作练习一

(1)练习描述:

打开练习二“汉语言文学. pptx”文件,按下列要求进行操作:第 1 张幻灯片的文字“专业介绍”设置自右侧飞入的动画效果，伴随“打字机”声音。

（2）操作步骤：

①双击鼠标，打开练习二“汉语言文学. pptx”文件。

②单击进入幻灯片一，在编辑窗口选中文字“专业介绍”。

③在菜单栏中单击进入“动画”栏，在“动画”栏中选择进入方式为“飞入”，在效果选项栏中选择“自右侧”，如图 4-3-18 所示。

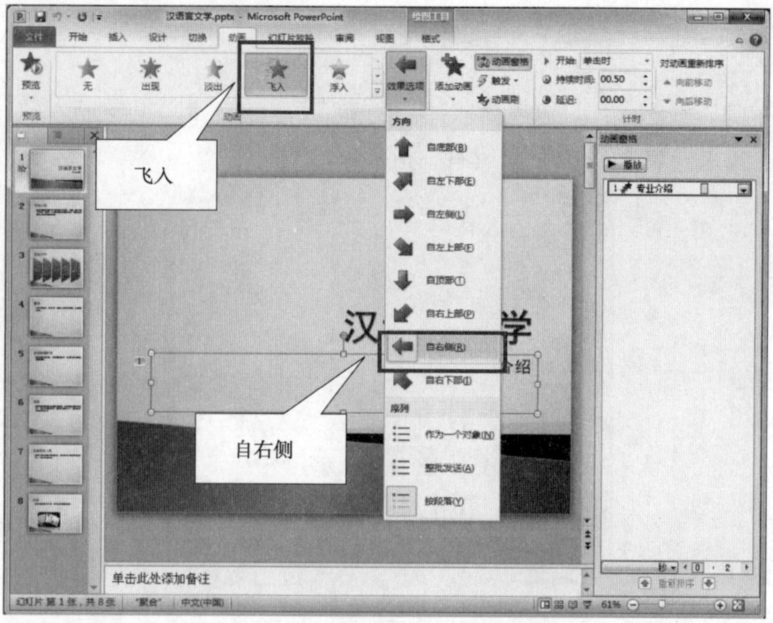

图 4-3-18　添加自右侧飞入动画效果

④在“高级动画”选项卡中单击“动画窗格”命令，在显示出的动画窗格中选中飞入动画，右击鼠标，选择“效果选项”命令，如图 4-3-19 所示。在弹出的属性对话框中选择“效果”→“增强”→“声音”→“打字机”，选中后单击确定，如图 4-3-20 所示。

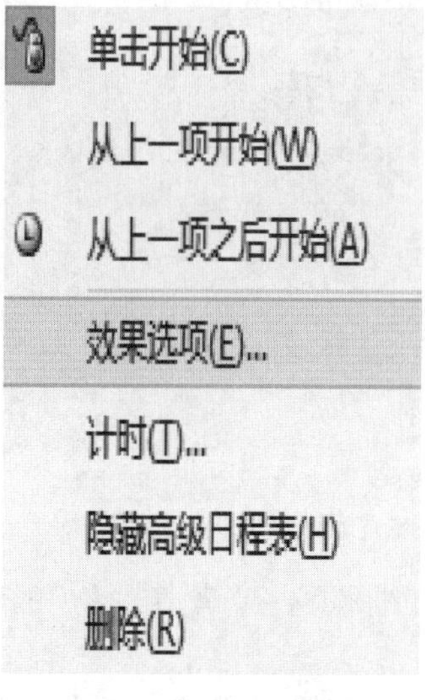

图 4-3-19　效果选项

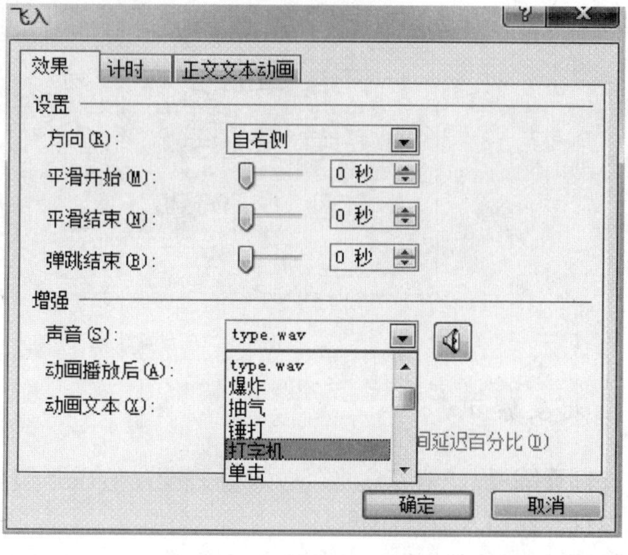

图 4-3-20　效果选项对话框

三、操作练习二

(1)练习描述：

打开练习六“摄影大师. pptx”文件，按下列要求进行操作：为第 2 张幻灯片的文字“布勒松作品”设置为温和型上浮效果，持续时间为 2 秒。

(2)操作步骤：

①双击鼠标，打开练习六“摄影大师. pptx”文件。

②单击进入幻灯片一，在编辑窗口选中文字“布勒松作品”。

③单击“动画”菜单→单击动画选项“其他”按钮 →单击“更多进入效果”→选择“温和型”中“上浮”效果→单击确认完成设置，如图 4-3-21 所示。

图 4-3-21 “更多进入效果”属性面板

④在“计时”属性面板中，设置“持续时间”为 2 秒，如图 4-3-22 所示。

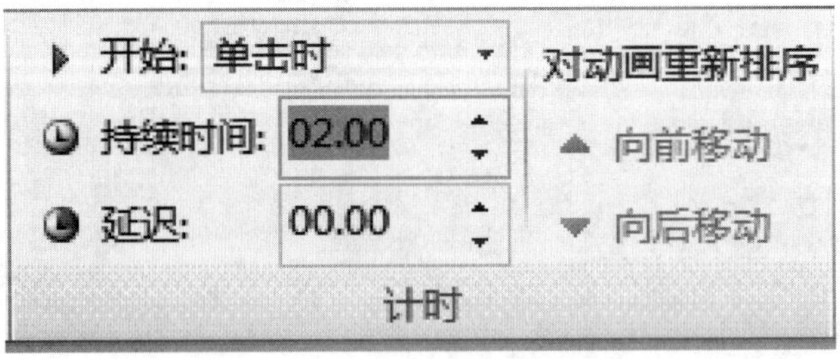

图 4-3-22 设置动画“持续时间”

拓展练习

1. 打开练习八“营养食物”演示文稿，设置第 3 张幻灯片的标题文字“营养食物”的动画效果为自右侧切入，延迟 1 秒。

2. 打开练习三“财政收入”演示文稿，为第 1 张幻灯片的文字“钱从哪里来?”设置以对象为中心的缩放动画效果。

项目四　PowerPoint 2010 图片操作及编辑

项目描述

灵活应用 PowerPoint 中的图片、图片动画编辑方法，通过对 PowerPoint 中图片及动画等的进一步学习与练习，完成承接先前项目的进一步操作。

学习目标

1. 掌握 PowerPoint 图片的插入、设定及编辑操作。
2. 掌握 PowerPoint 图片动画类型及相应的编辑操作。
3. 掌握 PowerPoint 图片样式概念及相应的操作。

任务一　PowerPoint 2010 图片插入及编辑

任务描述

图片是在 PPT 制作中不可或缺的要素，图片的样式、大小、位置都影响着 PPT 的优劣。在任务一中我们将要学习 PowerPoint 2010 图片插入及图片编辑方法。

本教学内容承接：练习一"古典音乐. pptx"文件，按下列要求进行操作：将图片"yq. jpg"插入至第 2 张幻灯片底部，并设置其高度为 5 厘米、宽度 7 厘米，图片样式为映像圆角矩形；练习二"汉语言文学. pptx"文件，按下列要求进行操作：将最后一张幻灯片上的图片高度、宽度分别设置为 7 厘米、9 厘米，并设置其在幻灯片中的位置：自左上角水平 8 厘米，自左上角垂直 7 厘米。

任务分析

任务一的重点在于让学生熟悉 PowerPoint 2010 中图片插入及图片大小、位置等设置的常规操作，并通过相应的练习使学生彻底掌握 PowerPoint 2010 中图片设置的相应常规操作。

技能要点：图片插入、图片样式设置、图片大小设置、图片位置设定。

任务实施

一、PowerPoint 2010 图片插入

(1) PowerPoint 2010 中提供了两种不同的图片插入方法：

方法一：直接把要添加的图片从外部程序拖到 PPT 页面内。

方法二：鼠标单击"菜单栏"→"插入"→ "图片"→"来自文件"，在弹出窗口里再找到你要添加的图片→单击确定即可。

(2) 任务描述：

练习一"古典音乐. pptx"文件，按下列要求进行操作：将图片"yq. jpg"插入至第 2 张幻灯片底部，并设置其高度为 5 厘米、宽度 7 厘米，图片样式为映像圆角矩形。

(3)操作步骤：

①打开练习一"古典音乐. pptx"文件，选中第 2 张幻灯片，在菜单栏中单击"插入"栏，进入插入属性面板如图 4-4-1 所示。

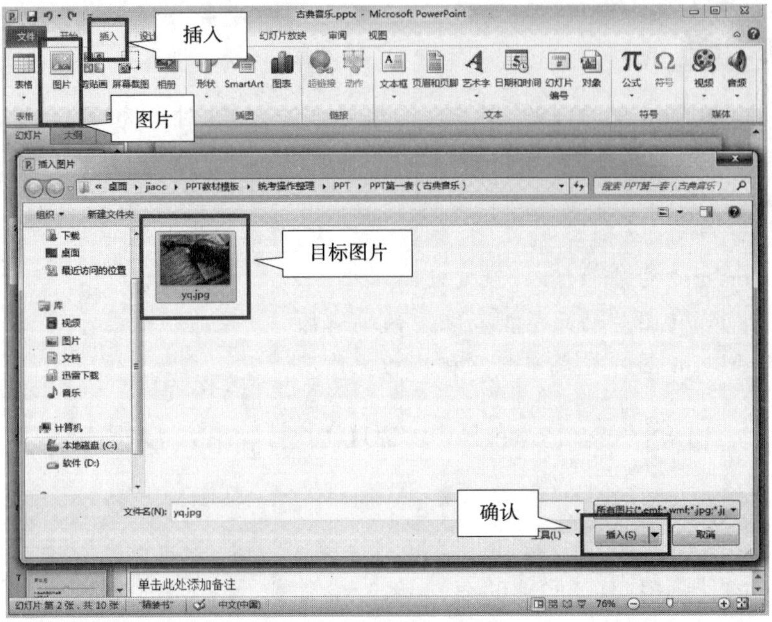

图 4-4-1　图片插入选择界面

②单击"图片"命令，弹出"插入图片"对话框，在文件夹中选中目标图片，单击确认，完成图片插入，选中插入的图片按住鼠标左键拖动至幻灯片 2 底部位置，如图 4-4-2 所示。

图 4-4-2　图片插入幻灯片

③选中图片，右击鼠标，在下拉菜单中选择"大小和位置"命令，如图 4-4-3 所示。

④进入"设置图片格式"属性面板，在"大小"子栏中，勾选"锁定纵横比"选项，在"高

度”和“宽度”栏中分别输入 5 厘米和 7 厘米，单击“关闭”命令，完成图片大小设置，如图 4-4-4所示。

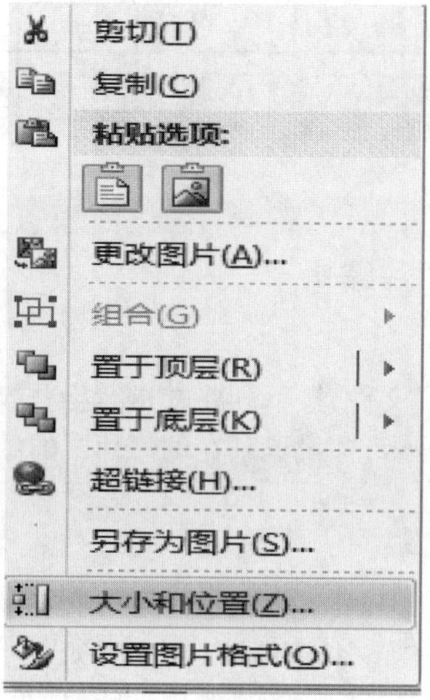

图 4-4-3　大小和位置命令

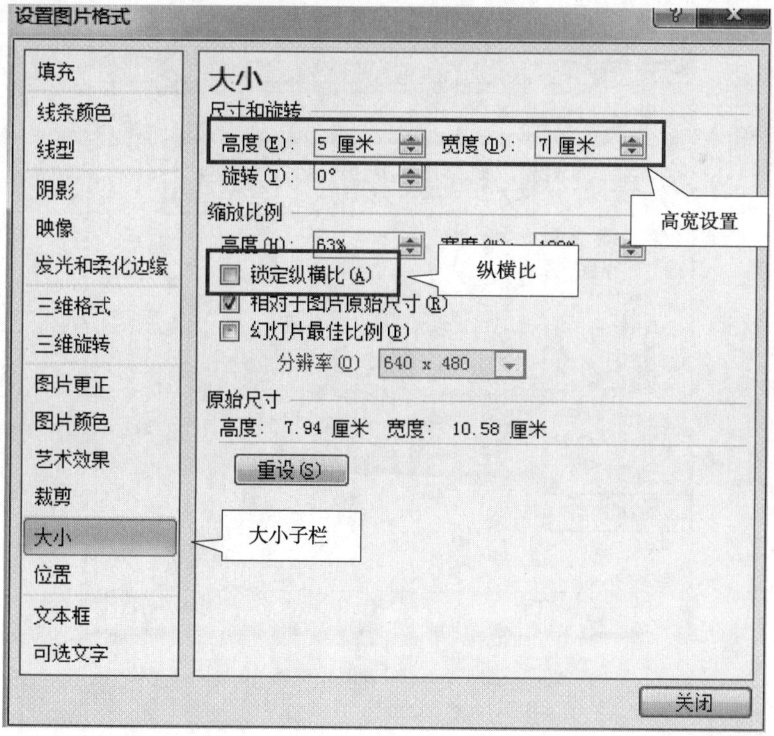

图 4-4-4　设置图片大小

⑤选中图片状态，在“图片样式”栏中找到“映像圆角矩形”样式，单击鼠标左键选中，如图 4-4-5 所示。

图 4-4-5　设置图片样式

二、PowerPoint 2010 图片编辑

(1)练习描述:

练习二“汉语言文学. pptx”文件,按下列要求进行操作:将最后一张幻灯片上的图片高度、宽度分别设置为 7 厘米、9 厘米,并设置其在幻灯片中的位置:自左上角水平 8 厘米,自左上角垂直 7 厘米。

(2)操作步骤:

①打开练习二“汉语言文学. pptx”文件,选中最后一张幻灯片。

②单机鼠标选中幻灯片中图片,右击鼠标,在下拉菜单中选中“大小和位置”命令,在弹出的“设置图片格式”属性面板的“大小”子栏中,勾选“锁定纵横比”选项,在“高度”和“宽度”栏中分别输入 7 厘米和 9 厘米,完成图片大小设置。

③在“设置图片格式”对话中选择“位置”子栏,设置水平和垂直位置都是“自左上角”,在对话框中分别输入 8 厘米和 7 厘米,单击“关闭”完成图片位置设置,如图 4-4-6 所示。

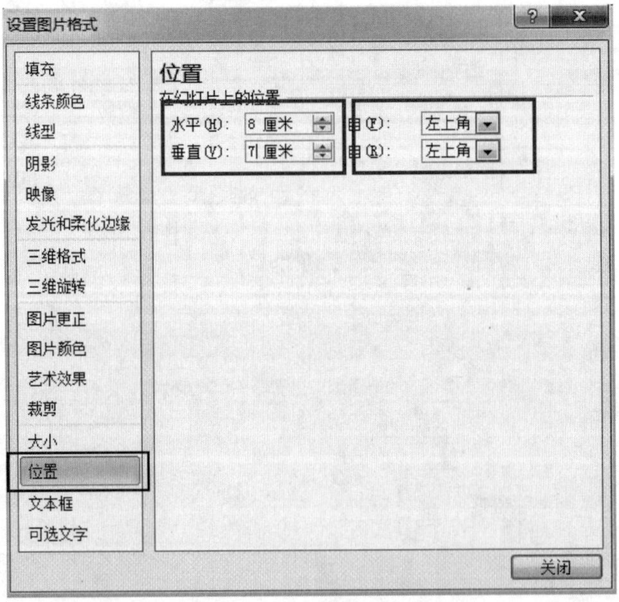

图 4-4-6　设置图片位置

拓展练习

1. 打开练习七中的“丽江. pptx”文件,按下列要求进行操作:将第 1 张幻灯片中的图片设置高度、宽度缩放比例均为 50%,图片样式为:柔化边缘矩形。

2. 打开练习四中的“财政支出. pptx”文件,按下列要求进行操作:设置第 4 张幻灯片中图片的图片样式为矩形投影,宽度、高度分别为 8 厘米、10 厘米。

任务二　PowerPoint 2010 图片动画特效

任务描述

在 PowerPoint 2010 中提供了众多的图片动画类型,针对图片的动画及特效的使用,可提升文档的艺术表现力,吸引观众注意。

本教学内容承接以下操作练习:打开练习四“财政支出. pptx”文件,按下列要求进行操作:设置第 2 张幻灯片中的图片动画效果为自顶部切入,持续时间为 2 秒。

任务分析

任务二的重点在于掌握 PowerPoint 2010 为图片提供的动画类型,动画添加的操作方法以及动画特效编辑方法。

技能要点:动画类型、动画效果选择、动画时效设置。

任务实施

一、回顾“动画”属性栏面板

在属性面板中包括“动画”、“高级动画”和“计时”等相关命令选项,如图 4-4-7 所示。

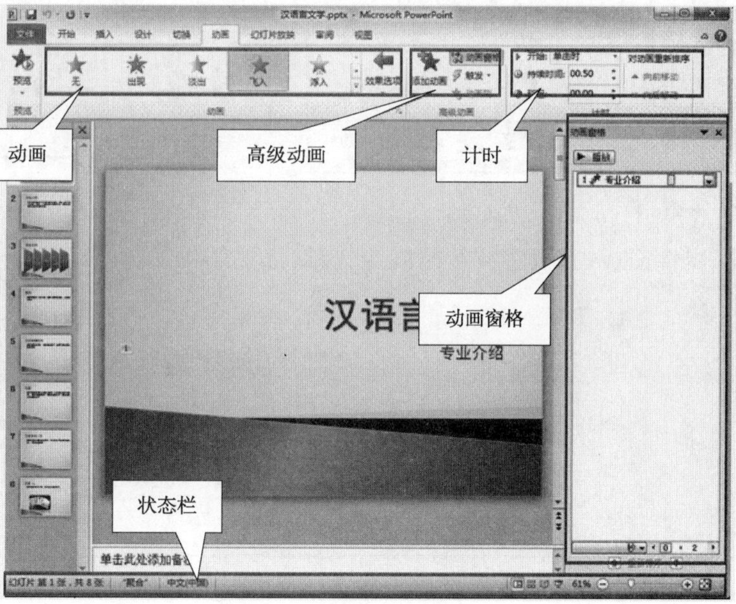

图 4-4-7　动画设置属性面板

二、操作练习

(1)练习描述:

打开练习四“财政支出. pptx”文件,按下列要求进行操作:设置第 2 张幻灯片中的图片动画效果为自顶部切入,持续时间为 2 秒。

(2)操作步骤:

①双击鼠标,打开练习二“财政支出. pptx”文件。

②单击进入幻灯片 2,在编辑窗口选中图片。

③在菜单栏中单击进入“动画”栏,在“动画”栏中单击“更多进入方式”命令,在弹出的对话框中选择进入方式为“切入”,单击确认,如图 4-4-8 所示。在“效果选项”下拉菜单中选择“自顶部”,如图 4-4-9 所示。

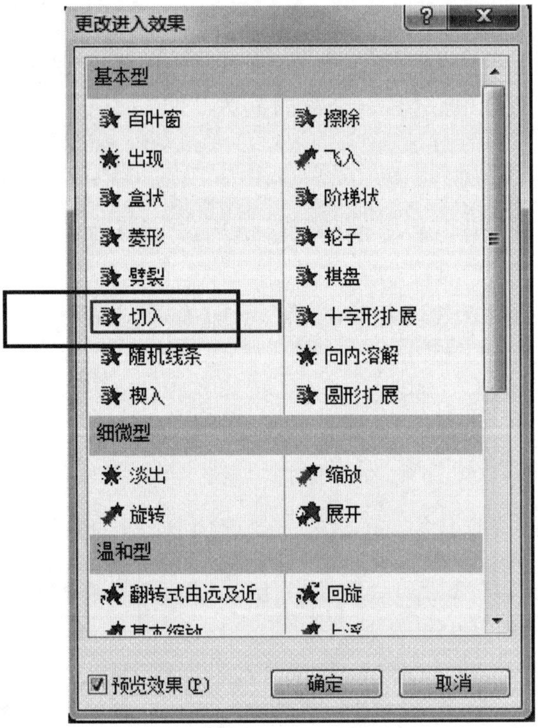

图 4-4-8　添加切入动画效果

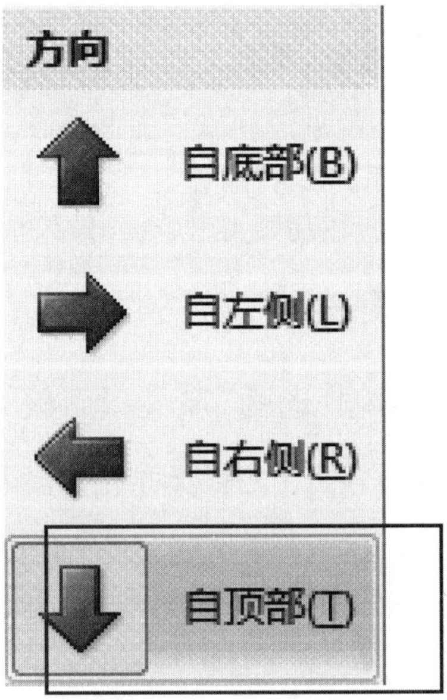

图 4-4-9　自顶部动画选项

④在“计时”属性面板中,设置持续时间为 2 秒,如图 4-4-10 所示。

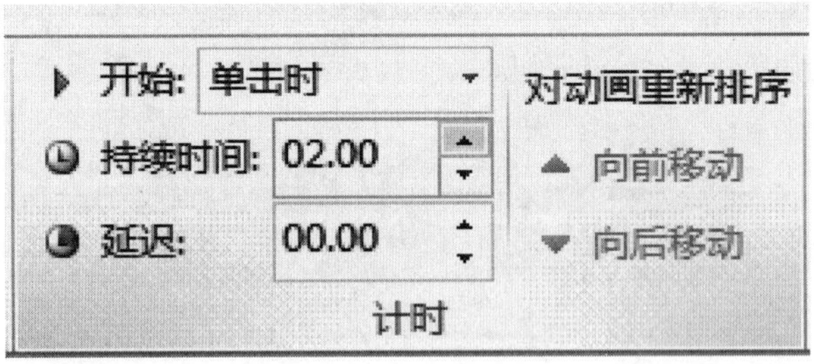

图 4-4-10　设置持续时间

拓展练习

打开练习六“摄影大师”演示文稿,按下列要求进行操作:将幻灯片中所有图片的图片样式设置为“棱台亚光,白色”。

项目五　PowerPoint 2010 辅助内容添加

项目描述

PowerPoint 中提供了大量的辅助型功能，例如：页眉页脚、幻灯片编号及超级链接等，辅助内容的使用可使 PowerPoint 更具逻辑性，更具识别性。在本项目中我们将学习辅助内容的添加操作方法，从而承接先前项目的进一步操作。

学习目标

1. 掌握 PowerPoint 超级链接的设定及编辑操作。
2. 掌握 PowerPoint 插入页眉页脚及自动更新时间的编辑操作。
3. 掌握 PowerPoint 幻灯片的编号编辑操作。

任务一　PowerPoint 2010 超链接的设定与编辑

任务描述

PowerPoint 提供了功能强大的超链接功能，使用它可以在幻灯片与幻灯片之间、幻灯片与其他外界文件或程序之间以及幻灯片与网络之间自由地转换，是制作优秀 PPT 的必要技巧。

本教学内容承接练习三“财政收入. pptx”文件，按下列要求进行操作：为带项目符号的文字创建超链接，分别指向第 4、5、6、7 张幻灯片。

任务分析

带符号文字内容为利润收入（利）、税收收入（税）、债务收入（债）和其他收入（费），分别指向第 4、5、6、7 张幻灯片。分析可知这种超链接是针对《财政收入》文档内部的，完成任务的关键是为文字添加本文档中其他位置的超链接操作方法。

技能要点：选择正确的文本内容、创建本文档中其他位置超链接与应用。

任务实施

PowerPoint 2010 超链接设定

（1）练习描述：

练习三“财政收入. pptx”文件，按下列要求进行操作：为带项目符号的文字创建超链接，分别指向第 4、5、6、7 张幻灯片。

（2）操作步骤：

①打开《财政收入》演示文档，找到第 3 张幻灯片。

②选中“利润收入（利）”文本，单击鼠标右键，在显示的快捷菜单栏中选择“超链接”命令，如图 4-5-1 所示。

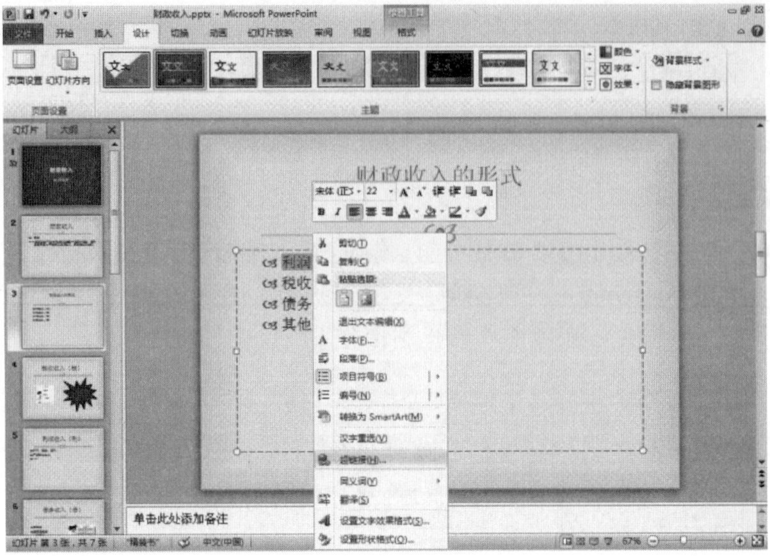

图 4-5-1　超链接命令

③在“插入超链接”属性对话框中选中“本文档中的位置”命令，如图 4-5-2 所示。

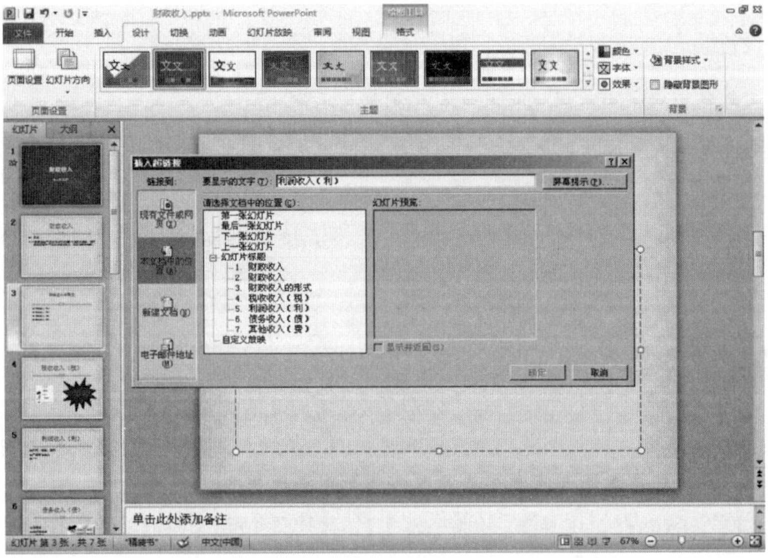

图 4-5-2　“插入超链接”属性对话框

知识拓展

超链接的种类及操作对象

· 演示文稿中超级链接的种类：

1) 内部链接，它的目标是演示文稿中的任意一张幻灯片；

2) 外部链接，它的目标是演示文稿之外的各类文档、文件、图片、网页、电子邮件等。

· 可以设置超级链接的对象：文字、文本框、图片及按钮。

④右侧对话框中选择“4、税收收入（税）”，在幻灯片预览框中可见选中的幻灯片，检查超链接内容是否正确，如正确单击“确定”按钮，如不正确则重新选择，如图 4-5-3 所示。

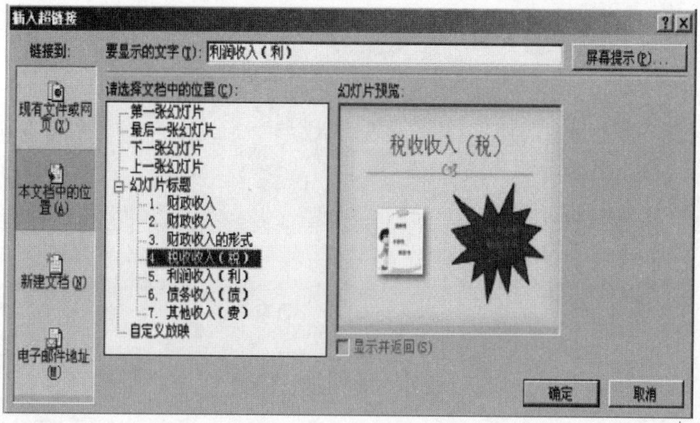

图 4-5-3　插入超链接

⑤此时在第 3 张幻灯片中可见“利润收入(利)”字体颜色发生改变并出现下划线,如图 4-5-4 所示。

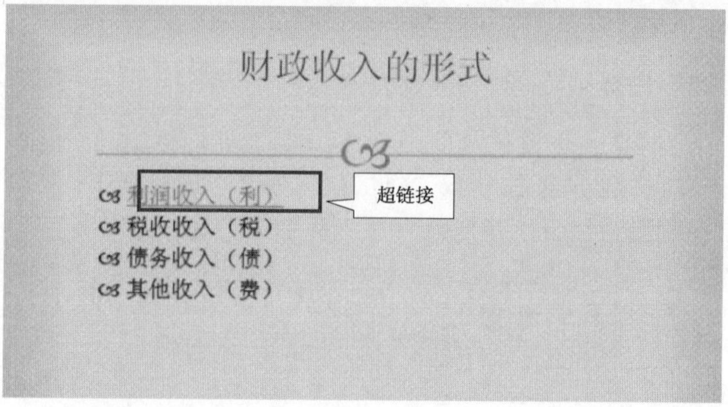

图 4-5-4　添加超链接

⑥在菜单栏中单击“幻灯片放映—从当前幻灯片开始”命令,幻灯片开始放映。此时单击“利润收入(利)”文字,检查超链接是否正确。如不正确返回第 3 张幻灯片选中文字,右击鼠标,在快捷菜单栏中选择“取消超链接”命令,如图 4-5-5 所示。

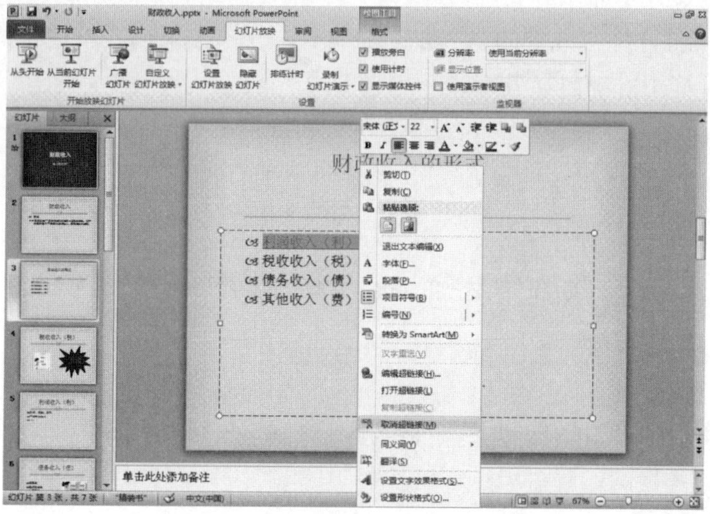

图 4-5-5　取消超链接

⑦依上述方法,完成其他三段文字的超链接制作,最终效果如图 4-5-6 所示。

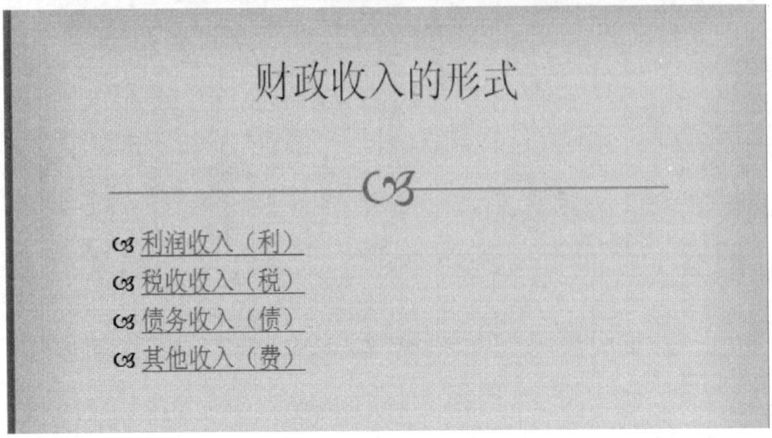

图 4-5-6　超链接设置完成

拓展练习

1. 打开练习五中的“营养学问. pptx”文件,按下列要求进行操作:在第 3 张幻灯片中,为“酸”、“甜”、“苦”、“辣”文字创建超链接,分别指向具有相应标题的幻灯片。

2. 打开练习八中的“营养食物. pptx”文件,按下列要求进行操作:在第 3 张幻灯片中,为各项文字创建或修正超链接,分别指向具有相应标题的幻灯片。

任务二　PowerPoint 2010 辅助添加

任务描述

在 PowerPoint 2010 中提供了辅助功能,例如:时间、编号及页眉页脚等,它们的使用可提升文档的逻辑性和艺术表现力,吸引观众注意。

本教学内容承接以下操作练习,打开练习八中的“营养食物. pptx”文件,按下列要求进行操作:除标题幻灯片不显示外,在其他幻灯片中插入自动更新日期和时间,格式为“XXXX 年 XX 月 XX 日”;打开练习九中的“财政收支. pptx”文件,按下列要求进行操作:设置幻灯片编号,但标题幻灯片不显示,页脚内容为“财政收支”。

任务分析

任务二的重点在于掌握 PowerPoint 2010 为演示文稿提供的辅助功能及其相关的操作方法。

技能要点:自动更新日期、时间添加、页眉页脚的设置、幻灯片编号设置。

任务实施

一、PowerPoint 2010 自动更新日期和时间及幻灯片编号

(1)练习描述:

打开练习八中的“营养食物. pptx”文件,按下列要求进行操作:除标题幻灯片不显示外,

在其他幻灯片中插入自动更新日期和时间，格式为：××××年××月××日；

（2）操作步骤：

①双击鼠标，打开练习二“汉语言文学. pptx”文件。

②在菜单栏中单击“插入”，在插入面板中找到“日期和时间”命令，如图 4-5-7 所示。

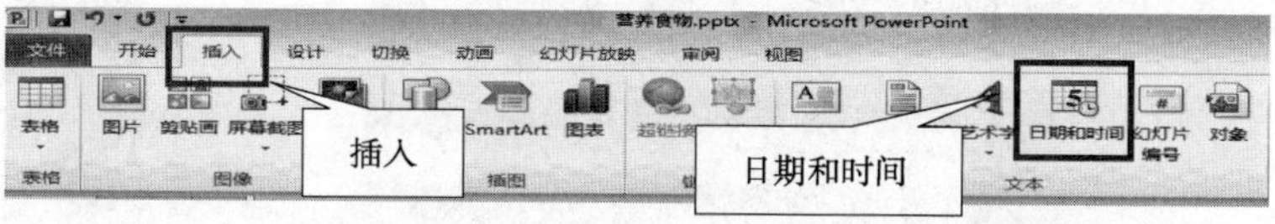

图 4-5-7 “日期和时间”命令

③单击“日期和时间”命令，在弹出的属性对话框“页眉和页脚”中勾选“日期和时间”→“自动更新”→“××××年××月××日”格式，如图 4-5-8 所示。

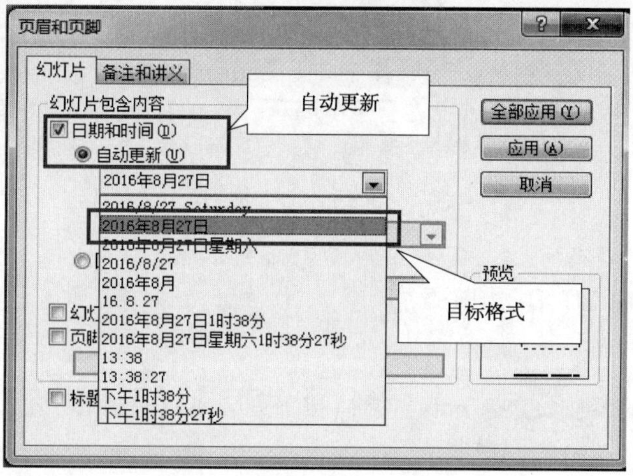

图 4-5-8 添加自动更新日期和时间

④在“页眉和页脚”属性对话框中勾选“幻灯片编号”命令，并勾选“标题幻灯片中不显示(S)”选项，如图 4-5-9 所示。

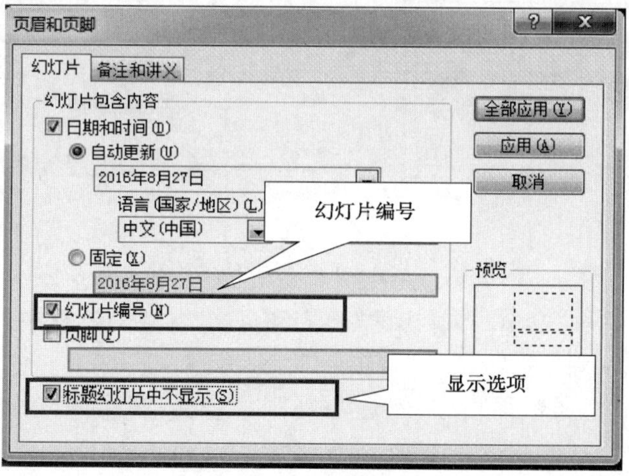

图 4-5-9 添加幻灯片编号

⑤完成设置后单击“全部应用”命令,幻灯片效果如图 4-5-10 所示。

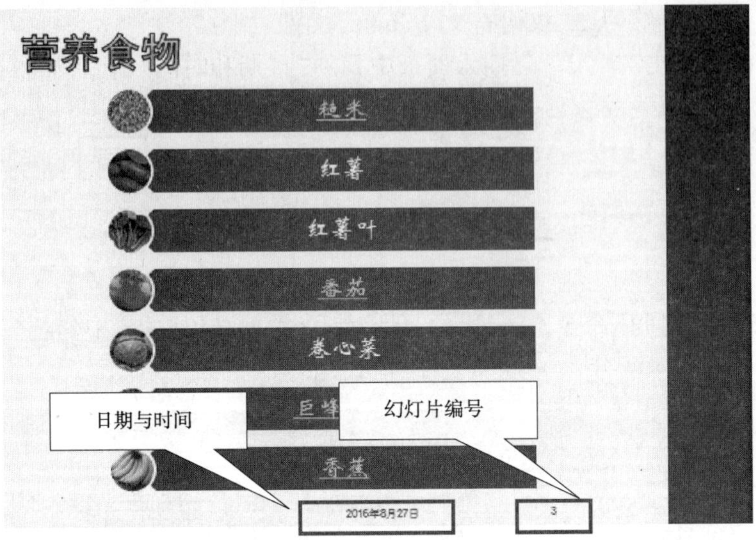

图 4-5-10 最终效果

二、PowerPoint 2010 页脚添加

(1)练习描述:

打开练习九中的“财政收支. pptx”文件,按下列要求进行操作:设置幻灯片编号,但标题幻灯片不显示,页脚内容为“财政收支”。

(2)操作步骤:

①双击鼠标,打开练习九“财政收支. pptx”文件。

②在菜单栏中单击“插入”,在插入面板中找到“编号”命令,如图 4-5-11 所示。

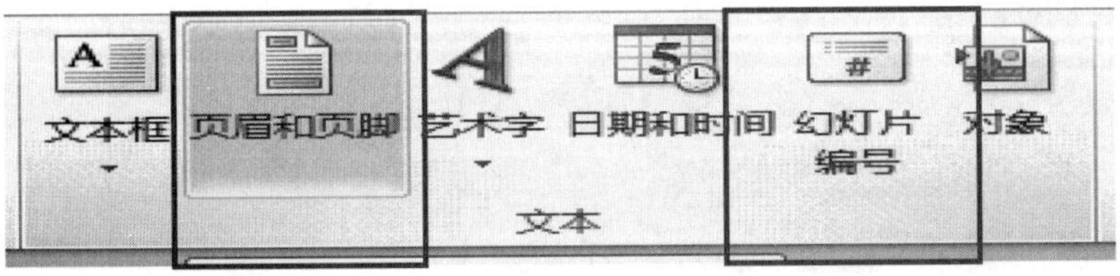

图 4-5-11 “页眉和页脚”及“幻灯片编号”命令

③单击“幻灯片编号”命令,在弹出的“页眉和页脚”属性对话框中勾选“幻灯片编号”命令,并勾选“标题幻灯片中不显示(S)”选项。

④在“页眉和家教”属性面板中,勾选“页脚”命令,并在对话框中输入财政收支,如图 4-5-12所示。

⑤完成设置后单击“全部应用”命令,完成幻灯片编号及页脚的添加。

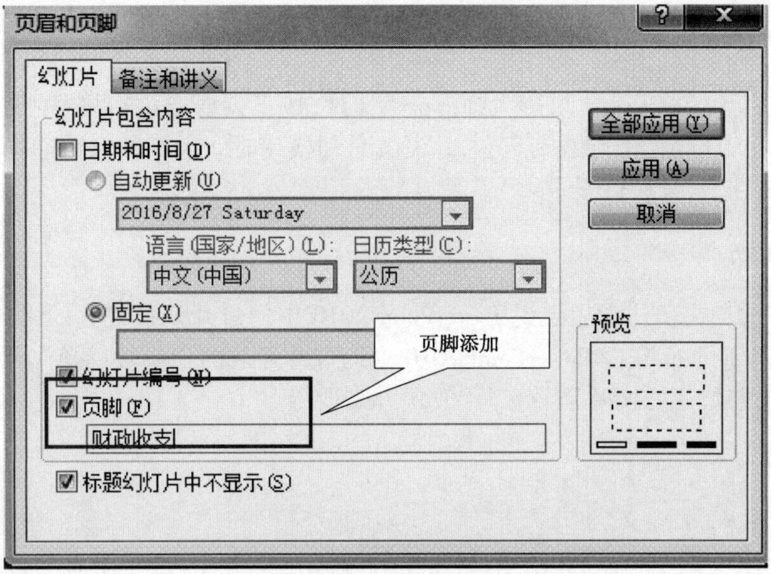

图 4-5-12 设置“财政收支”页脚

拓展练习

1. 打开练习五“营养学问”演示文稿，除标题幻灯片不显示外，为其他幻灯片设置编号，页脚内容为：营养学问，并插入自动更新日期和时间，格式为：××××年××月××日。

2. 打开练习六“摄影大师”演示文稿，除标题幻灯片不显示外，为其他幻灯片设置编号，页脚内容改为“布勒松”。

项目六 PowerPoint 2010 幻灯片播放

项目描述

在 PowerPoint 中提供了多种幻灯片切换方式，使用合适的切换方式可使演示文稿更具艺术性，抓住观众的心。在本项目中我们将学习按钮的添加、幻灯片切换及演示文稿放映方式等内容，承接先前项目的 PowerPoint 的进一步操作。

学习目标

1. 掌握 PowerPoint 按钮的添加及编辑操作。
2. 掌握 PowerPoint 幻灯片切换种类及操作方法。
3. 掌握 PowerPoint 放映方式设置方法。

任务一 PowerPoint 2010 幻灯片播放

任务描述

一个合适的播放方式对于演示文稿来说可以提升艺术性，在 PPT 中提供了多种不同的幻灯片切换及幻灯片放映方式，在本任务中通过操作实例的学习，希望同学们掌握相关的操作方法。

本教学内容承接练习六“摄影大师.pptx”文件，按下列要求进行操作：设置所有幻灯片切换效果为水平百叶窗、伴有鼓掌声音，并设置自动换片时间为5秒，持续时间为2秒，并设置放映方式为：在展台浏览（全屏幕）。

任务分析

任务一的重点在于让学生熟悉PowerPoint 2010中幻灯片切换设置的常规操作，并通过相应的练习使学生彻底掌握PowerPoint 2010中幻灯片播放的相应常规操作。

技能要点：幻灯片切换效果、幻灯片放映方式设置。

任务实施

（1）练习描述：

打开练习六“摄影大师.pptx”文件，按下列要求进行操作：设置所有幻灯片切换效果为“水平百叶窗”、伴有鼓掌声音，并设置自动换片时间为5秒，持续时间为2秒，并设置放映方式为：在展台浏览（全屏幕）。

（2）操作步骤：

①双击鼠标，打开练习六“摄影大师.pptx”文件。

②在菜单栏中单击“切换”命令，进入切换属性面板，如图4-6-1所示。

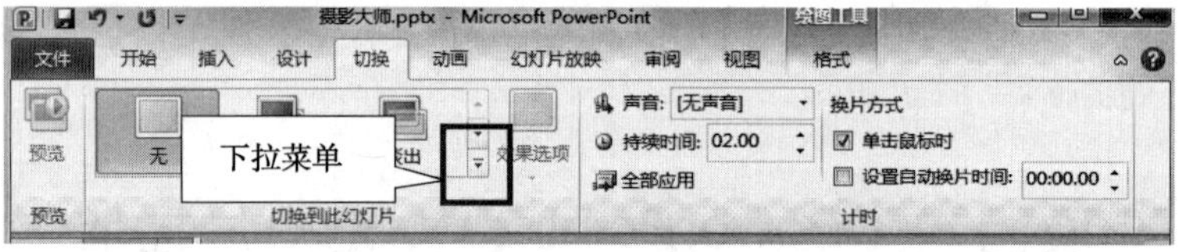

图4-6-1 切换设置属性面板

③单击幻灯片切换下拉菜单，在显示出的选项面板中，选中“效果”，如图4-6-2所示。

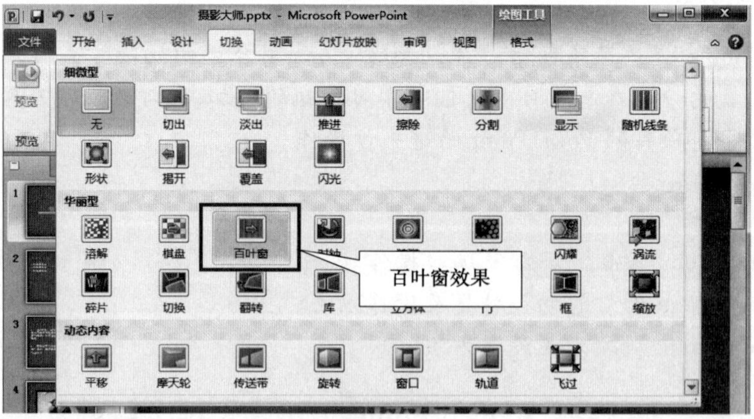

图4-6-2 设置“百叶窗”效果

④在“效果选项”命令中，选择“水平”效果，如图4-6-3所示。

⑤在“计时”属性面板中，设置持续时间2秒，勾选“设置自动换片时间”命令并将自动换片时间为5秒，如图4-6-4所示。

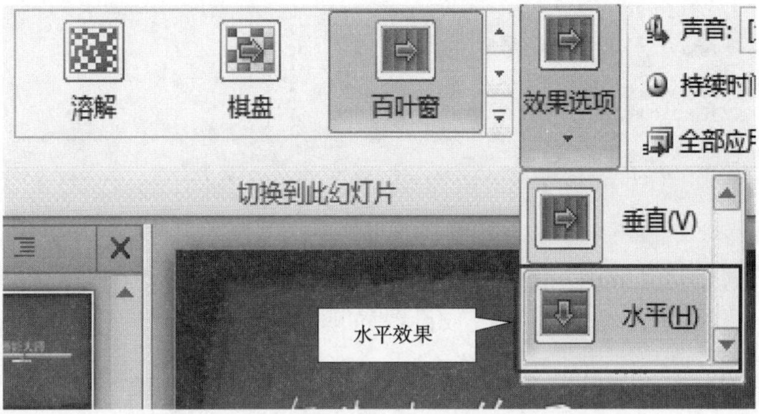

图 4-6-3　设置"水平"效果

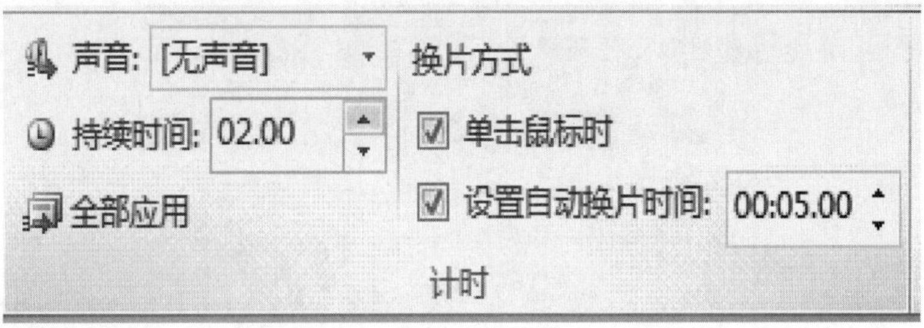

图 4-6-4　设置持续时间与自动换页时间

⑥在"计时"属性面板中,单击声音的下拉菜单,在菜单中选择"打字机",如图 4-6-5 所示。

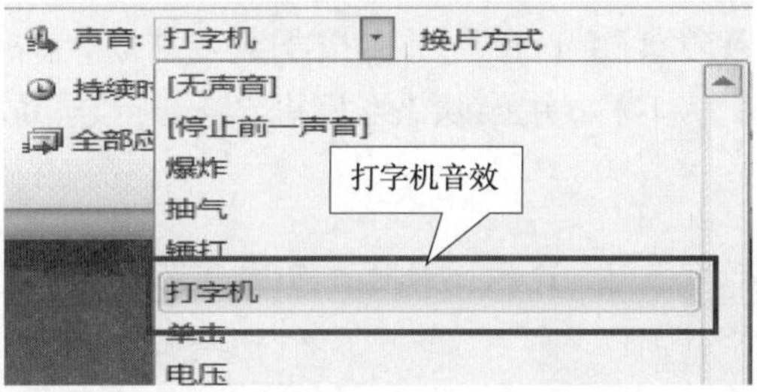

图 4-6-5　设置持续时间与自动换页时间

⑦完成幻灯片切换设置后,选择单击"计时"属性栏下"全部应用",所有幻灯片统一切换方式,如图 4-6-6 所示。

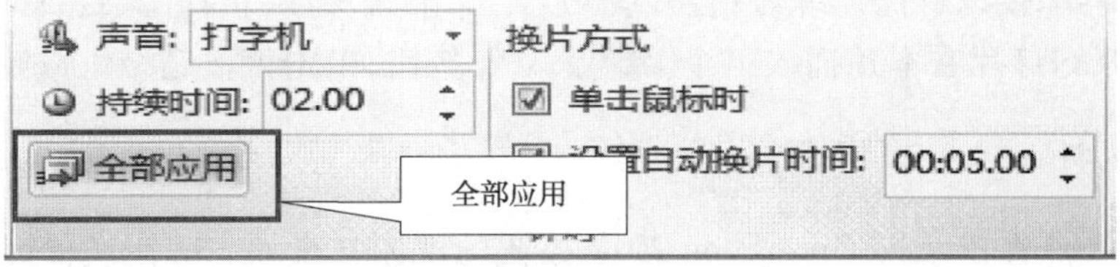

图 4-6-6　统一幻灯片切换设置

⑧在菜单栏中选择"幻灯片",进入幻灯片放映属性面板,如图 4-6-7 所示。

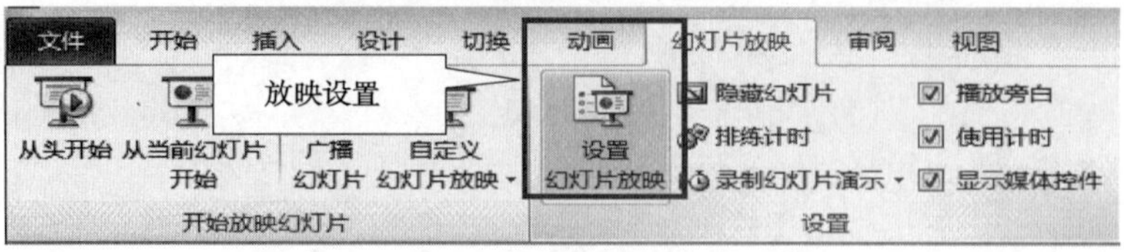

图 4-6-7　幻灯片放映属性面板

⑨单击“设置幻灯片放映”命令，在弹出的“设置放映方式”属性面板中勾选“在展台浏览（全屏幕）K”选项，单击确定按钮，完成设置，如图 4-6-8 所示。

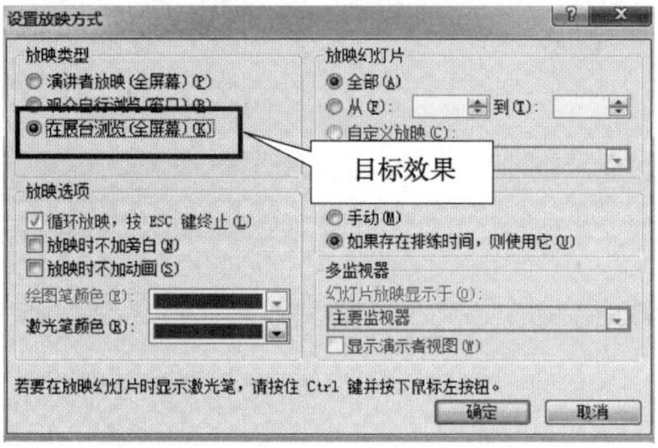

图 4-6-8　设置幻灯片放映类型

拓展练习

1. 打开练习三中的“财政收入. pptx”文件，按下列要求进行操作：为所有幻灯片设置切换效果为自左侧的立方体、伴有风铃声音，并设置自动换片时间为 2 秒。

2. 打开练习八中的“营养食物. pptx”文件，按下列要求进行操作：设置所有幻灯片的切换效果为：淡出，持续时间为：1 秒，并伴随“照相机”声音；设置放映方式为：循环放映，按 ESC 键终止。

任务二　PowerPoint 2010 动作按钮

任务描述

在 PowerPoint 2010 中提供一定数量的自定义动作，它们的使用可使演示文稿的逻辑性和可操作性大大增加，也为演示文稿的播放提供了更多的选择。

本教学内容承接以下操作练习：打开练习二“汉语言文学. pptx”文件，按下列要求进行操作：在第 8 张幻灯片右下角插入一个“结束”动作按钮，单击该按钮结束放映。

任务分析

任务二的重点在于掌握 PowerPoint 2010 按钮的添加方式和为按钮设置自定义动作的操作方法。

技能要点：动作按钮的添加及设置。

任务实施

（1）练习描述：

打开练习二"汉语言文学. pptx"文件，按下列要求进行操作：第 1 张幻灯片的文字"专业介绍"设置自右侧飞入的动画效果，伴随"打字机"声音。

（2）操作步骤：

①双击鼠标，打开练习二"汉语言文学. pptx"文件。

②单击进入幻灯片八，在菜单栏中单击"插入"，进入"插图"属性面板，如图 4-6-9 所示。

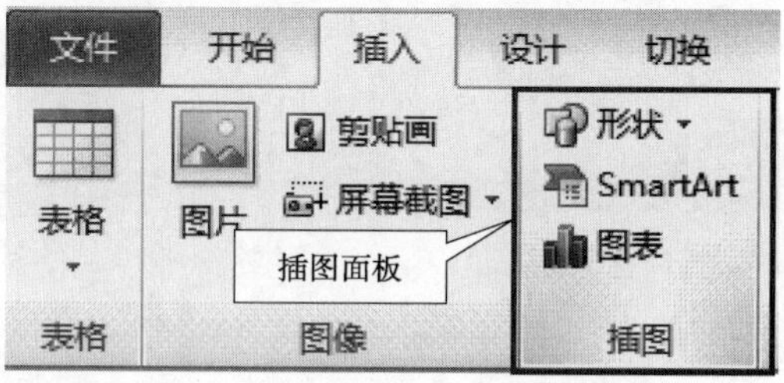

图 4-6-9　插图属性面板

③在"插图"属性面板中单击"形状"菜单，在弹出的对话框中选择"矩形"命令，如图 4-6-10 所示。

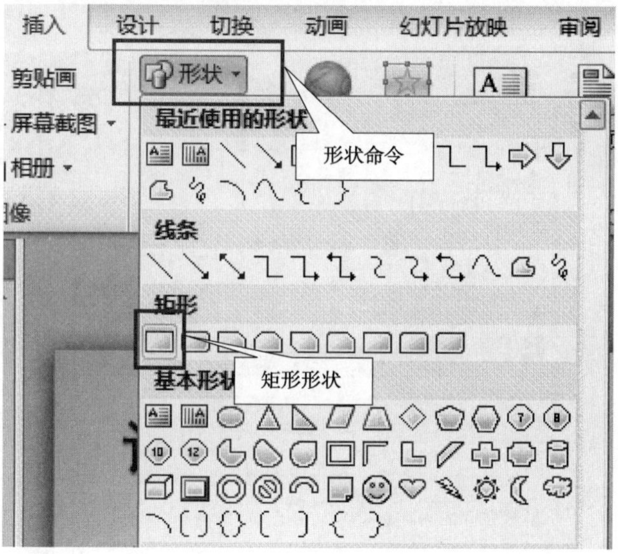

图 4-6-10　选择矩形命令

④参照样张在幻灯片 8 中选择合适位置，绘制"矩形"形状，输入"结束"文本并适当调整文字大小属性，如图 4-6-11 所示。

⑤选中"结束"按钮，在"插入"菜单栏下"链接"属性面板中单击"动作"命令，如图 4-6-12所示。

⑥在"动作设置"对话框中，勾选"超链接到"命令，在"超链接到"下拉菜单中选择"结束放映"，单击"确定"完成按钮动作设置，如图 4-6-13 所示。

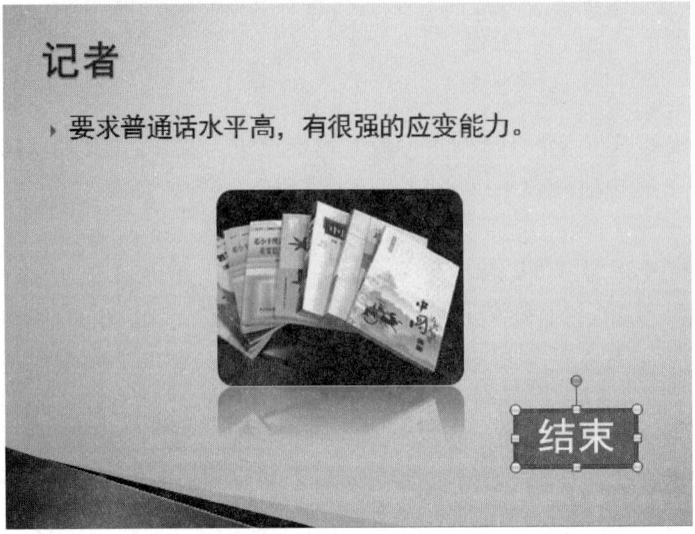

图 4-6-11　添加“结束”按钮

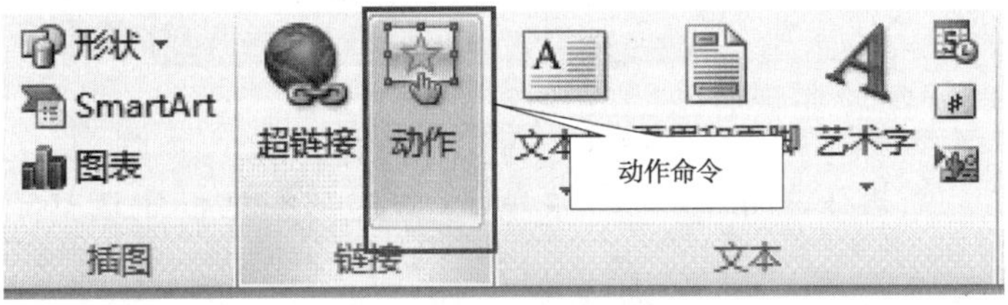

图 4-6-12　“动作”命令

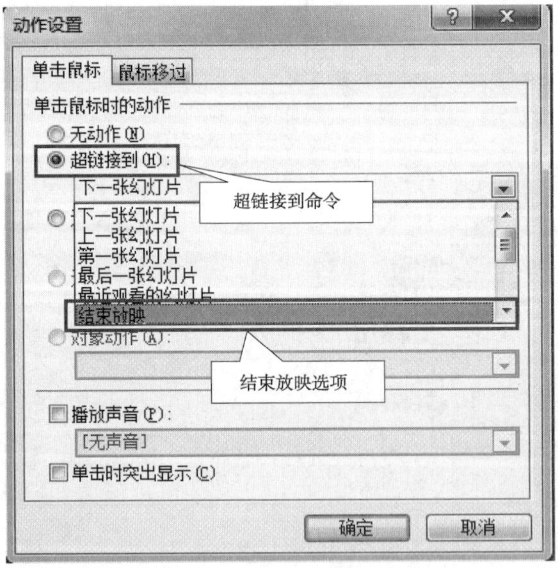

图 4-6-13　“结束”按钮动作设置

拓展练习

打开练习一“古典音乐. pptx”演示文稿，按下列要求进行操作：在最后一张幻灯片的左下角插入“自定义”动作按钮，在其中添加文字“返回”，单击按钮时超链接到第一张幻灯片。

参考文献

[1] 蔡绍稷,吉根林. 大学计算机基础 [M]. 南京:师范大学出版社,2015.

[2] 吴华,兰星,等. Office 2010 办公软件应用标准教程[M]. 北京:清华大学出版社,2012.

[3] 杨居义,钟志万. 计算机应用基础项目教程[M]. 北京:高等教育出版社,2016.

[4] 阎国蜀. Word/Excel/PPT 高效办公从入门到精通 Office 基础进阶学习[M]. 成都:电子科技大学出版社,2016.

[5] 人力资源和社会保障部. 计算机基础与应用[M]. 北京:中国劳动社会保障出版社,2010.

[6] 九天科技. 新编 Office 2010 高效办公三合一[M]. 北京:中国铁道出版社,2013.

[7] 吕芝,董兰,尹淑英,等. 计算机基础实用教程[M]. 北京:人民交通出版社,2010.

[8] 崔雪炜,张彩霞. 计算机应用基础项目式教程 Windows 7 + Office 2010[M]. 北京:人民邮电出版社,2014.

[9] 任成鑫. Windows 10 从入门到精通[M]. 北京:中国青年出版社,2016.